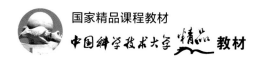

刘　斌／编著

Principles and Applications of Seismology

地震学
原理与应用

第2版

中国科学技术大学出版社

内 容 简 介

　　本书是以地震学的基本原理为主,兼顾应用的基础理论教材;系统介绍了与天然地震有关的基本概念和定量研究天然地震的基本方法;基于连续介质中弹性波传播理论,着重讨论了利用地震波研究地球内部构造的基本理论和方法,并介绍了目前已有的地球内部构造的相关知识;对天然地震产生的机制和地震活动的主要特征以及地震预测等问题做了适当介绍;特别注重物理概念的引入以及数学模型建立方面的介绍,充分强调基本模型和概念与严格且系统的数学理论之间的结合,使读者了解数学与地球科学中物理模型之间的关系,初步掌握运用数学理论定量描述、处理地震学中相关问题的方法.

　　本书可供高等学校地球物理专业师生,以及从事地球物理学、地震学研究的相关人员参考.

审图号:GS(2019)4320 号

图书在版编目(CIP)数据

地震学原理与应用/刘斌编著. —2 版. —合肥:中国科学技术大学出版社,2020.1
(中国科学技术大学精品教材)
国家精品课程教材
"十二五"国家重点出版物出版规划项目
ISBN 978-7-312-04360-4

Ⅰ. 地…　Ⅱ. 刘…　Ⅲ.地震学—教材　Ⅳ.P315

中国版本图书馆 CIP 数据核字(2018)第 093644 号

出版	中国科学技术大学出版社
	安徽省合肥市金寨路 96 号,230026
	http://press. ustc. edu. cn
	https://zgkxjsdxcbs. tmall. com
印刷	安徽国文彩印有限公司
发行	中国科学技术大学出版社
经销	全国新华书店
开本	710 mm×1000 mm　1/16
印张	15
插页	2
字数	311 千
版次	2009 年 6 月第 1 版　2020 年 1 月第 2 版
印次	2020 年 1 月第 2 次印刷
定价	45. 00 元

总　　序

2008 年,为庆祝中国科学技术大学建校五十周年,反映建校以来的办学理念和特色,集中展示教材建设的成果,学校决定组织编写出版代表中国科学技术大学教学水平的精品教材系列.在各方的共同努力下,共组织选题 281种,经过多轮严格的评审,最后确定 50 种入选精品教材系列.

五十周年校庆精品教材系列于 2008 年 9 月纪念建校五十周年之际陆续出版,共出书 50 种,在学生、教师、校友以及高校同行中引起了很好的反响,并整体进入国家新闻出版总署的"十一五"国家重点图书出版规划.为继续鼓励教师积极开展教学研究与教学建设,结合自己的教学与科研积累编写高水平的教材,学校决定,将精品教材出版作为常规工作,以《中国科学技术大学精品教材》系列的形式长期出版,并设立专项基金给予支持.国家新闻出版总署也将该精品教材系列继续列入"十二五"国家重点图书出版规划.

1958 年学校成立之时,教员大部分来自中国科学院的各个研究所.作为各个研究所的科研人员,他们到学校后保持了教学的同时又作研究的传统.同时,根据"全院办校,所系结合"的原则,科学院各个研究所在科研第一线工作的杰出科学家也参与学校的教学,为本科生授课,将最新的科研成果融入到教学中.虽然现在外界环境和内在条件都发生了很大变化,但学校以教学为主、教学与科研相结合的方针没有变.正因为坚持了科学与技术相结合、理论与实践相结合、教学与科研相结合的方针,并形成了优良的传统,才培养出了一批又一批高质量的人才.

学校非常重视基础课和专业基础课教学的传统,也是她特别成功的原因之一.当今社会,科技发展突飞猛进、科技成果日新月异,没有扎实的基础知识,很难在科学技术研究中作出重大贡献.建校之初,华罗庚、吴有训、严济慈等老一辈科学家、教育家就身体力行,亲自为本科生讲授基础课.他们以渊博的学识、精湛的讲课艺术、高尚的师德,带出一批又一批杰出的年轻教员,培养了一届又一届优秀学生.入选精品教材系列的绝大部分是基础课或专业基础课的教材,其作者大多直接或间接受到过这些老一辈科学家、教育家的教诲和影响,因此在教材中也贯穿着这些先辈的教育教学理念与科学探索精神.

改革开放之初,学校最先选派青年骨干教师赴西方国家交流、学习,他们在带回先进科学技术的同时,也把西方先进的教育理念、教学方法、教学内容等带回到中国科学技术大学,并以极大的热情进行教学实践,使"科学与技术相结合、理论与实践相结合、教学与科研相结合"的方针得到进一步深化,取得了非常好的效果,培养的学生得到全社会的认可.这些教学改革影响深远,直到今天仍然受到学生的欢迎,并辐射到其他高校.在入选的精品教材中,这种理念与尝试也都有充分的体现.

中国科学技术大学自建校以来就形成的又一传统是根据学生的特点,用创新的精神编写教材.进入我校学习的都是基础扎实、学业优秀、求知欲强、勇于探索和追求的学生,针对他们的具体情况编写教材,才能更加有利于培养他们的创新精神.教师们坚持教学与科研的结合,根据自己的科研体会,借鉴目前国外相关专业有关课程的经验,注意理论与实际应用的结合,基础知识与最新发展的结合,课堂教学与课外实践的结合,精心组织材料、认真编写教材,使学生在掌握扎实的理论基础的同时,了解最新的研究方法,掌握实际应用的技术.

入选的这些精品教材,既是教学一线教师长期教学积累的成果,也是学校教学传统的体现,反映了中国科学技术大学的教学理念、教学特色和教学改革成果.希望该精品教材系列的出版,能对我们继续探索科教紧密结合培养拔尖创新人才,进一步提高教育教学质量有所帮助,为高等教育事业作出我们的贡献.

中国科学院院士
第三世界科学院院士

第 2 版前言

2008 年,中国科学技术大学为庆祝建校 50 周年,选择 50 种教材作为校庆精品教材出版,笔者上"地震学原理与应用"课所用的讲义有幸入选.在此讲义基础上编写的《地震学原理与应用》一书由中国科学技术大学出版社于 2008 年出版,至今已经有 11 年.

原讲义为 WPS 格式,版式很不规范,虽然经过大约一年的编辑、校订工作,但由于当时笔者的其他工作比较多,时间有限,所以形成的书稿仍有一些错误,深感抱歉! 2019 年年初出版社联系重印,笔者考虑还是借此机会进行再版,做一次认真的修改,并增补、完善一些内容.

"地震学原理与应用"课程于 2007 年被教育部评定为国家级精品课程,2013 年升级为资源共享课,2016 年 6 月入选第一批"国家级精品资源共享课".以此为基础建设的"地震活动与地震学"视频公开课 2012 年上线,2013 年 12 月被教育部认定为"精品视频公开课",2014 年 4 月入选"大学素质教育精品通选课".应课程建设的需要,近几年笔者搜集、补充了一些资料,为本书再版奠定了基础.

同自然科学的其他领域一样,地震学近年来的发展也非常迅速,与其他学科相互交叉之处也越来越多,本次修订仍不可能完全涉及,只能讨论地震学中一些最基本的概念、理论和方法.希望读者朋友在使用本书的同时,根据自己的兴趣和需要查阅相关文献、资料,进行一些调研,了解地震学领域的更多知识,尤其是最新的一些进展,为进一步的学习打下更好的基础.热诚希望读者朋友们批评指正,以便本书进一步改进!

刘　斌
2019 年 8 月

前　言

地震是一种自然现象.顾名思义,地震学是研究地震现象的一门学科.实际上,地震学除了研究天然地震的发生过程以及活动规律,还利用由地震激发并在地球内部传播的机械波(地震波)来研究地球内部的结构及动力学过程.自19世纪末20世纪初以来,这门学科迅速发展成为一门独立而完整的现代学科,在地震活动规律研究、地震波理论、震源物理、地球内部结构、地震预测等许多方面都开展了很多深入的探索,并已取得很大的进展.

"地震学原理与应用"课程是地球物理专业本科生必修的专业基础课.随着科学技术的进步,地震学的研究方法与理论发展出现了日新月异的变化,对理论与实际相结合、科学与技术相结合提出了更多的要求.学生既需要对地震学的相关理论有深入的理解,也需要掌握地震学的应用技术.因此我们在"地震学原理与应用"的教学中,在全面介绍地震学基本理论与研究方法的同时,更加注重对地震波传播特性以及利用地震波传播来研究地球内部结构方面的讲授,让学生掌握基于数学方法的理论推导,了解基本的实际应用,以便他们能较快进入相关领域的科研前沿.该门课程于2007年被教育部评定为国家级精品课程.

地球物理属于小学科,学生人数较少,所以国内相关的地震学教材多年来更新很少.国外的教材可以简单地分为两类:本科生用的教材主要介绍基本概念,系统的数学推导等理论介绍较少;研究生用的教材则比较强调理论推导,基本概念的介绍较少.我们在中国科学技术大学讲授"地震学原理与应用"课程时感觉到,国外的本科教材深度不够,国外的研究生教材又缺少基本模型的介绍,数学理论太深,此外,近年来高等教育要求精简课内学时,课程普遍受到压缩.针对这些情况,多年来我们一直根据实际教学需要,使用自编的讲义,充分强调基本模型、概念与严格、系统的数学理论之间的结合,并随时调整、补充,可以非常灵活地组织内容,使学生尽可能多地接触到第一手的地震学资料及科研前沿、进展,学生反映良好.2008年,中国科学技术大学为庆祝建校 50 周年,决定选择 50 种教材作为校庆精品教材出版,该讲义有幸入选,并被遴选为安徽省高等学校"十一五"省级规划教材.经过近一年的工作,我们在原讲义的基础上完成了本书稿.在此特别向中国科学技术大学和中国科学技术大学出版社、安徽省教育厅表示由衷的感谢!

本书是以地震学的基本原理为主、兼顾应用的基础理论教材;系统介绍了与天然地震有关的基本概念和定量研究天然地震的基本方法;基于连续介质中弹性波传播理论,着重讨论了利用地震波研究地球内部构造的基本理论和方法,并介绍了目前已有的地球内部构造的相关知识;对天然地震产生的机制和地震活动的主要特征以及地震预测等问题做了适当介绍;特别注重物理概念的引入以及数学模型建立方面的介绍,充分强调基本模型和概念与严格且系统的数学理论之间的结合,使读者了解数学与地球科学中物理模型之间的关系,初步掌握运用数学理论定量描述、处理地震学中相关问题的方法.

由于本书是在使用多年的讲义的基础上编写的,在课程讲授过程中引用的内容很多,尤其是在讲课时引用的一些新成果、新进展大多来自科技期刊,所以无法在引用处一一注明出处,在书后附上的参考书目也不够完整,请读者谅解,并向所有引用过的书籍与论文的作者表示感谢!

地震学涉及的内容极其丰富广博,由于笔者了解的范围有限,水平也不高,书中难免有不妥和错误之处,内容取舍也是基于个人的主观判断,不一定科学合理.热诚希望读者朋友们批评指正,以便改进!

刘　斌

2008 年 8 月

目　　录

第 1 章 地震学简介

"地震学"一词是由希腊语 seismos(地震)和 logos(科学)两词构成的,所以有人把地震学定义为关于地震的科学;其实这并不完全准确.地震学是在研究天然地震的过程中形成并发展起来的,但目前它的研究领域已经远远超出了天然地震.在过去的一个世纪里,100 多万人死于地震灾害,还有数百万人承受着财产损失与生活来源断绝的痛苦.对于日益增长的人口来说,灾难性的大地震已成为大家非常关注的重要问题之一,激励着科学家们去研究它.另外,地震已被证明不仅是破坏之源,也是人们认识地球、了解地球的知识来源.通过对在地球内部传播的地震波的研究分析,人们获得了很多关于地球内部结构及演化过程的信息.到现在为止,人们对地球内部的了解主要来自地震学.由于研究天然地震的特性与活动规律和探索地球的结构及动力学过程两者齐头并进,所以同许多其他学科一样,地震学的发展已经超出了最初的研究范围.

1.1 天然地震和地震学

1.1.1 大地震是严重的自然灾害

地震是地球介质运动引起的激烈事变;大地震在短时间内释放出大量的能量.在极震区内,一二十秒甚至几秒钟就完成了毁灭性的破坏.据估计,能够使整个地球震颤的地震波能量,仅占大地震所释放的总能量的 0.1%～1%.

大地震是严重的自然灾害.比如,智利是地震多发的地区,在 1960 年 5 月 22 日到 23 日约一天半的时间内,就发生 7 级以上的强震 5 次,其中 3 次达到 8 级以上.1976 年 7 月 28 日凌晨 3 点 42 分和傍晚 6 点 43 分,在我国唐山地区接连发生 7.8 级和 7.1 级两次大地震,造成 24 万多人死亡.1995 年 1 月 17 日清晨 5 点 46 分,在日本神户大阪地区发生 7.2 级大地震(阪神地震),震动持续 20 s 左右,造成 5400 多人死亡,直接经济损失超过 1000 亿美元.2008 年 5 月 12 日下午 2 点 28

分,发生在我国四川地区的 8.0 级地震,断层长度约为 300 km,破裂持续时间超过 80 s,截至 8 月 25 日统计,共有 69226 人遇难,374643 人受伤,17823 人失踪,直接 经济损失约 8451 亿元人民币.

地震引发的灾害粗略地可以分为两类:直接灾害和间接灾害.直接灾害主要是 指机械性地震动摇晃建筑物,造成建筑物开裂、倒塌,引发地震的构造应力也会使 自然地貌变形,地震断层、地裂缝等加重了破坏.间接灾害又称次生灾害,包括海 啸、堤坝坍塌酿成水灾,火炉倾覆、天然气外泄、电线短路引起火灾,公共设施破坏、 财产损毁、家破人亡引发的诸多社会问题,等等.地震诱发的次生灾害也会给人们 带来生命与财产的损失.2004 年 12 月 26 日,印尼苏门答腊岛北部亚齐省发生了 8.7 级地震,伴随地震而来的是 10 m 高的海啸,人类经历了历史上最惨重的灾难 之一.这次灾难罹难总人数高达 30 万左右,仅仅在印尼亚齐,死亡人数就多达 13.1 万,财产损失高达 45 亿美元.2011 年 3 月 11 日,日本 $M_{\mathrm{W}}=8.9$ 的大地震及其引 发的海啸造成 14435 人死亡、11601 人失踪.

1.1.2 地震学是研究地球震动及有关现象的一门学科

狭义的地震是指天然地震;广义的地震泛指一切的震动.起因比较清楚的固体 潮不属于地震学研究的范畴.地震学是在研究天然地震的过程中产生,并围绕关于 天然地震的研究发展起来的.第二次世界大战后侦察核爆实验计划(VELA Project)的实施,大陆漂移、海底扩张、板块构造三部曲组成的新地球观的形成,20 世纪 60 年代破坏性地震频频发生、地震预测预报的迅速开展等,都促进了地震学 的发展,与地震有关的新现象也多有发现.

1. 地震现象非常复杂,地震学的研究内容十分丰富

引发地震的因素很多.就其起因而言,有天然的和人工的.天然地震驱动力的 来源又有内、外源之分.内源中最重要的是大地构造活动、火山爆发等,外源包括陨 石落地、风暴等.人工地震中最重要的是爆炸、核爆试验、人类活动引起的震动(如 重型车辆的运动、火箭发射)等.显然,其中许多因素与人类的利益直接有关,都是 人们极其关心的事情.

与地震有关的现象也是复杂多样的.最初对地震现象只是记载、描述和初级的 统计研究.早期的地震学主要研究震源区如何激发地震波,地震波又如何在地球中 传播以及如何接收和分析地震动.总之,以观测和研究地震波为主.但是,随着地震 学的深入发展,它与其他学科相结合,对地震前孕震区引发的前兆现象也进行了各 种研究.因此,与地震有关的现象可以分为孕震过程中的前兆现象、发震时的地震 效应和地震后的现象.

现代地震学已经发展成为研究地震的孕育、发生和震后的全过程及有关现象 的一门科学.

2. 地震学是一门应用物理学

地震学是一门涉及面极为广泛的学科,是地球物理学的重要组成部分.傅承义先生说过:"地球物理学,顾名思义,就是以地球为对象的一门应用物理学……固体地球物理学是通过观测地面上的物理效应来推断地下不可直达地点的物质分布和运动的.它与地质学是密切相关的学科,但二者的观点和方法截然不同,不能混为一谈."

地质学也研究地震现象.的确,在地震学成为独立学科之前,人类关于地震的知识,大多见诸地质学中的动力地质和构造地质部分.近代以来,这些方面的知识已发展成为地质学的一个分支——地震地质学.地震地质学运用地质学的方法,主要研究与地震有关的地质构造、构造活动和地壳应力状态等.

随着科学技术的进步,用物理学的方法研究地震现象成为可能.自从人类发明了地震仪,地震的定量观测与物理理论(主要是固体力学,特别是弹性力学部分)联系了起来.从此,对于地震的研究超越了记载、描述和初级统计的阶段,进入了以物理学为理论基础、数学为处理工具的应用物理学的行列,成为地球物理学中最重要的分支.地震学主要通过穿透地球的地震波来了解地球内部介质的构造(包括结构与组成)和运动(震源区介质的相对运动、大地构造运动与地球内部的对流运动等).我们知道,目前人类掌握的、利用穿透物质来研究物质内部性质的技术手段主要有三种:观测电磁波或机械波在物质中的传播,以及观测基本粒子穿透物质时与物质的相互作用.穿透庞大的地球,不像 X 光透视人体或者 α 粒子穿透金属薄膜那样容易.电磁波和 α 粒子的穿透能力太弱,而中微子又太强.对于中微子而言,地球显得太空疏,它在穿过地球时几乎不与地球介质相互作用,因此据此得不到地球内部的信息.1994 年,美国建成置于海水中的、接收来自太空的低能量中微子的记录器,预计利用长期积累的大量资料,有可能用于研究地球内部的构造.但是,利用地震波进行研究却有两个有利条件:其一,地震波在地球介质中传播时衰减很小,穿透能力很强;其二,天然地震提供了在地球上分布相当广泛、强度范围又极大的许许多多机械波辐射源.因此,只要在地球上建立足够多的地震台,架设起地震仪,就能以逸待劳地接收到穿过地球各个部位的地震波,从而获得地球内部的各种信息.事实上,关于地球内部构造和运动的许多重要知识,就是通过地震学研究而得到的.在观测地球深部构造的各种地球物理方法中,地震方法的分辨率最高,"地震学是固体地球物理学的核心"(傅承义等,1985).

为了查明矿藏,解决某些工程地质问题,确定地球浅部构造的地球物理方法迅速发展起来,很快就自成体系,形成一门应用地球物理学,它对国民经济的发展具有重大意义.其中地震勘探方法由于分辨率最高,成为地球物理勘探中十分重要的一种方法,对于了解浅部的地层、地质结构(工程的地基、地下水层、煤层,特别是具有重大价值的石油、天然气储层等)十分有效;对于水坝、水泥构件、桩基之类的质量进行无损检定也是比较好的手段.地震勘探理论起源于地震学.近二三十年,地震勘探理论和技术发展很快,它使用的仪器设备和数据处理技术反过来又促进了有关天然地震的研究.

3. 地震学是研究与地震有关的信息如何产生、如何传播、如何接收的一门学科

从信息论观点看,与地震有关的信息源有两类:孕震场和发震场,相应的介质区域为孕震区和震源区.地震孕育时和地震发生时所产生的效应虽然能够被观测到,但是地震的成因和发震的机制目前还不完全清楚.一般认为,天然大地震的发震机制主要是某种机械力场,至少大浅震的直接发震机制是一种机械力的作用.孕震区比震源区大得多,一旦发生地震,受到地震波及且只发生震动而未破裂的范围也比震源区大得多.因此,简单的地震模型为点源模型,描述点源发生震动的时间、空间和强度的参数称为地震的基本参数(图 1.1).震源在地球表面的投影点称为震中;震中沿地表到观测台站的距离称为震中距 Δ,常常采用长度单位(km)或圆心张角(°)描述.地震的基本参数是发震时刻 T_0、震中经纬度 λ 和 φ、震源深度 h 和震级 M.

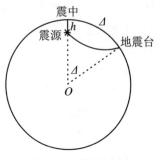

图 1.1　地震的要素

在孕育和发生地震的过程中,必将在地球介质中产生和传播各种信息.不同的物体在接收到这些信息后,所产生的反应是不同的(图 1.2).无论是仪器的记录,还是人的反应,都可以看作接收器的输出信号.它们所携带的信息,由在本质上有区别的三部分组成:

① 源区的变化及其运动过程决定的信息.

② 传播介质及其所处的状态决定的信息.

③ 接收器(广义的)的特性决定的信息.

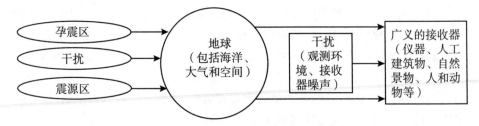

图 1.2　地震信息的发生、传输和接收

这里的接收器是广义的,可以是各种各样的仪器(主要是地震仪)、形形色色的建筑物、天然形成的山川岛屿、湖海河泉、人和动物等.公元 132 年,中国天文学家张衡制成候风地动仪.它是世界上最早的验震器(seismoscope),能指示地震的发生.它比西方同类的验震器早出现 1650 年!公元 138 年,洛阳的候风地动仪记录到远在千里之外的陇西大地震.1879 年,英国工程师米尔恩(J. A. Milne)、尤因(J. B. Ewing)和格雷(T. Gray)制成第一架可供科学分析、能够记录地面运动过程的水平摆地震仪.德国学者恩斯特·冯·雷博伊尔-帕施维茨(Evnst von Rebeur-Paschwitz)在波茨坦用水平摆倾斜仪(固有周期 $T_0 \approx 18.5$ s,放大倍数 $V \approx 48.5$)观测铅垂线的变化时,意外地记录到一串摆动信号.后来发现,它是 1889 年 4 月 17 日东京大地震引起的波动,这是世界上第一张远震记录图(图 1.3).1906 ~1910 年,俄罗斯科学院院士、俄国皇太子伽利津发明了基于电磁感应原理的电动式地震仪.随着电子技术的飞速发展,经过不断改进,这项发明被沿用至今.

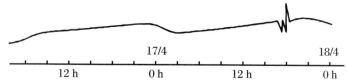

图 1.3 1989 年 4 月 17 日在波茨坦记录到的东京大地震引起的波动

电磁波通信的理论和技术,绝大部分可以用于地震信息的接收(也广泛用于分析).地震台阵与十分先进的相控阵雷达的原理是相同的.地震台阵是监测地下核试验的有力武器,也是记录和提取多种天然地震信息、进行精细研究的有效工具.

地震信息同样也是多种多样的,它可以是物理的(力、声、光、电、磁、热、放射性等)、化学的,甚至是人的感觉和动物的反应等.

事实上,不管地震发生在什么地点,只要震源深度和震中距相同,地震波的各个特定成分(震相)到达的时刻基本上就是相同的,反映了地震波在地球中的传播具有很强的规律性.探索地震波传播的规律性及其物理含义是地震学的重要内容.1828 年,柯西和泊松就已导出弹性体运动方程,并指出存在两种波动:纵波和横波(地震学中称为 P 波和 S 波);但是直到 1900 年才由英国地震学家奥尔达姆(R. D. Oldham)从地震记录图上识别出三种主要的地震波:P 波、S 波和面波.从此,在地震图上识别和解释震相的研究蓬勃开展,人类终于了解了自己居住的星球的基本构造.随着地震学的进一步发展,还从地震记录中提取了与震源破裂过程、孕震环境有关的许多信息.

许多实际问题往往是反演问题,即从获得的接收器的记录去探求仪器(接收器)的特性、介质的特性和源区的特性.这就决定了问题的复杂性:其一,反演的不唯一性;其二,多重未知因素,一般认为人造的仪器特性预先已知,所以至少有介质和源的特性往往纠缠在一起.

从信息论的观点看,地震学研究源区如何孕育和激发地震、如何通过地球介质传播地震信息以及如何接收这些信息,等等.

1.2　地震学的主要内容

　　人类研究地震的历史相当久远.地震仪发明后,对于地震及有关现象的研究,在深度和广度两方面都有了长足的进步.目前,在地震的本质、活动规律及其产生的影响等方面,已积累了许多知识;同时,通过对地球震动的研究,也获得了与地球内部构造和动力学过程有关的许多知识.这些知识以及利用地震获得这些知识的方法,都是地震学的内容.

1.2.1　地震的宏观调查

　　地震的宏观调查主要指在地震破坏区考察自然景观的改变、各类建筑物受破坏的情况,并在广阔的范围内收集人、动物的感受和反应,等等;再结合当地的地质、地貌、地下水和地震发生的历史进行各种分析,从中提取有用的信息.地震现象十分复杂,目前的科技和生产水平还无法单凭仪器收集全部有用的信息(无论仪器的数量还是类别均不足).地震的宏观调查是研究地震,特别是研究地震灾害的重要方法,对抗震、防震和灾后重建家园有重要作用,对于发现某些新现象也有独特的作用.

1.2.2　测震学

　　测震学的基本研究内容是如何记录好地动和利用这些记录测定地震参数,内容涉及仪器(理论、制作、安装、调试、维护、标定)、台站(选址、布局、建筑)、数据传输与保存、计算处理、公开发布,等等.原始记录结果(模拟或数字地震图)和许多地震的基本参数汇编成册的地震目录是地震学研究的基础资料;而地震学研究的新进展,不仅对测震学提出更高、更新的要求,也为测震学提供新的原理和方法.地震学发展的历史生动地反映了这种相互促进的事实.地球自由振荡的发现,促进了超长周期地震仪的研制;超长周期地震仪的发明,又使地球自由振荡的研究进一步扩展和深化.地震台阵的问世,开拓了不少地震学研究的新领域,其中之一就是推动了近代地震学中具有突破性意义的地震波散射的研究.随着技术科学和工业水平的提高,电子、无线电技术和计算机特别是网络技术的进步,无论是地震仪器、观测台网、标定装置、传输保存和计算处理的设备,还是数据处理、编辑检索和发布共享的方法,都发生了深刻的变化.数字地震记录频带宽、动态范围大,大大地提高了地震观测的分辨能力,也便于直接用计算机做各种处理(特别是对模拟地震记录来说处理起来很麻烦的频谱分析).运用数字地震记录发展了"数字地震学(也称宽频带地震学)",它不只是简单地把"经典"地震理论程序化,也不只是把模拟地震记录数字化.

　　地震学是一门观测性很强的科学.无论是对震源特性和地球介质特性的研究,还是对孕震、发震和震后过程的研究,都离不开实际的观测.地震的运动过程一去不复返,记录好、保存好原始数据是百年大计.随着地震学的进步,可以用新的研究方法处理分析所保存的原始数据,从中进一步挖掘有用信息,得到更完善的地震知识.

　　测震学与地震学和技术科学有密切关系,并且相互促进.测震学是基础性的学科,它是地震学的重要分支.

1.2.3　地震活动性

　　地震是地球内部物质运动的反映,它的活动规律相当复杂.但是,利用历史上有关地震的文字记载和百余年来地震仪的记录,经过统计研究可以看出:虽然每次地震出现的时间、地点、强度具有一定的随机性,但大量地震在发生的时间、地区、强度和频度等方面,都有一定的特点.地震频度是指定地区、指定时期内所发生的、震级为 $M \pm \Delta M$ 的地震次数.它是由谷登堡(B. Gutenberg)和理查德(C. F. Richter)引入的,可以定量地描述地震活动特性的参数.

　　地震活动性主要研究指定地区、指定时期内所发生的地震在时间、空间、强度、频度等方面的特点.近代也有人以大地震为中心,研究与大地震有关的地区在大地震发生前后一段时间内地震活动的规律性.

1.2.4　地震波传播理论、地球和行星内部构造

　　地震时,最突出的现象是大地的震动.东汉张衡在近两千年前已正确认识到,地面的震动是沿一定的方向由远处传来的.1760 年,英国学者 J. Michell 在他编著的地震实录中,把地震和地球的波动联系起来,这一概念的提出被西方学者称为地震学发展的里程碑.前面提到的德国学者恩斯特·冯·雷博伊尔-帕施维茨,根据 1889 年 4 月 17 日记录到的东京大地震引起的波动,于 1895 年在伦敦第六次国际地球物理会议上指出:"可以肯定地说,由震源发出的弹性运动能够通过地球本身传播……地震观测资料提供了一种间接获取有关地球内部状况信息的方法."

　　地震图(时程曲线或数字记录)包括永久形变图(可视为零频地震波),是定量研究地震波传播的、最重要的原始资料.弹性动力学是研究地震波传播和激发的最基本的理论.地震波传播理论就是应用物理学中的波动理论,探索机械波在地球中

传播的规律.由于这些规律与地球介质的性质、状态和结构密切相关,所以可以应用地震波传播理论探索地球和行星内部的构造和物质运动.

自 1957 年 10 月 4 日第一个人造地球卫星进入外层空间以来,空间运载火箭已经将地震仪带到月球和火星表面.在阿波罗 11 号、12 号、13 号、15 号、16 号、17 号执行登月任务时,已经在月球表面六个地点放置了地震仪.这些仪器工作时,每年记录到 600～3000 次月震.

为了从地震波记录中提取出与源有关的信息,需要扣除传播效应;防震抗震,也需要掌握强地面运动及其衰减的规律.从这一层意义上说,地震波传播理论、地球和行星内部构造的研究是进一步探索地震学其他内容的基础.

1.2.5 震源理论

沿用习惯上采用的名称,可将震源理论的研究内容分为如下相互关联的三部分:

1. 地震成因

探讨各种可能引起地震的、地球内部运动的过程,侧重于讨论源区以何种形式的能量转化为地震波形式的动能.地震成因问题争议很多,目前尚无定论.一般认为,绝大多数大的浅源地震是由断层活动产生的.

2. 震源机制

震源机制亦称震源力学,研究与辐射地震波等价的力学模式.实际上大多为断层模式,另一较重要的模式是爆炸源.

3. 震源物理

研究地震孕育、发生和震后各阶段的物理过程.目前侧重于讨论固体介质受力破裂的过程,以及在此过程中介质物性的变化和引起的各种物理场的变化.正确认识地震孕育的物理过程及其引起的地球介质的各种响应是正确预测地震的基础.目前,在与孕震有关的岩石物理实验、孕震模型的理论及其计算机模拟等方面的研究都很活跃.

合理的震源理论应能统一地解释三个阶段的地震现象.

1.2.6 模型地震学和野外实验

地震学的各大研究课题几乎都有相应的模型实验和野外实验.其中野外实验有:利用爆炸或者触发断层应力的释放研究地壳构造;深井注水触发地震活动;水库蓄水与地震活动关系的研究;等等.

1.2.7 地震的预测和预报

降低各种地震破坏效应造成的人员伤亡和财产损失属减灾问题.它包括平时

的防震工作、震时的应急救援以及震后的救济等一系列任务,涉及震害预测、抗震设防、震灾对策等课题,是庞大而复杂的系统工程.防震工作是复杂的系统工程,不是单纯的自然科学问题,包括宣传教育、救援人员培训与组织、救援器材储备维护以及交通、通信、指挥系统的规划和建设,等等.防震工作中与地震学有关的科学技术问题主要有两个方面:其一是工程地震学问题,所涉及的内容是地震学中为工程建设服务的部分,如地震烈度的区域划分、地震活动性、强地面运动特性,等等,即与解决抗震问题有关的部分.其二是地震预报问题,这也是一个系统工程,不是单纯的自然科学问题.地震预报伴随一系列的社会问题,如法律、治安、经济、心理和传播等方面的问题.为了最大限度地减小地震预报可能引起的社会混乱,需要研究对策,如地震立法、地震保险等.1977 年 1 月,在日本举行的"第五次日美地震预报科学讨论会"上首次提出研究"地震预报对社会的影响"之后,形成了一门地震与社会科学相结合的边缘学科——地震社会学.地震预报中与地震学有关的科学技术问题是地震预测.

地震预测是指预测未来地震的发生时间、地点和强度(简称"时、空、强"),它们被称为地震预报三要素.地震预测尚未成熟,许多方法还在实验探索中,根据已有的地震知识,目前只能做半经验的地震烈度区域划分(简称地震区划,seismic zoning)、地震活动的趋势分析以及地震危险性评价等.

与地震学有关的内容还见诸已形成独立学科的勘探地震学和工程地震学,以及派生的边缘科学地震地质学、地震工程学和地震社会学.

1.3　地震学的主要应用

关于地震学的主要应用,傅承义先生曾经说过:"当前,地球物理学科研究的主要任务是资源勘查、生态环境保护、地质灾害预防和认识地球.其中认识地球是地球物理学的基本任务,而前三者则是地球物理学的主要应用领域."

1.3.1　预报自然灾害

许多严重的自然灾害都与巨大的能量释放有关,其中不少对地球具有强烈的震撼作用.有些自然灾害可以用地震方法预报,例如:火山喷发、海啸、台风、地震和矿井塌陷等.

海啸是我国对巨浪冲岸这种自然灾害的象声称呼.日本称它为津浪(つなみ),"津"是渡口、港口的意思,津浪描写的是港口涌进的巨浪;西方将其音译为 tsunami,

早期的西方报道称之为潮汐波(tidal wave).有史以来,约发生过5000次破坏性的海啸,它们的起因主要是近海大地震、海底(海边)山崩、巨型陨石溅落大海等,其中近海大地震是最常见的.2004年12月26日发生在印尼苏门答腊西北地区的8.7级近海大地震,引发了有史以来最大的海啸,浪头高达34 m,破坏远及东非海岸,直接罹难人数30万左右!另一次有名的大海啸是由1960年5月23日智利9.5级大地震引起的,浪高30 m.海啸可跨越整个大洋,波及几千千米外的海岸,其传播速度与海洋的深度有关,常见的传播速度为400~800 km/h.而测定地震基本参数和地震的断层参数只需要几分钟甚至几十秒钟.因此,基于地震方法完全有能力向可能受灾的海岸线发出警告.1948年,太平洋海啸警报系统(Pacific Tsunami Warning System,PTWS,也称Seismic Sea Wave Warning System,SSWWS)中心成立,中心设在太平洋的檀香山.该警报系统几十年来无一漏报,但在前20年里有不少错报,以致1960年著名的智利大地震引起强烈海啸时,PTWS中心所在的群岛中有一个希洛岛,60个渔民不信此次预报,依然出海打鱼,被海啸卷走,无一生还.经过多年的研究,警报系统已经比较完善.目前,PTWS仍在为太平洋沿岸的三十多个国家服务.我国虽然地处太平洋沿岸,但是地理位置得天独厚,原因是我国沿海的大陆架平缓开阔,巨大的海啸能量在到达岸边时已衰减得差不多了.

台风中心作用于地面的强大气压会引起震动,利用地震定位方法可以追踪台风中心的移动.早年,中国上海徐家汇地震台做过这方面工作.现在这种方法已经被更先进、更直观的卫星云图淘汰.

在火山喷发前会发生一系列地学现象.例如,火山地区会发生显著的地形变和频繁的地震,等等.预报火山喷发的手段很多,比较重要的是监测地形变和地震.预报火山喷发已积累了比较丰富的经验,对喷发时间的(短期)预报也已相当成功.

20世纪60年代以来,对地震预报的研究非常踊跃.地震和矿井塌陷的预报手段也有很多,其中以观测前震为基础的方法占重要的地位.但是,无论哪种方法都还不是很成熟,仍处于研究之中.

1.3.2　探测地球和行星内部的构造和动力学过程

研究地球所采用的许多方法,也适合研究其他行星.事实上,尽管宇宙飞船的负载十分珍贵,但月球和火星上已经架设过地震仪,严格来说,是月震仪或星震仪.迄今为止,利用1969~1972年架设在月球上的5个月震仪,记录到了真正的月震以及陨石、废弃的火箭壳体等对月球的撞击.运用地震学的方法对这些资料进行分析,已经获得许多有关月球内部构造和动力学过程的重要知识.

核爆炸为地震学中关于地球深内部构造方面的基础研究提供了重要的信息源.例如,1954年2月28日进行1500万吨TNT当量地面核爆炸时,在震中距小于142°的地震记录上,观测到清晰分离的PKIKP和衍射P波两个震相,进一步证实了地球内核的存在. 又如,1970 年 10 月 14 日,在苏联的一次核爆炸地震记录上观测到 $P'_{650}P'$ 震相,显示了 650 km 深处的地幔中存在明显的间断面. 此外,核爆炸由于爆炸时间和地点是精确已知的,所以可以用于核实和修正地震研究中极为重要的地震走时表.

增进对地球全面认识的主要是基础研究,但这些研究又为相关矿产资源生成、自然灾害成因的研究提供了支撑.

1.3.3　测定地面震动

工程建筑和军事侦察都需要研究地面的震动特性. 城市建设和重要的工程设施,例如水坝、隧道、核电站等,都需要考虑抗震,都需要知道当地的地震活动性和预测可能的强地面运动的特性. 而测定场地的微弱震动(地震噪声)的强度,又为选择精密仪器加工、调试车间、特种实验室、高灵敏度观测台的场地提供基本数据. 利用测震技术还可以侦察大到地下核爆破,小到机械化部队的移动、炮兵阵地的位置等军事情报(图 1.4). 20 世纪 60 年代的越南战场上,越方的"胡志明小道"曾经成功地进行了军需物资的运输. 后来越军的车辆一开动,美军飞机就立刻飞来狂轰滥炸. 经仔细侦察才发现,小道周围许多没有树叶、光秃秃的"热带植物"竟是美军用炮弹发射过来的"振动探测器侦察系统".

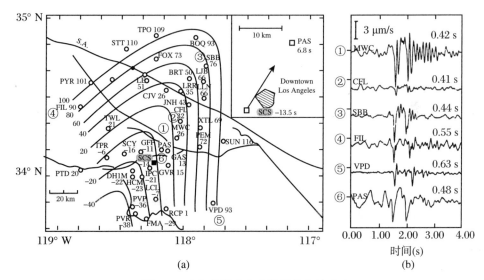

图 1.4　空气压强变化在地震仪上的反映

美国"哥伦比亚"号航天飞机在洛杉矶盆地着陆过程中形成的激波锥如图 1.4(a)所示,在地面引起的震动在地震仪上的记录如图 1.4(b)所示. 由地震仪记录可以很方便地推测出航天飞机飞行的方向和速度(Kanamori 等,1991)

　　事实上,地下核试验的侦察和识别全面促进了地震学的发展.为了提高侦察能力,改进了地震观测系统,建立了一系列标准地震台网,并且发展了先进的地震台阵技术;为了精确地测定爆炸点,仔细地研究了地球的构造和地震波的传播特性;为了合理地架设观测仪器,进行了台站布局的研究;为了快速处理由于提高灵敏度而大幅度增加的资料,设计了自动化程度很高的数据处理设备;为了鉴别天然地震与核爆破,开展了地震活动性、震源机制、地震成因等多方面的理论与实验研究;为了对抗地震方法的侦察,进行了隐蔽方法的研究;等等.在这些方面,美国实施的"维拉 U"计划(VELA Uniform Project)所起的推动作用最大.在监测核爆炸方面,地震学方法是对严格保密、无法接近的实验场地进行研究分析的最有效手段,得到了各国的高度重视.

第 2 章　宏观地震调查

2.1　伴随地震发生的自然现象

这里说的伴随地震发生的自然现象主要是强震效应.一次"地动山摇",不,应当说"惊天动地"的大地震会引起许多反应.这样说绝不是文学夸张,而是科学描述.通常把这些客观现象分为两大类:一类主要指凭借人的感官得到的信息,称为宏观地震现象(效应);另一类主要是地球物理场的变化,一般是用仪器记录到的信息,借用物理学的名词也可称为微观地震现象(效应).

2.1.1　宏观地震现象

宏观地震现象主要是指伴随着地震出现的人们可以感觉到或观察到的各种自然现象,一般包括自然景观的变化、建筑物的破坏、人和动物的反应,等等.

2.1.2　微观地震现象

微观地震现象是指在地震发生时人们借助于仪器观测到的各种物理场的变化,主要有:地球介质的震动(最典型的就是地震仪记录到的地震图,包括零频震动,即永久的地形变化)、重力场的变化、地磁场的起伏、地光现象、地电现象、地下水位升降和氡含量的变化等.

地震仪的基本原理可参见图 2.1,其记录到的可以是地震波到达时地面位移随时间的变化,也可以是速度或加速度随时间的变化(图 2.2).现在普遍使用宽频带数字地震仪,需要注意其频带范围、响应函数、采样率等技术参数.更具体的内容请参阅有关测震分析的书籍.

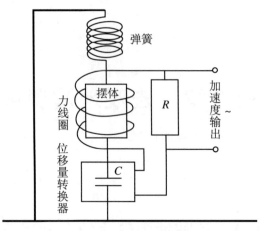

图2.1　地震仪的基本原理

在地震波到来时,由于惯性悬挂在弹簧下的摆体与地面之间
有相对位移,可以通过电磁装置记录下来,这就是地震图

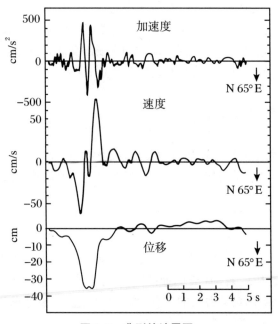

图2.2　典型的地震图

图中曲线自上而下分别是加速度-时间曲线、速度-时间
曲线和位移-时间曲线(Aki 等,1968)

重力学研究表明,地形高度变化的影响大约为 3 μgal/cm(1 gal＝1 cm/s^2),而
地震前后观测到的重力场变化远远超过它.这可能是大量物质的迁移造成的,可以
用不同的孕震模型进行解释(液体渗入源区,断层作用因孔隙压变动而发展或停止

错动等).

1964 年阿拉斯加发生大地震时,研究发现地磁场发生全球性的起伏,而且与地球因大地震激发的自由振荡中的扭转分量同步.其他大地震发生时也有类似现象.这两个量的相关性,对于探讨地磁场起源具有理论意义.同时,还观测到大气层和电离层的震荡,以及辐射带(捕获带)中粒子的"散落".用直接的力学耦合解释发现能量可能不够,也许和地磁场强度变化在电离层辐射带中引起的效应有关.

研究发现,大地震发生时地球的自转速度也会有很小的变化.2011 年 3 月 11 日的日本大地震导致当天地球自转一周的时间减少了 1.6 μs.伴随着大地震还发现有钱德勒晃动(Chandler wobble,地球自转轴与其形状轴之间夹角的变化).这些都可能与大地震改变了地球内部的质量分布以及总体的转动惯量有关.

除此之外,在地震发生前后还观测到地下介质电导率的变化和电场电位的改变,其原因可能是地下裂隙的发展贯通以及应力变化引起的压电效应.

2.2　地　震　强　度

要对自然界事件发生的过程及出现的现象进行科学的研究,首先要有对其进行定量描述的方法.对于天然地震,定量描述其强弱有两种方法:一种是描述地震本身的大小,它的量度称作"震级";另一种则是描述地震影响或造成破坏的大小,它的量度称作"烈度".

2.2.1　地震烈度

1. 烈度

无仪器记录时,自然地采用常见的震害现象作为破坏强烈程度的指标.地震的影响可以表现在自然环境的变化、建筑物的损毁、人的感觉、器物的反应等方面.少数人有地动的感觉与很多人惊慌失措逃出户外,吊灯轻摇与家具翻倒,墙上出现裂纹与房倒屋塌,地面出现裂隙与山崩地裂,等等,它们所反映的地震强弱显然是不同的.可以将这些地震的宏观现象按照它们所反映的地震强度划分成若干类,每类中的各种现象都反映差不多相近的强度,按照强弱的顺序定量地表述,确定一个数值,这就是"烈度".

2. 烈度表

将反映不同烈度的宏观现象按照烈度的顺序分类,列成一个表,就叫作"烈度表"(表 2.1).一次地震发生后,就可以对照烈度表中的宏观现象在现场确定各个地点的烈度.在不同的地点,其烈度是不一样的.

表 2.1 烈度表

烈度	人的感觉	一般房屋		其他现象	参考物理指标(水平方向)	
		大多数房屋震害程度	平均震害指数		加速度(cm/s²)	速度(cm/s)
1	无感					
2	室内个别静止的人感觉					
3	室内少数静止的人感觉	门窗轻微作响		悬挂物轻动		
4	室内多数人感觉;室外少数人感觉;少数人从梦中惊醒	门窗作响		悬挂物明显摆动,器皿作响		
5	室内普遍感觉;室外多数人感觉;多数人梦中惊醒	门窗、屋顶、屋架颤动作响,灰土掉落,墙体出现微细裂缝		不稳定器物翻倒	31 (22~44)	3 (2~4)
6	惊慌失措,仓皇逃出	损坏:个别砖瓦掉落、墙体出现微细裂缝	0~0.1	河岸和松软土上出现裂缝;饱和砂层出现喷砂冒水;地面上有的砖烟囱轻度裂缝、掉头	63 (45~89)	6 (5~9)
7	大多数人仓皇逃出	轻度破坏:局部破坏、开裂,但不妨碍使用	0.11~0.30	河岸出现塌方;饱和砂层常见喷砂冒水;松软土上地裂缝较多;大多数砖烟囱中等破坏	125 (90~177)	13 (10~18)

烈度	人的感觉	一般房屋		其他现象	参考物理指标（水平方向）	
		大多数房屋震害程度	平均震害指数		加速度(cm/s²)	速度(cm/s)
8	摇晃颠簸，行走困难	中等破坏：结构受损，需要修理	0.31～0.50	干硬土上亦有裂缝；大多数砖烟囱严重破坏	250 (178～353)	25 (19～35)
9	坐立不稳，行动的人可能摔跤	严重破坏：墙体龟裂，局部倒塌，修复困难	0.51～0.70	干硬土上有许多地方出现裂缝，基岩上可能出现裂缝；滑坡、塌方常见；砖烟囱出现倒塌	500 (354～707)	50 (36～71)
10	骑自行车的人会摔倒；处不稳状态的人会被甩出几米远，有被抛起感	大部分倒塌，不堪修复	0.71～0.90	山崩和地震断裂出现；基岩上的拱桥破坏；大多数砖烟囱从根部破坏或倒毁	1000 (708～1414)	100 (72～141)
11			0.91～1.00	地震断裂延续很长；山崩常见；基岩上拱桥破坏		
12				地面剧烈变化，山河改观		

注：① 1～5 度的评定以地面上人的感觉为主；6～10 度以房屋震害为主，人的感觉仅供参考；11、12 度以地表现象为主，且需要专门研究.

② 一般房屋包括用木构架和土、石、砖墙构造的旧式房屋和单层的或数层的、未经抗震设计的新式砖房.

对于质量特别差或特别好的房屋,可根据具体情况,对表中的各烈度的震害程度和震害指数予以提高或降低.

③ 震害指数以房屋"完好"为0,"毁灭"为1,中间按表中所列震害程度分级.平均震害指数是指所有房屋的震害指数的总平均值,可以用普查或抽查方法确定.

④ 使用本表必要时可根据具体情况,做出临时的补充规定.

⑤ 在农村可以自然村为单位,在城镇可以分区进行烈度评定,但面积以 1 km² 左右为宜.

⑥ 烟囱指工业或取暖用的锅炉房烟囱.

⑦ 表中数量词的说明,个别:10%以下;少数:10%~50%;多数:70%~90%;普遍:90%以上.

不同的地震烈度,其影响和破坏大体如下:小于 3 度,人无感觉,只有仪器才能记录到;3 度,在夜深人静时人有感觉;4~5 度,睡觉的人会惊醒,吊灯摇晃;6 度,强烈有感,器物倾倒,房屋轻微损坏;7~8 度,房屋受到破坏,地面出现裂缝;9~10 度,房屋倒塌,地面破坏严重;11~12 度,毁灭性的破坏.

从 16 世纪开始就有人使用烈度表.烈度表起初很简单,以后逐渐细化,涉及的现象也越来越多.现在国际上最流行的烈度表共分 12 度,就是将地震的影响由不用仪器所能感觉到的最轻微的地动直到最严重的山崩地裂,分成 12 个等级.因此烈度的最小值是 1,最大值为 12.另外,还有些国家使用 10 度或 7 度的烈度表.烈度不可能有负值.

多年来也曾有人试图制定国际通用的地震烈度表.但是各地区的建筑各有不同、多震和少震地区人们对地震的经验差别很大、各地的生活状况也不相同(如自备汽车的普及程度等),结果只好根据具体情况制定各有特色的地震烈度表.

应该注意,烈度是根据地震发生时出现的宏观现象而估定的,属于系统科学中常遇到的"软参数",它是一个定性的描述,而不是一个精确的物理量,一般采用多元统计分析的分支数量化理论进行分析、处理.若能将烈度估定到半度就已经很不错了,写出更精确的数值实际上是没有意义的.

地震的破坏效应主要是机械能作用的结果.很自然,人们希望给各级烈度一个对应的物理指标,使它成为定量的"绝对烈度表".经过上百年的探索和尝试,随着观测技术的发展,现代经常把通过仪器记录到的峰值速度,特别是最大水平加速度,与烈度联系起来,利用统计方法得到地震时地面震动的最大加速度,试图得到更精确的烈度数值.但是这必须通过仪器测量才能实现,不是通过对宏观地震现象的观察就能做到的.另外,烈度也很难用单一的水平加速度表示,垂直加速度实际上对其也是有影响的.地震时,地面运动的加速度包含着不同周期的成分,因此地面上的建筑物也具有各种不同周期的最大加速度,称为加速度反应谱.目前关于反应谱的理论,已经应用到建筑物的抗震设计中去,属于地震危险性评价的一个重要部分,越来越受到人们的重视.现在已有足够的资料表明,由于地下结构等因素的影响,加速度值相同或相似地区的受破坏程度可能有很大的差异(图2.3);同一烈度也可以有相差几十甚至上百倍的加速度值与之对应.所以,迄今为止,地震烈度都是按宏观地震现象评定的,评定时并不考虑地震动加速度的大小.比较常见的做法是给每一个烈度备注地震动加速度的参考值.

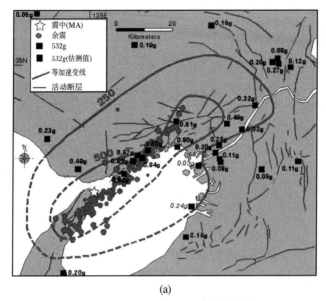

(a)

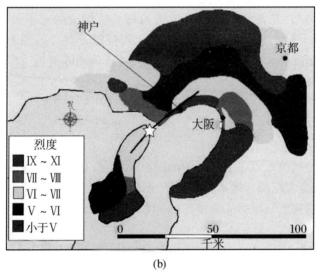

(b)

图 2.3　1995 年日本阪神地震的加速度分布与烈度分布对比

图 2.3(a)是根据地震仪测得的加速度值勾画的加速度分布;图 2.3(b)是根据烈度表评定出的烈度分布.由于地质条件等的影响,两者有很大差异.所以,在描述地震造成的灾害时,加速度只能作为参考.

3. 与烈度有关的因素

地震烈度是根据宏观地震现象评定的,这些破坏和影响的剧烈程度非常复杂,而且是靠人主观评定的,所以这里只列出若干与烈度有关的因素,至于烈度与各个因素的函数关系只能定性地说明.

　　烈度不但与地震本身释放能量的多少有关,还与观测点同震源之间的距离、地质条件、建筑物的类型、地基情况,甚至调查人员本身的一些因素等都有关.一般情况下,地震强度越大,烈度越大.对于相同大小的地震,震源深度越深,观测点距离震源越远,得到的烈度就越小;反之,则烈度就越大.地震断层越长、埋藏越浅,等烈度带越趋于椭圆形;反之,等烈度带越趋于圆形.根据长期积累的经验,松软地基上的地震灾害比坚硬地基上的灾害大,如果地质条件和地基状况不够理想,则相应的烈度就会比较大.烈度也与人工建筑物的类型和当地人对地震的经验等都有关系.

　　烈度是防御和减轻地震灾害工作中最为实用的参数.中国从 20 世纪 30 年代开始开展地震区划工作.新中国建立以来,曾四次(1956 年、1977 年、1990 年、2015 年)编制全国性的地震烈度区划图.2015 年 5 月 15 日,国家质量监督检验检疫总局和国家标准化管理委员会批准发布了强制性国家标准 GB18306—2015《中国地震动参数区划图》(又称第五代地震区划图),2016 年 6 月 1 日正式实施,为全面提高我国的抗震设防能力提供了法律保障和科学依据.第五代地震区划图以地震动参数(地震动加速度反应谱的最大值相应的水平加速度和特征周期)为主要标准,强制新建、改建、扩建一般工程抗震设防以及编制社会经济发展和国土利用规划时必须采用.附录 A1 中给出了"地震动峰值加速度分区与地震基本烈度对照表".

2.2.2　地震震级和地震矩

　　烈度主要是反映地震在地表所造成的破坏情况,这对于抗震救灾是非常有用的;但烈度不能真实反映地震本身的大小,而地震的强度是研究地球内部构造运动激烈程度和能量释放情况的非常重要的参数,所以对此也必须有一种定量的度量方法.

1. 里氏震级

　　美国加州地区地震比较活跃.该地区地震台网不仅台站数量多,而且仪器统一,都是用伍德-安德森扭力地震仪(固有周期 $T_0 = 0.8$ s,阻尼系数 $D = 0.8$,放大倍数 $V_0 = 2800$,只有水平方向的记录),并已积累了具有一定精度和数量的地震图.1935 年,理查德在研究加利福尼亚州南部的浅源地震时,发现一个规律:如果将一个地震在距离不同的各个地震台站所产生的地震记录的最大振幅的对数 lgA 与相应的震中距离 Δ 作图,则不同大小的地震所给出的 lgA-Δ 曲线都相似,而且几乎平行,形成近似平行的线族(图 2.4).对应于两个不同的地震,有

$$lgA_1 - lgA_0 \approx 常量$$

几乎与震中距 Δ 无关.

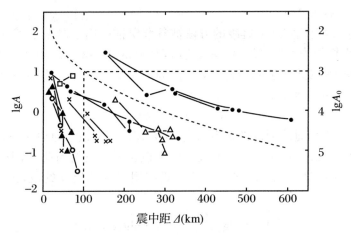

图 2.4　振幅与震中距关系图

理查德发现美国加州地震在地震图上的振幅-台站震中距曲线与地震强弱之间有一定的关系,在此基础上建立了"震级"的概念(转引自理查德,1958)

2. 地方震级

如果取 A_0 为一标准地震在某一确定震中距处产生的最大振幅,就可以由台站记录到的地震图上的最大振幅 A 定义地方震级 M_L:

$$M_L = \lg A - \lg A_0$$

理查德原始定义是用伍德-安德森地震仪记录的地震图,在南加州,当 $\Delta = 100$ km 时,地震图上记录的水平分量的最大振幅为 $A_0 = 10^{-3}$ mm,相应的震级定义为 $M_L = 0$. 这样规定的本意是希望测到的地震震级不出现负值. 但是,随着仪器灵敏度的提高和信息提取技术(滤波、压制噪声、调相叠加等)的进步,短周期地动已能测到 0.1 nm,长周期可测到 1 nm($= 10^{-9}$ m). 目前已经测到大量震级为负值的微小地震. 如果台站不在 100 km 处,则需要根据 $\lg A$-Δ 曲线进行修订. $\lg A$-Δ 曲线叫作标定曲线,是通过对大量的实测数据进行统计整理而得到的.

按震级大小可把地震划分为以下几类. 弱震:震级小于 3 级,如果震源不是很浅,这种地震一般不易觉察;有感地震:震级等于或大于 3 级、小于或等于 4.5 级,这种地震能够感觉到,但一般不会造成破坏;中强震:震级大于 4.5 级、小于 6 级,属于可造成破坏的地震,但破坏轻重还与震源深度、震中距等多种参数有关;强震:震级等于或大于 6 级;强烈地震:震级等于或大于 7 级;巨大地震:震级等于或大于 8 级.

应当指出的是,震级的概念并不是十分精确的,含有震级 M 的各种公式也都是一种经验关系式. 然而震级这个概念对地震学的发展起了极大的推动作用,是定量地描述地震的第一个物理量. 震级概念的精确化现在仍是一个值得关注的课题.

3. 推广

（1）面波震级 M_S

1945 年，以上测定地方震级的方法被谷登堡推广用于测量远震．在远震的地震图上，最大振幅为面波．经地球滤波之后，对于震中距超过 2000 km 的浅源地震，实际接收到的面波水平振幅最大值对应的周期一般在 20 s 左右．谷登堡相应地定义远震的面波震级 M_S 为

$$M_S = \lg A + B(\Delta)$$

其中，$B(\Delta)$ 为 0 级地震对应的标定曲线，A 是记录到的最大地动水平矢量的模，单位为微米（μm），Δ 为震中距（°）．上式虽然不包含地震波的周期 T，但实际上意味着周期 T 必须在 20 s 左右．如果要将上式应用于其他周期的波，该公式可以改写为

$$M_S = \lg\left(\frac{A}{T}\right)_{max} + 1.66\lg\Delta + 3.3$$

该式在 T 为 20 s 时与谷登堡原来的公式相差不多．

1967 年，在苏黎世举行的国际地震学和地球内部物理学大会（International Association of Seismology and Physics of the Earth's Interior，IASPEI），向世界各国推荐使用"莫斯科布拉格公式"：

$$M_S = \lg\frac{A_{max}}{T} + 1.661\lg\Delta + 1.818 = \lg\frac{A_{max}}{T} + B(\Delta)$$

其中，A_{max} 仍是记录到的最大地动水平矢量的模，单位为微米（μm）；T 是该水平矢量的视周期．

许多国家和测震机构以及美国在全球建立的世界标准台网（World Wide Standard Seismograph Network，WWSSN，其覆盖面广、仪器一致性好）都采用这一公式．世界地震中心（International Seismological Center，ISC）收集世界各国的地震资料，也用这一公式测定 M_S，其结果与 WWSSN 的基本一致，没有系统误差．对于较大的地震（$M_S \geqslant 5$）几乎都测定 M_S；对于 $M_S \geqslant 6$ 的地震，几乎全球的地震台记录都可以测出 M_S．一次地震能得到比较一致的震级，显然很重要．我国标定曲线定出的 M_S，比以上比较权威的机构定出的结果普遍高 0.2～0.3 级，值得研究．

（2）**体波震级 m_b**

由于地震面波随着震源深度的加大而迅速减弱，深源地震的面波不发育，所以对于深源地震使用面波测定震级便遇到了困难．为了标定深源地震的大小，B. Gutenberg采用了基于 P，PP（经地表反射一次的纵波）和 S 波的体波数据将前面的震级公式修订为

$$m_b = \lg\frac{A}{T} - B'(\Delta, h) + S$$

标定曲线为

$$B'(\Delta, h) = \lg\frac{A_0}{T_0}$$

其中，A_0 和 T_0 为 0 级地震的地动振幅及周期；A 为所测体波震动的最大振幅，T 为所测震动的周期，由弹性理论可知，A/T 与周期为 T 的谐波分量的平均能流密度正相关；S 为台站修正. 其中修正值（或称体波震级起算函数）对于浅震（$h<$ 60 km）已制订了不同震中距的修正值表. 这些修正值都是用最小二乘法拟合 m_b 尽可能与 M_S 一致得出的.

4. M_L, M_S 和 m_b 的不统一与统一震级 M 和 m 的提出

谷登堡在推广地震震级时，希望对同一地震所测定的震级 M_L, M_S 和 m_b 数值相等. 然而事与愿违，观测结果表明，尽管努力凑合标定曲线，但每一次地震实测的三种震级依然不一致，其原因是地震震源过程以及地震波传播具复杂性，只好各求其值. 经过大量统计，得出经验关系：

$$m_b = 0.63M_S + 2.5$$
$$M_S = 1.27(M_L - 1) - 0.016M_L^2$$

并得到用实测的一种震级推算另一种震级（分别用 M_b 和 m_s 表示）的公式：

$$M_b = 0.63M_S + 2.5$$
$$m_s = 1.59m_b - 3.97$$

为了解决所遇到的问题，有人尝试提出了统一震级：

$$m = \alpha m_b + \beta M_b$$
$$M = \alpha m_s + \beta M_S$$

其中，$\alpha = 3/4$ 和 $\beta = 1/4$ 是加权系数. 在实际应用中发现其价值并不大，但从中我们也可以看出大家在解决这一问题的过程中所做的努力以及探索和尝试.

5. 震级饱和现象

20 世纪六七十年代，世界上接连发生了几个破坏性非常巨大的地震. 1975 年 M. A. Chinnery 和 R. G. North 在研究全球地震的年频度与 M_S 关系曲线时，发现缺失 M_S 超过 8.6 级的地震. 1977 年美国地震学家金森博雄（H. Kanamori）提出了震级饱和的概念. 他认为，M_S 在 8.6 级以上的巨大地震如果仍用 20 s 面波震级 M_S 去测定，则所得数值将偏小，尽管地表出现更长的破裂，显示出地震有更大的规模，但测定的面波震级 M_S 值却很难增上去了，出现所谓震级饱和问题（图 2.5）. 这是因为巨大地震的震源破裂尺度长达数百千米，从震源区辐射出的长周期波带有巨大的能量，但震源辐射出的 20 s 面波强度并没有相应的增长，因此面波震级不再能真实地反映地震的大小. 金森博雄建议对大地震使用新的震级标度——矩震级 M_W. 其方法是从震源物理的研究中测定地震矩 M_0，直接算出一次地震的地震波辐射能量，然后通过能量震级公式 $\lg E = 1.5M + 11.8$ 算出震级的数值. 1960 年 5 月 22 日智利大地震的面波震级 M_S 仅为 8.5，而按新的标度算出的矩震级 M_W 竟达 9.5，能量相差 30 多倍. 震级饱和现象表明 M_S 对于巨大地震能量估计偏低（表 2.2）. 矩震级的引入可以解决面波震级的饱和问题，但其测定方法还不完善，测量精度尚需提高.

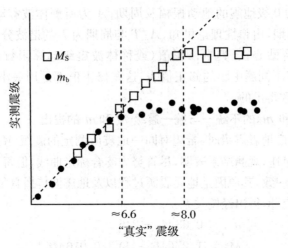

图 2.5 震级饱和

实际地震释放的能量增大时测量得到的震级数值不再增加,出现"饱和"

表 2.2 当地震强度很大时出现震级饱和现象

时间与地点	M_{20}	M_{100}	M_W
1952 年堪察加	8.3~8.5	8.8	9.0
1964 年阿拉斯加	8.3~8.5	8.9	9.2
1960 年智利	8.3~8.5	8.8	9.5

仔细对比大量观测结果,得出各种震级的饱和值如下:

M_L	7
$m_b(T \approx 1\ \mathrm{s},\mathrm{P}\ 波)$	6.9
$M_S(T \approx 20\ \mathrm{s},面波)$	8.6
$M_{100}(T \approx 100\ \mathrm{s},地幔面波)$	8.9

6. 不饱和的新震级(矩震级) M_W

为解决巨大地震的震级饱和问题,金森博雄提出用震源物理中的地震矩概念推导出一种新的震级标度——矩震级 M_W.

(1) 震级和地震波辐射能量的经验关系

我们希望通过震级反映地震时释放能量的大小.震级是利用地动振幅计算得到的,而弹性波的能量与其振幅的平方成正比,即 $E \propto A^2$,所以有

$$\lg E \propto 2\lg A = 2M + 2B(\Delta)$$

总之,可视为服从

$$\lg E = 2M + a$$

其中,a 为常数.不过,这个关系并不严格,因为当地震大小不同时,其能量在不同

频带上的分布是不一样的,地震越大一般对应的断层破裂尺度越大,破裂持续时间也就越长,辐射出来的地震波低频部分的能量就越多.另外,测定震级时用的都是最大振幅,而与其对应的并不是简谐波.所以上式中 M 前的系数 2 是不准确的.但我们仍可以采用上面的函数形式,即

$$\lg E = bM + a$$

其中,a 和 b 为两个待定的常数.

对大量的地震分别独立地估计 E 和测定 M,再进行统计分析,可以得出最佳的 a 和 b 的数值.现在最常用的数值为 $a = 11.8$,$b = 1.5$,所以有

$$\lg E = 1.5M + 11.8$$

由于历史原因,E 的单位为尔格(erg).

利用以上公式可以估计震级每增加一级能量增大的倍数:

$$\lg E_{M+1} - \lg E_M = 1.5 \Rightarrow \frac{E_{M+1}}{E_M} = 31.6$$

(2) 地震矩

地震矩是震源的等效双力偶中一个力偶的力偶矩,是继地震能量后的第二个关于震源的定量特征量,一个描述地震大小的绝对力学量,可用断层面积、断层面的平均位错量和剪切模量的乘积定义.

$$M_0 = \mu \overline{D} S$$

其中,μ 是介质的剪切模量;$\overline{D}$ 是破裂的平均位错量;S 是破裂面的面积.地震矩的量纲为能量量纲,反映了在地震发生前,由于弹性变形储存在岩体中的应变能,可以用弹簧被拉伸时储存在其中的弹性能量类比.当然,力偶矩与应变能两者的具体数值并不相同,毕竟是不同的物理量.显然,地震矩是对断层错动引起的地震强度的直接测量.地震矩的引入,是用仪器记录定量量度地震强度的第二个参数,比震级更合理、更深刻,是地震理论的一个突破.

测定地震矩可用宏观的方法,直接从野外测量断层的平均位错和破裂长度,结合推断出的震源深度估计断层面积;也可用微观的方法,通过对地震波记录的谱分析计算出地震矩的大小.

(3) 矩震级 M_{w}

地震矩 M_0 已经是地震强度的定量标志,但是百余年来已经积累了许多用震级标度的历史资料,大量的研究都是基于这些资料进行的.为研究时统一标准,以便与使用传统震级所做的各种工作相比较,需要把 M_0 折算成相应的震级.另外,即使用数字化地震记录,通过谱分析测定和计算地震矩也是相当复杂的,M_0 难测,中小震更难,甚至无法测准,所以也要统一到震级标度体系.其方法是通过地震矩 M_0 算出某个地震的地震波辐射能量,然后通过能量-震级公式(G-R 关系)$\lg E = 1.5M + 11.8$ 折算出震级的数值.

首先,对剪切位错源释放的地震波动能量做粗略估计.假定断层面 S 上的剪切

应力从 σ 降到 0,应力下降与伴随的位移变化成正比,即断层面可看作以恒定的平均应力错断.定义平均应力为

$$\bar{\sigma} = \frac{\sigma}{2}$$

则源区弹性应变能变化为

$$\Delta W \approx \bar{\sigma} \cdot \bar{D} \cdot S = \frac{\sigma}{2} \cdot \bar{D} \cdot S = \frac{\Delta \sigma}{2} \frac{M_0}{\mu}$$

对于应力完全释放的大地震,$\Delta \sigma = 20 \sim 60\ \mathrm{bar} = (20 \sim 60) \times 10^7\ \mathrm{dyne/cm^2} = (20 \sim 60) \times 10^5\ \mathrm{Pa}$,而地壳上地幔介质的剪切模量 $\mu = (3 \sim 6) \times 10^{11}\ \mathrm{dyne/cm^2} = (3 \sim 6) \times 10^9\ \mathrm{Pa}$;所以地震释放的应变能与地震矩的关系可以近似为

$$\Delta W \approx 5 \times 10^{-4} M_0$$

将它代入 G-R 震级能量公式得到

$$\lg \Delta W = 1.5 M_{\mathrm{w}} + 11.8$$

其中,M_{w} 为矩震级,所以有

$$M_{\mathrm{w}} = \frac{\lg \Delta W_0 - 11.8}{1.5} = \frac{\lg(5 \times 10^{-5} M_0) - 11.8}{1.5}$$

7. 讨论

里氏震级提供了客观量度地震大小的方法,而且比较简便,可以用来对地震进行分类,深化了对于地震的研究.

但里氏震级模型比较简单,暗含的假定与实际地震相差比较大.里氏震级定义,假定强度不同的地震源谱相似,且为球对称状辐射.这与实际不符.事实上,不同波段之间辐射能的比例,对于不同地震是不同的.另外,里氏震级定义还假定相同震中距上的衰减相同.实际情况是不同路径上的吸收不相同,而且标定函数 $B(\Delta)$ 未考虑源深.所有这些问题的本质是复杂的地震过程,不可能用简单的震级这个单一的特征量来表示.

为了减小里氏震级引起的偏差,可以采取一些补救办法,如:围绕震中对处于不同方向多台的结果求平均值,以消除辐射的方位效应;各台站加一项台站修正项,消除区域构造的不均匀性差别等.

矩震级反映了形变规模的大小,是目前量度地震大小最好的物理量:它是一个绝对力学标度,不会产生饱和问题;能够与我们熟悉的震级衔接起来,适于震级尺度范围很宽的统计.使用矩震级,巨震得以分辨,与钱德勒晃动的相关性更好.说明用通过地震矩折算得到的矩震级标记地震的强度可能更合理.

但是,矩震级的测定较为繁复,不如里氏震级简单,尤其是对小地震做谱分析比较困难.另外,大量历史地震图不是数字化记录,更难测定.还有,天然地震虽然大多数是位错源,但并不全是,在用地震矩张量表示时遇到了理论上的困难.

2.3　地震的宏观调查

地震发生后有各种调查,因为目的和关注的问题不尽相同,所以不同部门和机构发布的地震调查报告也各有侧重,请参考中外大地震调查报告.这里只介绍从地震学角度进行的调查,也就是地震宏观调查.地震宏观调查,主要是通过现场观测的方法直接调查地震所造成的有关破坏现象,包括地质现象、对建筑物的破坏以及伴生的一系列影响等,为防震减灾、地震预测预防提供烈度等数据.

2.3.1　地震宏观调查的目的

对地震本身的特性进行逼近观察,了解其细节,包括地震发生的地质条件;对断层走向、错距、源深等震源参数进行估测;收集地震宏观效应的第一手资料,尤其是新现象,深化我们对地震的认识,特别注意地震的各种前兆现象,为地震预测提供依据;修订抗震规范、完善地震危险性评价标准,以及帮助提出一些重建家园的建议等.

2.3.2　地震宏观调查的主要内容

1. 多地点宏观效应调查

多地点宏观效应调查是地震宏观调查的基础,主要按"地震烈度表"中列举的效应评定并记录其严重程度、调查震源区域断层的活动情况、地质地貌、土质、地基和地下水.应注意,地裂缝是与老断层有关还是与新断层有关,是张性的、压性的还是扭性的,是以垂直运动为主还是以水平运动为主,是走滑断层、正断层、逆断层还是倾滑断层,等等.同时,还要调查房屋建筑、结构物、铁路、公路等的破坏情况及人员伤亡情况等.

2. 前兆现象收集与甄别

主要调查小地震的活动情况,地震前后井、泉等地下水位的变化,大、小动物异常反应情况,气候变化状况等;分析判断哪些现象与地震活动有关,可以作为地震的前兆,为未来的地震预测提供数据.

3. 历史地震的调查与考证

主要了解历史上该区域地震的震中及破坏情况,通过对地名沿革的考证,碑文、县志的查阅,古建筑物(如庙宇、官廨、民房及塔、碑、城墙、桥梁)的调查及考古推断,结合邻近地震带的地质学分析,得出历史上该地区的地震活动情况以及震灾的基本情况,为震区提供历史上地震破坏的基础数据,为制定该地区的抗震规范及地震预测预报服务.

2.3.3 地震宏观调查资料的整理

1. 烈度评定和等震线的勾画

首先根据烈度表和实际调查情况评定出各个考察地点的烈度,通过绘等值线的方法绘制出地震等震线图.等震线又称等烈度线,为同一烈度地区的外包线(图2.6).

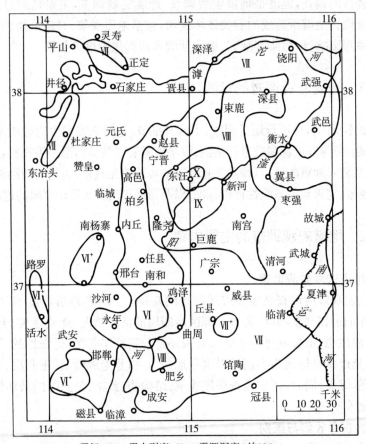

震级:7.2   震中烈度:Ⅹ°   震源深度:约10 km

图2.6   河北宁晋东汪地震等震线图(1966－0－3－22)

烈度异常的实例,Ⅶ度区中包含Ⅷ度和Ⅵ度的区域,Ⅵ度区中包含Ⅶ度的区域

[据中国科学院地球物理研究所编《中国地震等震线图集》,1972年2月]

一般情况下,相邻两条等震线之间的地区具同一烈度;如果在两条等震线之间有偏大或偏小的烈度区,则称为烈度异常.

最中心的等震线包围的区域称为极震区,对应的最大烈度称为震中烈度.震中烈度除了与地震本身的强度有关外,还与震源深度、地质结构、地形、地基条件等有关.

2. 地震基本参数(λ,φ,h,M)的测定

利用绘出的等震线,可以确定宏观震中的经纬度(λ,φ)、震源深度(h),结合经大量统计数据建立的经验关系甚至可以得到震级(M).

(1) 宏观震中

极震区的几何中心称为宏观震中.由于地下结构的复杂性,宏观震中可能处于地震震源的正上方,也可能有一定程度的偏离.

(2) 宏观震源深度的估计

随着离开宏观震中距离的增加,烈度逐渐降低.利用等震线的这种递减规律就可以求出宏观震源的深度.

根据大量的实际调查总结,可以将烈度与加速度通过经验公式联系起来:

$$I = p\lg a + q'$$

其中,I 为地震烈度,a 为加速度,q' 为常量.

另外,考虑地震波向外辐射时由于几何扩散以及介质的吸收、散射等作用,振幅会不断衰减:球面波辐射时振幅按传播距离 r^{-1} 衰减;柱面波辐射时振幅按传播距离 $r^{-1/2}$ 衰减;介质吸收引起的振幅衰减可以写成 $\mathrm{e}^{-\alpha r}$.综合考虑,可以近似写成

$$a(r) \approx a_0 \mathrm{e}^{-\alpha r} r^{-m} \approx a_0 r^{-n}$$

综合以上的半经验半理论公式可得

$$I = -np\lg r + p\lg a_0 + q' = -2S\lg r + q$$

假定与介质有关的 p、q 以及源辐射的初始强度均与方位角无关,即等震线为圆形,对于距离宏观震源 r_j 和 r_i 的两个观测点,有

$$I_j - I_i = 2S\lg \frac{r_i}{r_j}$$

特别对于 $I_j = I_0$ 也就是震中烈度(图 2.7),有

$$r_i = \sqrt{h^2 + \Delta_i^2}$$

$$I_0 - I_i = 2S\lg \frac{r_i}{h} = S\lg\left(\frac{\Delta_i^2}{h^2} + 1\right)$$

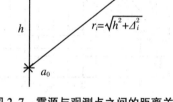

式中,Δ_i 是烈度为 I_i 的等震线的半径.即有

$$h = \frac{\Delta_i}{\sqrt{10^{(I_0-I_i)/S} - 1}}$$

图 2.7 震源与观测点之间的距离关系

震中与震源的距离就是震源深度

或

$$\lg h = \lg \Delta_i - 0.5\lg[10^{(I_0-I_i)/S} - 1]$$

显然,对于同一次地震,不论使用哪一条等震线来测定震源深度,其结果都应该是一样的.也就是从上式来看各等震线半径的对数与第二项代数式值的差应该

是一个常数,这个常量就是宏观震源深度的对数 $\lg h$. 当然,这时 S 也应该取某一确定的适当值.

因为 S 是未知的,所以可以先取 $S = 1, 1.5, 2, 2.5, 3, \cdots$ 一系列不同的值,然后将

$$\begin{cases} x = I_0 - I_i \\ y = 0.5\lg[10^{(I_0 - I_i)/S} - 1] \end{cases}$$

绘成一组曲线,这样就得到了测量宏观震源深度的量版底图(图 2.8). 在量版底图上放置一张透明纸,先画上与底图重合、比例相同的坐标轴. 也可以根据某次地震的多条等震线给出的数据 $x = I_0 - I_i$,$y = \lg \Delta_i$,也可以在透明纸上绘出一系列的点(图 2.9). 对一次地震而言,由于 $\lg h$ 是不变的,所以当选择适当的 S 时,量版上的曲线应该与透明纸上这些点形成的曲线平行. 通过在纵轴方向上的平移,透明纸上的曲线会和量版底图上的某条曲线重合,这时透明纸上的坐标横轴与量版底图上的坐标横轴的距离即为 $\lg h$.

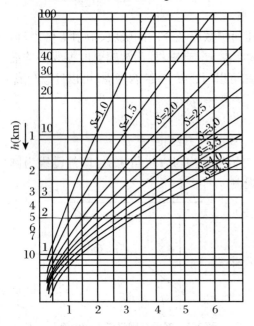

图 2.8 测量震源深度所用的量版底图

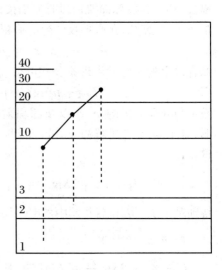

图 2.9 实际地震数据及点线

有时评定的震中烈度 I_0 不够可靠,无论沿着坐标纵轴怎么平移,都找不到一条曲线能和透明纸上的一系列点重合. 这时,可以将透明纸沿着坐标横轴的方向同时平移,这意味着要对 $I_0 - I_i$ 做系统的修正. 这时就可以得到相对更加可靠的震中烈度 I_0,左移时震中烈度 I_0 减小,右移时则增大. 震源深度的求法不变. 如果做宏观地震调查时缺少震中烈度 I_0 的数据,可以先估计一个,然后通过这种方法进行修正,就可以补上所缺的 I_0.

应当指出,这种求宏观震源深度的方法,是在假定震源为点源、介质是均匀的各向同性体的条件下导出的.真正的地震震源与这种简化模型是不同的,有时差异还相当大.这一方法展示了如何利用宏观资料获得更多的有用信息.

要注意的是,虽然计算机技术有了突飞猛进的发展,现在已经有许多计算机程序可以自动进行相关计算,给出所需参数,不再需要手工使用量版来进行震源深度等的计算;但我们仍要清楚地理解其工作原理与计算过程,这样在遇到问题时才能进行深入的分析,找出原因,避免被动.

(3) 估计震级 M

利用宏观地震调查得到的信息,可以通过震中烈度 I_0 和震源深度 h 估计表示震级 M.

根据对大量历史地震的总结与分析,人们得到了震中烈度 I_0 与地震震级 M 和震源深度 h 之间的关系,可以用经验关系式或表格(表2.3)的形式给出.有了这种经验关系,我们就可以通过震中烈度 I_0 和震源深度 h 来估计震级 M.

经验关系式的一个实例是 $M = (0.68 \pm 0.03)I_0 + (1.39 \pm 0.17)h - (1.40 \pm 0.29)$.

表 2.3　震中烈度(I_0)、震级(M)和震源深度(h)之间的关系表

I_0 / M \ h(km)	5	10	15	20	25
2	3.5	2.5	2.0	1.5	1.0
3	5.0	4.0	3.5	3.0	2.5
4	6.5	5.5	5.0	4.5	4.0
5	8.0	7.0	6.5	6.0	5.5
6	9.5	8.5	8.0	7.5	7.0
7	11.0	10.0	9.5	9.0	8.5
8	12.0	11.5	11.0	10.5	10.0

3. 推断与地震有关的断层特性

根据长期的经验总结与研究,极震区等震线长轴的方向平行于发震断层的走向,等震线比较稀疏的一边是该断层的倾向(图 2.10).发震断层长度 L(以 km 计)与震级 M 的经验关系可以写成

$$\lg L = 0.55M - 2.0$$

也可以写出断层在地表的延伸长度 l(以 km 计)与震级 M 的关系:

$$M = 0.98\lg l + 5.65$$

以及 M,l 与断层两侧的相对最大位移 D(以 cm 计)的经验关系:

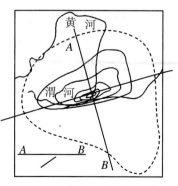

图 2.10　1556 年关中大地震等震线图
等震线比较稀疏的一边为断层的倾向

$$M = 0.53\lg lD + 5.22$$

2.3.4 地震宏观调查方法的意义和限度

虽然随着科学技术的发展,地震仪等能够记录大量的地球物理场的数据,可以用来研究地震的过程,认识地震的本质,但地震的宏观调查仍具有不可替代的作用,积累了其他方法得不到的资料,对于历史地震更是如此.

地球科学中研究的问题一般都涉及很长的时间过程,地震的活动周期很长.对于了解地球的演变及其与地震活动的关系,历史地震资料有极重要的价值,应想方设法从中挖掘信息.地震宏观调查可以获得丰富的历史地震数据,弥补缺少仪器记录的不足.1954 年,我国开始整理中国地震史料,组织了众多单位和极为庞大的队伍,由著名的地震学家和历史学家亲自领导,历时近 3 年,于 1956 年由科学出版社出版了《中国地震资料年表》.它是世界上跨越时间最长、资料最丰富的地震史料,不仅对我国的地震研究,也对全世界的地震研究具有重大的价值,得到了各国学者的高度评价.1978 年开始,又进行了重新编纂,1983 年后分五卷陆续出版.

虽然现在经济有了飞速的发展,对地震研究的投入不断加大,但也不可能处处、时时都有仪器在记录.这时地震宏观调查理所当然地成为非常重要的数据来源.

另外,目前的科学技术水平也不可能测出一切地震效应,而许多复杂的破坏现象对于工程界有十分重要的意义.许多微观、宏观现象还没有相应的仪器可以记录,如对抽象震源模型很有用的发震的地质条件,建筑物的复杂的破坏情况,地光、地气雾,等等.

地震学中非常核心的研究内容之一就是发生地震的断层的形态.虽然借助理论模型可以利用地震图提供的信息推断发震断层的可能形态,但最直接、最可靠的方法还是宏观地震调查,如断层的破裂长度、错距、走向、倾向、宏观震中(与微观的含义不同,各有局限)等的调查.

当然宏观地震调查也有明显的局限与不足.比如,陆地上的地震才可能有全面的宏观调查资料;相对而言,有的假定较简化(如求震源深度的方法要求圆形等震线),物理意义不是十分明晰,获取的各种数据精度较差,等等.

第3章　地震波传播

当地震发生时,从震源辐射出各种类型的弹性波,有些通过地球内部传播,有些沿着地球表面传播.从这些波的运动学特征以及频散特征,可以得到地球内部不同区域的弹性波速度分布.地震波在地球内部的传播过程中,当遇到一些介质的分界面时会发生反射和折射,所以这些界面的位置和性质就可以通过反射和折射波的运动学特征及振幅等来推断.

3.1　主要简化假设和基本理论

3.1.1　地震波的复杂性

地震激发的机械波大部分在固体地球中传播,因此既有纵波又有横波,这比声波和电磁波更为复杂.

地球是个有界体,内外物质的力学性质差别是很大的.对于地震波的传播而言,地球表面是个尖锐的界面;地球内部的化学成分、力学特性(密度、弹性参数等)是不均匀的,因此也形成许多界面(地震学中称为间断面)或梯度区.纵、横波在这些间断面上发生反射、折射、波型转换、散射以及衍射,叠加在一起形成的总波场十分复杂.

同时,地球介质是非完全弹性的,对机械波具有吸收和频散作用,这不仅使弹性波的振幅发生衰减,也会使波形发生改变.

另外,天然地震的震源本身也相当复杂,所以辐射出的弹性波场也非常复杂.所有这些,使得我们在研究地震波传播时遇到的问题十分复杂,如果不进行适当的简化处理,根本没有办法进行深入研究.

3.1.2　分析地震波时的主要简化假设

略去次要因素,突出主要因素,使问题简化、易于处理,从而得出地震波在地球内部传播的基本规律.我们可以把地球介质简化为均匀分层、各向同性的完全线性弹性的连续介质.

1. 小形变和完全弹性假设

小形变和完全弹性两个假设,在理解、简化地震波传播问题的物理实质和数学处理两个方面是密不可分的.

首先,实际地震过程既有产生宏观地形变的区域,又有广阔的小形变区域(小形变的数学表达式为 $\partial u_i/\partial x_j \ll 1$).如果把这两个区域之间的分界面看成震源区的边界,就可以讨论地震波在满足弹性力学中无限小形变区域中的传播了.

弹性力学中无限小形变理论下的运动方程是线性的偏微分方程,它满足叠加原理,即微分方程各个解的和(叠加)依然是方程的解,这就大大方便了问题的处理.从物理角度看,观众听到舞台上许多乐器的合奏相当于各个乐器单独演奏的总和(叠加).但是,一个强烈的震动(譬如一颗炸弹的爆炸)会使介质的性质(如密度)发生显著的变化,微分方程也就改变了.这时,其他乐器的声音在性质发生极大改变的介质中的传播结果(方程的解)自然也就跟着发生改变,观众所听到的声音不再相当于炸弹和各乐器单独演奏的总和(叠加)了.所以,做了这样简化假设的理论只适用于处理弱震动问题.

其次,实际地球介质具有非完全弹性.有关连续介质的非完全弹性问题十分复杂,一般用唯象的黏弹性和弹滞性来描绘.它们的本构关系可以用熟知的弹簧-阻尼盘模型导出(图 3.1).

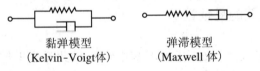

黏弹模型　　　　　弹滞模型
(Kelvin-Voigt体)　　(Maxwell 体)

图 3.1　描述非完全弹性介质的黏弹模型和弹滞模型

黏弹体对于缓慢的加力过程(加力时间大于应变弛豫时间)表现为线弹性;对于快速的加力过程则表现为刚性;加力恒定,达到完全应变有延迟.弹滞体恰好相反,它对于缓慢的加力过程表现出塑性;对于快速的加力过程(加力时间小于应力弛豫时间)则表现为线弹性;变形恒定,应力松弛也有延迟.

通过实际观测可知,地震波的周期范围一般在 $2\times10^{-2}\sim3\times10^{3}$ s 范围,而用黏弹模型(Kelvin-Voigt 体)和弹滞模型(Maxwell 体)对实际地球介质做估计发现,与黏弹性对应的应变弛豫时间小于 10^{-1} s,与弹滞性对应的应力弛豫时间大于 10^{3} 年.所以作为一级近似,可不考虑非完全弹性,按照线性弹性处理,叠加原理成立.

不做特别说明时,均讨论均匀、各向同性线弹体,涉及的弹性参数主要是 λ,μ,ρ.这一简化使复杂的波动可以用各简谐波的叠加来表示.不失一般性,可以把传播形式比较复杂的波动分解为平面或球面简谐波.

这样,我们就可以避开震源,建立简谐波传播理论,简化求解,使复杂的情况叠加.

2. 绝热假设

由于热力学效应,地震波在地球内部传播时会引起温度的变化.考虑到地震波的传播速度(几千米/秒)大大超过地球介质的热传导速率,所以在研究与地震波传播有关的热力学问题时可以使用绝热假设.

3. 各向同性假设

构成地球的岩石物质是由各种矿物晶体组成的,而矿物晶体由于空间构型的特征使得其在不同方向上具有不同的弹性性质,也就是各向异性.由于岩石晶胞的线度一般都小于 $100~\mu m$,而地震波波长大都在几百米以上,再考虑到在与地震波波长可以比拟的空间范围内矿物晶体的晶胞取向杂乱,经过统计平均就会形成宏观上的各向同性.所以在地震学里,一般情况下可以假定地球介质是各向同性的.

随着理论的发展和研究的深入,人们发现在地球的很多不同区域都存在着大尺度矿物晶体定向排列产生地震波速度各向异性的情况,在浅部存在的定向分布的裂隙也会引起地震波各向异性.这时就不能再用各向同性的简单模型了,必须建立地震波在各向异性介质中传播的理论方程与求解办法.

4. 重力的影响

在讨论地震波传播时,万有引力场也是动力学方程中的一项.Jeffreys 已经证明,对于短周期波,由于波长不长,涉及的空间线度有限,所以重力场的影响很小,在体波分析中可不考虑;但在地球自由振荡的分析中必须考虑.

5. 实际地球各种分界面几何形状的近似

弹性动力学的核心问题是波动方程的求解,也就是求微分方程的定解,所以边界条件的影响很大.有时虽然方程本身比较简单,但边界条件太复杂,甚至找不到解析解.

介质的不均匀性使得记录到的地震波也携带着反映介质复杂性的信息.既要把复杂的问题简化,保证能够找到问题的解,又要使得到的解尽可能接近实际,因此合理的近似(也就是模型)很重要.地震学在不同问题中取不同的近似,常见的有:① 半空间;② 平行分层;③ 球对称等.利用这些模型,地震学成功地解释了许多地震波动现象.

上述情况说明,在地震波理论中,把地球介质当作均匀、各向同性的线性完全弹性介质来处理是一种简化的模型.实践证明,这种模型可以使分析大大简化,而且在多数情况下可以得到与观测结果相当符合的结果.天文学、地质学、地球物理学的研究都说明地球不可能是个均匀球体,但球对称性模型是很好的数学模型.当然,在上述假定偏离实际情况时,我们就需要研究介质的不均匀性、各向异性和非完全弹性对波传播产生的影响了.

3.1.3　地震波动理论的主要内容

针对简化后的地球介质模型,我们这里主要介绍研究地震波在地球内部传播的两类方法:动力学方法与运动学方法.动力学方法通过求解满足相应边界条件的波动方程,研究平面波在平界面上的反射、折射,均匀半空间及平行分层均匀空间中的地震面波,以及针对球对称模型的自重地球的自由振荡.运动学方法将波动方程的求解进一步简化成关于波传播的射线理论,利用"地震射线"这一概念,研究地震波在地球内部传播的运动学特征,并在此基础上获得地球内部的相关结构信息.

3.2　平面波在平界面上的反射、折射

地壳及地球内部可以简化成分层结构,内部有不少界面,地表也可看作是一个界面.震源产生的地震波波阵面在各向同性的均匀介质中呈球形、一层层地向外传播,称为球面波.因此严格地讲,我们应该讨论球面波遇到分界面时的情况.但当距离震源足够远时,也就是当震源到接收点的距离比波长大得多时,讨论的一般是整个球面波波阵面的很小一部分,作为一级近似,可以把它看作平面波来处理.同时,当界面的曲率远远大于地震波的波长时,在地震波入射点附近可以把界面当成平面.这样可以使讨论大大简化,但并不影响对问题本质的揭示.另外,根据线性弹性理论,球面波在理论上可以看作是许多不同方向的均匀或不均匀平面波的叠加,因而先弄清平面波在分界面上的行为,也就比较容易讨论球面波在分界面上的行为了.

我们这里主要讨论的是地震波在均匀的半空间介质及均匀的平行分层介质中的传播问题.也就是说,用一定的数学方法(如分离变量等)求适合于边界条件的波动方程的解,并讨论它的物理意义.这是了解地震波传播现象所必备的基础知识.

因为现在讨论的是平面波在平界面上的行为,波阵面与分界面都是平面,所以采用平面直角坐标系进行数学处理比较方便(图 3.2).一般取平分界面为 $X_1 X_2$(或 X-Y)平面,其中 X_1(或 X)轴为平面波传播方向在界面上的投影,取分界面法向为 X_3(或 Z)轴,方向以垂直向下为正,$X_1 X_3$(或 X-Z)平面被称为地震波的入射面.

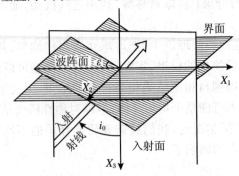

图 3.2　研究平面波遇到平界面时常用的坐标系

3.2.1　定解问题

在不考虑体力时,以位移为变量的弹性波传播动力学方程可以写成

$$\rho \frac{\partial^2 u}{\partial t^2} = (\lambda + 2\mu)\nabla(\nabla \cdot u) - \mu \nabla \times \nabla \times u \tag{3.1}$$

这是一个不计重力、无源的自由波动问题.根据前面的分析,我们这里只讨论最简单的线性弹性体.这个近似模型建得很成功,表现在其理论结果与实际观测一致.由于是线性问题,问题简化,可以应用叠加原理.但是,这个偏微分方程在经典物理学范围中,是除磁流体力学方程外,最复杂、最难解的.

弹性波传播的运动方程太复杂,直接求解很困难,所以在数学求解时采用迂回的方法.利用矢量场的分解,把这个复杂的方程变换成已有定式解的标量常微分方程;再对常微分方程的解做反变换和叠加,求出原方程的解.

分离变量法是求解偏微分方程的重要方法.方程是否能用分离变量法求解,与方程的类型(结构)和采用的坐标系有关.偏微分方程在四维空间中的可分离性是指:将变量分离的形式解代入方程后,能得到只与两个所谓分离常数有关的三个常微分方程.而常微分方程已有定式解法,所以对这类偏微分方程就求出了解.

1. 直角坐标下弹性体运动方程的分解

根据 Stocks 分解,任意矢量场 $u(r,t)$ 总可以分解为满足 $\nabla \times u_P = 0$ 的无旋矢量场 u_P 和满足 $\nabla \cdot u_S = 0$ 的无散矢量场 u_S,即有 $u = u_P + u_S$.根据场论知识,无旋场总可以用一个标量势的梯度表示,即 $u_P = \nabla\varphi$,无散场总可以用一个散度为零的矢量势的旋度表示,$u_S = \nabla \times \psi$(也称为亥姆霍兹变换).u 只需三个独立分量的线性组合来表示,而 φ 和 ψ 有四个分量,因此需要补充一个条件方程 $\nabla \cdot \psi = 0$.因此有

$$u = u_P + u_S = \nabla\varphi + \nabla \times \psi, \quad \nabla \cdot \psi = 0 \tag{3.2}$$

将式(3.2)代入弹性波传播的运动方程(3.1),得到

$$\rho \frac{\partial^2 \varphi}{\partial t^2} - (\lambda + 2\mu)\nabla^2\varphi + \rho \frac{\partial^2 \psi}{\partial t^2} - \mu\nabla^2\psi = 0, \quad \nabla \cdot \psi = 0 \tag{3.3}$$

与此等价的方程组为

$$\begin{cases} \dfrac{\partial^2 \varphi}{\partial t^2} - \alpha^2 \nabla^2\varphi = C, \quad \dfrac{\partial^2 \psi}{\partial t^2} - \beta^2\nabla^2\psi = -C, \quad C\text{ 为任意常量} \\ \nabla \cdot \psi = 0, \quad \alpha^2 = \dfrac{\lambda + 2\mu}{\rho}, \quad \beta^2 = \dfrac{\mu}{\rho} \end{cases} \tag{3.4}$$

也可以通过对(3.1)分别求散度和旋度(因为右边第二项旋度的散度为零,右边第一项梯度的旋度为零)得到.特别当 $C = 0$ 时,得到方程组

$$\begin{cases} \dfrac{\partial^2 \varphi}{\partial t^2} - \alpha^2 \nabla^2 \varphi = 0, \quad \dfrac{\partial^2 \boldsymbol{\psi}}{\partial t^2} - \beta^2 \nabla^2 \boldsymbol{\psi} = 0 \\[3mm] \nabla \cdot \boldsymbol{\psi} = 0, \quad \alpha^2 = \dfrac{\lambda + 2\mu}{\rho}, \quad \beta^2 = \dfrac{\mu}{\rho} \end{cases} \tag{3.5}$$

Sternberg 和 Gurtin(1962)用非常简洁的方式证明,标准的波动方程(3.5)虽然是 $C = 0$ 时的方程组,但是它与前面的弹性波传播运动方程(3.1)完全等价,没有漏解,具有解的完备性.

2. 标准波动方程的通解

方程组(3.5)中的偏微分方程就是标准的波动方程.一维齐次波动方程是偏微分方程中少有的、可按部就班做积分求出通解的方程之一,其解即著名的 D'Alembert解(即波动函数).仿照一维波动方程的通解容易得到三维情况下的通解,利用点法式平面方程 $\boldsymbol{n} \cdot \boldsymbol{r} = C$ 表示相位面函数,$\boldsymbol{n}$ 为平面的单位法向,通解为

$$f(\boldsymbol{r}, t) = F_1\left(t - \frac{\boldsymbol{n} \cdot \boldsymbol{r}}{V}\right) + F_2\left(t + \frac{\boldsymbol{n} \cdot \boldsymbol{r}}{V}\right) \tag{3.6}$$

未知函数 f 可以是 φ 或 ψ_i.F_1,F_2 为任意函数,具体形式由问题的初、边界条件决定;不同函数有不同的波形.不管是什么函数,只要宗量为 $t \pm \boldsymbol{n} \cdot \boldsymbol{r}/V$,该函数就是平面波方程(直角坐标中 $\boldsymbol{n} \cdot \boldsymbol{r} = $ 常数是点法式平面方程);F_1 传播方向为 $\boldsymbol{n}$,称为前进波;F_2 传播方向为 $-\boldsymbol{n}$,称为后退波;V 为 α 或 β,分别对应 φ 和 ψ_i.

容易验证,只要 $\boldsymbol{n}$ 为单位矢量,就满足弥散条件 $n_i n_j \delta_{ij} = n_1^2 + n_2^2 + n_3^2 = 1$.将式(3.6)代入式(3.5),则等式两边相等,即式(3.6)确实是式(3.5)的解.

3. 任意函数形式的通解可以写成简谐平面波叠加的形式

根据傅里叶叠加原理,可以把物理上实际存在的平面波动以数学形式分解成抽象的、覆盖整个频率范围的余弦型平面波的积分.复数傅里叶变换公式为

$$\begin{cases} f\left(t - \dfrac{n_j x_j}{V}\right) = \dfrac{1}{2} \displaystyle\int_{-\infty}^{\infty} F(\omega) \exp\left[i\omega\left(t - \dfrac{n_j x_j}{V}\right)\right] \mathrm{d}\omega \\[4mm] F(\omega) = \dfrac{1}{\pi} \displaystyle\int_{-\infty}^{\infty} f\left(t - \dfrac{n_j x_j}{V}\right) \exp\left[i\omega\left(t - \dfrac{n_j x_j}{V}\right)\right] \mathrm{d}t \end{cases} \tag{3.7}$$

在实际物理问题中可以不考虑 $-\omega$.利用函数的共轭关系知

$$\overline{F(\omega) \exp\left[i\omega\left(t - \frac{n_j x_j}{V}\right)\right]} = F(-\omega) \exp\left[-i\omega\left(t - \frac{n_j x_j}{V}\right)\right]$$

$$\frac{1}{2}\int_{-\infty}^{0} F(-\omega) \exp\left[-i\omega\left(t - \frac{n_j x_j}{V}\right)\right] \mathrm{d}\omega = \frac{1}{2}\int_{0}^{\infty} F(\omega) \exp\left[i\omega\left(t - \frac{n_j x_j}{V}\right)\right]$$

将它代入前式,得到频率范围为 $0 \to \infty$ 的公式:

$$f\left(t - \frac{n_j x_j}{V}\right) = \int_{0}^{\infty} F(\omega) \exp\left[i\omega\left(t - \frac{n_j x_j}{V}\right)\right] \mathrm{d}\omega$$

复数 Z 有定义式、指数式和三角式三种表达式:

$$Z = A + iB = re^{i\varphi} = r(\cos\varphi + i\sin\varphi), \quad A, B \text{ 均为实数},$$

$$r = (A^2 + B^2)^{1/2}, \quad \varphi = \arctan\frac{B}{A}$$

有些情况下三角函数形式比较直观；指数形式做微积分、乘除等运算十分方便，且经过各种运算后实部等于实部、虚部等于虚部；一般在复数前用 Re 和 Im 分别表示运算后只取实部和只取虚部. 所以有

$$f[\omega(t - n_j x_j / V) - \Phi(\omega)] = \text{Re}\int_0^\infty F(\omega)\text{expi}[\omega(t - n_j x_j / V) - \Phi(\omega)]\text{d}\omega$$

$$= \int_0^\infty F(\omega)\cos[\omega(t - n_j x_j / V) - \Phi(\omega)]\text{d}\omega$$

$$(3.8)$$

式中，ω 称为角频率，$F(\omega)$ 称为振幅谱，余弦项的宗量称为总相位，$\Phi(\omega)$ 称为初相位. 这种按余弦（约定取虚部时按正弦）做变化的波动称为简谐波. 因此，在前面给定模型条件下，任意平面波问题的求解，总可以用简谐平面波的线性叠加作为形式解，去满足波动方程和边界条件，然后定出 $F(\omega)$ 和 $\Phi(\omega)$.

通常，取

$$f(x, t, \omega) = A(\omega)\text{expi}\left[\omega\left(t - \frac{x}{v}\right) + \Phi_0(\omega)\right]$$

$$(3.9)$$

由于弹性波方程为线性方程，所以只需求此基本解，对不同角频率的 $A(\omega), \Phi_0(\omega)$ 做傅里叶叠加，即可得任意函数形式的平面波.

4. 边界条件：应力连续和位移连续

应力连续在物理上的含意是作用力与反作用力大小相等、方向相反，作用在一条直线上；位移连续是连续介质模型的基本要求，意即介质不允许裂开或相互重叠.

对于半空间中的自由表面，边界条件为

$$P_{zj} = 0$$

对于全空间中的分界面，边界条件为

$$P_{zj} = P_{zj}', \quad u_z = u_z'$$

5. 均匀平面波和不均匀平面波

不失一般性，在式(3.9)中令 $A(\omega) = 1$，$\Phi_0(\omega) = 0$，再进行取实部的操作，有

$$\begin{cases} f(\boldsymbol{x}, t, \omega) = \cos\omega\left(t - \frac{\boldsymbol{n}_j x_j}{v}\right) = \text{Re}[e^{i(\omega t - k_j x_j)}] \\ \boldsymbol{k}_i \boldsymbol{k}_j \delta_{ij} = \left(\frac{\omega}{v}\right)^2 \end{cases}$$

$$(3.10)$$

其中，$\boldsymbol{k}_j = \frac{\omega}{v}\boldsymbol{n}_j$ 称为波矢量.

如果 k_j 全为实数，则同一时刻、同一 $k_j x_j$ 为常量的平面上，波动物理量的相位相同（等相位）、量值相同（等振幅），称为均匀平面波.

如果 k_j 中有虚数(必有一实部),则会出现不均匀平面波.这时可以令

$$k_j = k_j' + ik_j'' \quad (k_j', k_j'' \text{ 均为实数})$$

则

$$e^{i(\omega t - k_j x_j)} = e^{k_j'' x_j} e^{i(\omega t - k_j' x_j)}$$

$k_j' x_j$ 描述了波动的等相位面形态,$e^{k_j'' x_j}$ 则反映了波动的幅度沿 k'' 方向的指数变化.

由波矢量关系要求

$$k_j^2 = k^2 = (k_j' + ik_j'')^2 = (k_j'^2 - k_j''^2) + i2k_j'k_j'' = \left(\frac{\omega}{v}\right)^2$$

可得

$$k_j'k_j'' = 0$$

即 $k'' \perp k'$,也就是在与波传播方向垂直的方向上,波动的幅度呈指数变化(图 3.3).

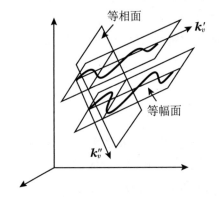

图 3.3　不均匀平面波在与传播方向垂直的方向上振幅发生变化

6. P 波、SH 波和 SV 波

从前面的坐标框架中可以看出,当 P 波的入射传播方向在 X_1X_3 平面内时,反射 P 波的传播方向亦在此平面内.由于 P 波的质点偏振方向与波传播方向一致,运动完全在 X_1X_3 平面内,所以反射波的运动亦在 X_1X_3 平面内,即位移与 X_2 无关,且 X_2 方向的位移分量为零.

由于 S 波对应的粒子在与波传播方向垂直的平面内线偏振,可以将其投影到入射面即 X_1X_3 平面内以及入射面的法线方向(即 X_2 方向).在入射面内的 S 波分量称为 SV 波,沿入射面法线方向的 S 波分量称为 SH 波(图 3.4).S 波的这种分解与界面在入射点是否弯曲无关,只与界面在入射点的法向有关.对于给定界面和给定平面 S 波,分解是唯一的,只与界面及波动形态有关,与坐标轴的选取无关.在进行了 S 波的这种分解之后,P 波、SH 波、SV 波对应的粒子偏振方向相互垂直,构成线性无关的正交系,可以完备地描述粒子在三维空间的振动状态.这种分解也可以推广到地震波传播射线上的任一点处介质的波动分解,分别称为 P 波传播、SH 波传播和 SV 波传播.

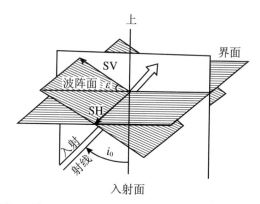

图3.4　将 S 波分解成 SV 波和 SH 波:SV 波在入射面内;SH 波在介质分界面内并与入射面垂直

7. 平面波遇到平界面问题的求解

根据前面介绍的坐标系建立方式,设平面波在 $X_1 X_3$ 平面内传播,传播方向就是等相位面的法线方向,又称为平面波的射线方向.根据 Stocks 分解和亥姆霍兹变换,波动的位移场可以写成

$$\boldsymbol{u} = \boldsymbol{u}_{\mathrm{P}} + \boldsymbol{u}_{\mathrm{S}} = \nabla \varphi + \nabla \times \boldsymbol{\psi}, \quad \nabla \cdot \boldsymbol{\psi} = 0 \tag{3.11}$$

由于波动的等相位面上的 $\varphi, \psi_1, \psi_2, \psi_3$ 均为常数,而且平面波的传播方向在 $X_1 X_3$ 平面内,因此沿着 X_2 方向上的各点必在同一等相位面上,所以

$$\frac{\partial \varphi}{\partial X_2} = \frac{\partial \psi_3}{\partial X_2} = \frac{\partial \psi_2}{\partial X_2} = \frac{\partial \psi_1}{\partial X_2} = 0 \tag{3.12}$$

式(3.11)的分量形式为

$$\begin{cases} u_1 = \dfrac{\partial \varphi}{\partial X_1} - \dfrac{\partial \psi_2}{\partial X_3} \\[2mm] u_2 = \dfrac{\partial \psi_1}{\partial X_3} - \dfrac{\partial \psi_3}{\partial X_1} \\[2mm] u_3 = \dfrac{\partial \varphi}{\partial X_3} + \dfrac{\partial \psi_2}{\partial X_1} \end{cases} \tag{3.13}$$

u_1, u_3 分量只包含 φ, ψ_2,与 ψ_1, ψ_3 无关;而 u_2 分量只包含 ψ_1, ψ_3,与 φ, ψ_2 无关.也可以将应力边界条件用势函数表示:

$$\begin{cases} P_{31} = \rho \beta^2 \left(\dfrac{2 \partial^2 \varphi}{\partial X_1 \partial X_3} + \dfrac{\partial^2 \psi_2}{\partial X_1^2} - \dfrac{\partial^2 \psi_2}{\partial X_3^2} \right) \\[3mm] P_{32} = \rho \beta^2 \left(\dfrac{\partial^2 \psi_1}{\partial X_3^2} - \dfrac{\partial^2 \psi_3}{\partial X_1 \partial X_3} \right) = \rho \beta^2 \left(\dfrac{\partial u_2}{\partial X_3} \right) \\[3mm] P_{33} = \rho \left[\alpha^2 \nabla^2 \varphi + 2 \beta^2 \left(\dfrac{\partial^2 \psi_2}{\partial X_1 \partial X_3} - \dfrac{\partial^2 \varphi}{\partial X_1^2} \right) \right] \end{cases} \tag{3.14}$$

同样,P_{31}, P_{33} 只包含 φ 和 ψ_2,与 ψ_1, ψ_3 无关;而 P_{32} 只包含 ψ_1 和 ψ_3,与 φ 和 ψ_2 无关.因此,我们可以把问题分成相互独立的两组来求解(图 3.5):① P-SV 问题,需

要解出 φ 和 ψ_2 两个标量函数；② SH 问题，需要解出 ψ_1 和 ψ_3 两个标量函数．可见 SH 波在遇到界面时只产生 SH 型的波；P-SV 型波在界面上只产生 P-SV 型的波，而且P，SV波相互耦合，没有办法再进行分离．

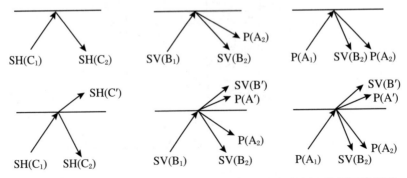

图 3.5　在经过 Stocks 分解和亥姆霍兹变换以及 S 波的分解后，平面波遇到平界面，问题分成了相互无关的两组

　　P-SV 问题用势函数求解减少了计算量，只需要求解 φ，ψ_2 两个标量函数，再做反变换即可得

$$u_P = \nabla\varphi = u_{P_1}\boldsymbol{e}_1 + u_{P_3}\boldsymbol{e}_3$$

$$u_{SV} = \nabla\times(\psi_2\boldsymbol{e}_2) = u_{SV_1}\boldsymbol{e}_1 + u_{SV_3}\boldsymbol{e}_3 \tag{3.15}$$

不必求解 u_{P_1}，u_{P_3}，u_{SV_1}，u_{SV_3} 四个标量函数．

　　而对于 SH 波，则可以直接使用位移标量函数 u_2，这样更方便；否则就需要解 ψ_1 和 ψ_3 两个标量函数了．这时，对于半空间问题，有

$$\frac{\partial^2 u_2}{\partial t^2} = \beta^2\nabla^2 u_2 \quad （方程）$$

$$P_{32}\bigg|_{X_3=0} = \mu\,\frac{\partial u_2}{\partial X_3}\bigg|_{X_3=0} = 0 \quad （边界条件）$$

　　对于全空间内一个分界面两侧介质中的波传播问题，两部分介质中对应的波动方程分别为

$$\frac{\partial^2 u_2}{\partial t^2} = \beta^2\nabla^2 u_2 \quad 和 \quad \frac{\partial^2 u_2'}{\partial t^2} = \beta'^2\nabla^2 u_2'$$

界面上应力连续、位移连续，边界条件有

$$\mu\,\frac{\partial u_2}{\partial X_3} = \mu'\,\frac{\partial u_2'}{\partial X_3} \quad 和 \quad u_2 = u_2'$$

3.2.2　平面波在自由界面上的反射

　　这是地表情况的近似．地震波入射到自由界面时会产生反射，反射波会出现什么情况？与入射波有什么关系？

建立如前所示的坐标系,自由界面用 $X_3 = 0$ 表示,X_3 轴垂直向下为正. $X_3 \geqslant 0$ 半空间中的地球介质为均匀、各向同性的完全弹性体,弹性性质已知,用纵、横波速度 α, β 给出,忽略自由界面之上大气压的影响.

不失一般性,假设已知入射波为一简谐平面 P 波,以角度 i_P 向自由界面入射(图 3.6):

$$\boldsymbol{u}_{P_1} = \nabla \varphi_1, \quad \varphi_1 = A_1 e^{i(x_1 k_{P_1} \sin i_P - x_3 k_{P_1} \cos i_P) - i\omega_{P_1} t}$$

(3.16)

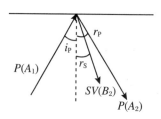

图 3.6　平面 P 波入射到自由界面会产生一个反射 P 波和一个反射 SV 波

其中,A_1, ω_{P_1}, i_P 为已知的常量. 欲求满足

$$\begin{cases} \rho \dfrac{\partial^2 \boldsymbol{u}}{\partial t^2} = (\lambda + 2\mu) \nabla(\nabla \cdot \boldsymbol{u}) + \mu \nabla^2 \boldsymbol{u} \\ P_{31}|_{x_3=0} = P_{33}|_{x_3=0} = 0 \end{cases}$$

(3.17)

的总位移场 $\boldsymbol{u}(\boldsymbol{r}, t)$. 根据前面的分析,利用势函数可以将问题转化成求两个标量函数 φ, ψ_2 的定解问题.

采用半逆解法,根据问题的物理性质,可以猜出其中若干未知量,使问题大大简化;再通过方程和边界条件定出其余未知量. 首先,猜到有反射的简谐平面波,根据对称原理,可知与 X_2 无关. 因此,给出形式解:

$$\begin{cases} \boldsymbol{u} = \boldsymbol{u}_{P_1} + \boldsymbol{u}_{P_2} + \boldsymbol{u}_{SV_2} = \nabla \varphi_1 + \nabla \varphi_2 + \nabla \times \boldsymbol{\psi}_2, \quad \nabla \cdot \boldsymbol{\psi}_2 = 0 \\ \varphi_1 = A_1 e^{i(x_1 k_{P1} \sin i_P - x_3 k_{P1} \cos i_P) - i\omega_{P_1} t} \\ \varphi_2 = A_2 e^{i(x_1 k_{P2} \sin r_P - x_3 k_{P2} \cos r_P) - i\omega_{P_2} t} \\ \psi_2 = B_2 e^{i(x_1 k_{S2} \sin r_S - x_3 k_{S2} \cos r_S) - i\omega_{S_2} t} \end{cases}$$

(3.18)

其中,下标为"1"的量对应于入射波,下标为"2"的量对应于反射波.

将 $\boldsymbol{u}(\boldsymbol{r}, t)$ 代入波动方程验证,满足方程,故它是波动方程的解. 由 D'Alembert 解构造的形式解,自然满足波动方程.

代入边界条件($X_3 = 0$),经代数运算,可得

$$\begin{cases} -2\dfrac{\sin i_P}{\alpha} \dfrac{\cos i_P}{\alpha} \phi_1 + 2\dfrac{\sin r_P}{\alpha} \dfrac{\cos r_P}{\alpha} \phi_2 + \left[\dfrac{\sin r_S}{\beta}\right]^2 \psi_2 - \left[\dfrac{\cos r_S}{\beta}\right]^2 \psi_2 = 0 \\ \left[\dfrac{\alpha^2 - \beta^2}{2\beta^2}\right] \dfrac{1}{\alpha^2}(\phi_1 + \phi_2) + \left[\dfrac{\cos i_P}{\beta}\right]^2 \phi_1 + \left[\dfrac{\cos r_P}{\alpha}\right]^2 \phi_2 + \dfrac{\sin r_S}{\beta} \dfrac{\cos r_S}{\beta} \psi_2 = 0 \end{cases}$$

$$Oe^{ix_1 k_{P_1} \sin i_P - i\omega_{P_1} t} = Pe^{ix_1 k_{P_2} \sin r_P - i\omega_{P_2} t} + Qe^{ix_1 k_{S_2} \sin r_S - i\omega_{S_2} t}$$

(3.19)

其中,O, P, Q 均是包含 $A_1, A_2, B_2, k_{P_1}, k_{P_2}, k_{S_2}, \omega_{P_1}, \omega_{P_2}, \omega_{S_2}, \lambda$ 和 μ 的函数,都是常数;只有 x_1 和 t 为变量.

因为边界条件对任意 x_1 和 t 均成立,所以有

$$\omega_{P_1} = \omega_{P_2} = \omega_{S_2}$$

$$\frac{\sin i_P}{\alpha} = \frac{\sin r_P}{\alpha} = \frac{\sin r_S}{\beta} \quad (斯内尔定律)$$

现在，$i_P = r_P$，$r_S = \arcsin\left(\dfrac{\beta}{\alpha} \cdot \sin i_P\right)$，$\omega_{P_1} = \omega_{P_2} = \omega_{S_2}$ 均已知. 形式解进一步简化为

$$\varphi_1 = A_1 e^{i(x_1 k_{P_1} \sin i_P - x_3 k_{P_1} \cos i_P) - i\omega_{P_1} t}$$
$$\varphi_2 = A_2 e^{i(x_1 k_{P_1} \sin i_P - x_3 k_{P_1} \cos i_P) - i\omega_{P_1} t}$$
$$\psi_2 = B_2 e^{i(x_1 k_{S_1} \sin r_S - x_3 k_{S_1} \cos r_S) - i\omega_{P_1} t}$$

仅 A_2 和 B_2 为未知数.

将形式解再一次代入边界条件得联立代数方程组，可以解出 A_2，B_2 与 A_1 的关系，将其定义为位移位反射系数：

$$\begin{cases} F_{PP} = \dfrac{A_2}{A_1} = \dfrac{\beta^2 \sin^2 i_P \sin^2 r_S - \alpha^2 \cos^2 2r_S}{\beta^2 \sin^2 i_P \sin^2 r_S + \alpha^2 \cos^2 2r_S} \\ F_{PS} = \dfrac{B_2}{A_1} = -2\beta^2 \dfrac{\sin^2 i_P \sin^2 r_S}{\beta^2 \sin^2 i_P \sin^2 r_S + \alpha^2 \cos^2 2r_S} \end{cases} \quad (3.20)$$

根据位移与位移位之间的关系，还可以给出位移反射系数：

$$\begin{cases} f_{PP} = \dfrac{|\nabla\phi_2|}{|\nabla\phi_1|} = F_{PP} \\ f_{PS} = \dfrac{|\nabla\times\psi_2|}{|\nabla\phi_1|} = \dfrac{\alpha}{\beta} F_{PS} \end{cases} \quad (3.21)$$

将 A_2，B_2 代入形式解，得 φ_2，φ_2；再作亥姆霍兹反变换，即可得到 u_{P2}，u_{S2}；叠加得总位移场

$$u = u_{P_1} + u_{P_2} + u_{SV_2} = \nabla\varphi_1 + \nabla\varphi_2 + \nabla\times\psi_2$$

利用同样的数学方法，可以解出平面 SV 波和平面 SH 波向自由面入射时的情况. 特别是在平面 SH 波入射到自由面时，其位移反射系数永远满足 $f_{HH'} \equiv 1$.

3.2.3 由地动记录推算入射波特征

地面上记录到的地震波，可近似看成向半空间的自由界面入射的平面波. 在地表设置的地震仪器所记录到的地动，实际上不是单纯的入射波，而是入射波与反射波叠加的结果（图3.7）；因此，要由地震图上得到的地动记录推测入射波的特征，这就需要解决推算问题.

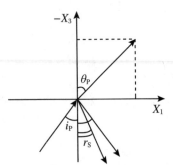

图 3.7　实际地动是入射波与反射波叠加的总波场

1. 入射波传播方向的推断

由于 P 波和 S 波都是线性极化的，我们可以根据粒子偏振方向与波传播方向之间的关系，得到地表地动与入射波方向之间的关系. 一般将与界面处质点运动轨迹相应的波传播方向与界面法向的夹角称为视入射角，用 θ 表示（注意：在 $-X_3$

的半空间没有波传播);而将入射波实际传播方向与界面法向的夹角称为真入射角,用 i 表示.

对于 P 波,粒子振动方向就是波传播方向;对于 SV 波,波传播方向与粒子振度方向成 90° 的角;而 SH 波虽然对应的粒子振动永远都在与入射面垂直的方向上,但实际上无法根据地动记录推测入射波的传播方向.

由于实际三分量地震记录在垂向上习惯取地动向上为正,与理论推导时正好相反.根据前面得到的平面波遇到自由界面时,反射波与入射波之间的关系,可以导出 P 波的视入射角 θ 与真入射角 i 之间的关系:

$$\tan\theta_P = \left.\frac{u_1}{-u_3}\right|_{x_3=0} = \left.\frac{(u_P)_1 + (u'_P)_1 + (u'_S)_1}{(u_P)_3 + (u'_P)_3 + (u'_S)_3}\right|_{x_3=0} = \tan 2r_S$$

$$\theta_P = 2r_S$$

$$i_P = \arcsin\left(\frac{\alpha}{\beta}\sin r_S\right) = \arcsin\left(\frac{\alpha}{\beta}\sin\frac{\theta_P}{2}\right) \tag{3.22}$$

θ_P 可实测,按上式推算出 P 波的入射角 i_P.

对于 SV 波入射(图 3.8),同样可以得到

$$\cot\theta_s = \left.\frac{-u_1}{-u_3}\right|_{x_3=0} = \left.\frac{(u_S)_1 + (u'_S)_1 + (u'_P)_1}{(u_S)_3 + (u'_S)_3 + (u'_P)_3}\right|_{x_3=0} = \frac{\cot^2 i_S - 1}{2\cot i_P} \tag{3.23}$$

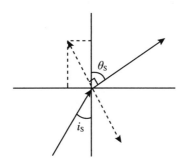

图 3.8　SV 波入射时,根据地动推断入射波方向

对于同一地震台记录到的同一震源辐射出的地震波,可近似地取 $i_P = i_S$,这样就可由实测的 θ_S 求出 $i_S = i_S(\theta_S)$.

2. 入射波振幅的推断

地表实际地动是由入射波与反射波叠加产生的总波场,而且反射波与入射波之间没有相移,地动振幅也就是入射波振幅与反射波振幅的和.由于是三维空间的问题,所以要讨论位移矢量模之间的关系.

对于 P 波入射:

$$K_P(i_P) = \frac{|u_P(\text{地})|}{|u_P(\text{入})|}$$

$$= \left[\frac{[(u_P)_1 + (u'_P)_1 + (u'_S)_1]^2 + [(u_P)_3 + (u'_P)_3 + (u'_S)_3]^2}{(u_P)_1^2 + (u_P)_3^2}\right]^{1/2}$$

$$= \begin{cases} 2, & \text{当 } i_P = 0 \\ 0, & \text{当 } i_P \to \pi/2 \end{cases} \tag{3.24}$$

在 $0 \leqslant i_P \leqslant \pi/2$ 时,比值 $K_P(i_P)$ 是 i_P 的单调递减函数. 所以,在用前面方法求出 i_P 之后,即可求出

$$| u_P(\text{入}) | = K_P^{-1}(i_P) | u_P(\text{地}) |$$

SV 波入射时的求解方法与此类似;SH 波入射时,由于位移反射系数恒等于 1,所以有

$$K_{SH}(i_S) = \frac{| u_{SH}(\text{地}) |}{| u_{SH}(\text{入}) |} \equiv 2 \tag{3.25}$$

可见,位移反射系数与入射角无关,也就是无法得到 SH 波的入射角. 特别地,在垂直入射时,就无所谓 SV,SH 了.

3.2.4　偏振交换、面波和类全反射

从前面的讨论可以看出,当一列 P 波入射到自由界面时,会产生一列反射 P 波和一列反射 SV 波;同样,一列 SV 波向自由界面入射,会产生一列反射 SV 波和一列反射 P 波. 或者说,在一般反射问题中,半空间内至少存在三列简谐平面波(纯 SH 波入射,仅反射 SH 波). 但是在某些特殊条件下,会出现不同的情况.

我们已经推导出 P 波入射反射 P 波和 SV 波入射反射 SV 波的反射系数表达式,两者是相同的,即

$$F_{PP} = \frac{A_2}{A_1} = F_{SVSV} = \frac{B_2}{B_1} = \frac{\beta^2 \sin 2i_P \sin 2r_S - \alpha^2 \cos^2 2r_S}{\beta^2 \sin 2i_P \sin 2r_S + \alpha^2 \cos^2 2r_S} \tag{3.26}$$

若分子为零,则 $F_{PP} = F_{SVSV} = 0$. 此时半空间只存在一列简谐平面纵波和一列简谐平面横波. 对应的物理情况是:P 波入射只反射 SV 波;SV 波入射只反射 P 波. 这种现象就称为"偏振交换".

出现偏振交换要求反射系数表达式的分子为零,再考虑角度之间必须满足斯内尔定律,就得到了偏振交换的条件方程:

$$\begin{cases} \beta^2 \sin 2i_P \sin 2r_S - \alpha^2 \cos^2 2r_S = 0 \\ \dfrac{\sin i_P}{\alpha} = \dfrac{\sin r_S}{\beta} \end{cases} \tag{3.27}$$

对于已知介质(α, β 已知),利用上面公式总可以解出 i_P 和 r_S,至少利用现代数学计算方法可以找到其数值解. 为方便求解,先做变换,令

$$\begin{cases} A = \dfrac{\alpha}{\sin i_P} = \dfrac{\beta}{\sin r_S} \\[2mm] B = \left(\dfrac{\beta}{\alpha}\right)^2 \\[2mm] C = \left(\dfrac{A}{\beta}\right)^2 = \left(\dfrac{1}{\sin r_S}\right)^2 = \left(\dfrac{\alpha}{\beta\sin i_P}\right)^2 \end{cases} \tag{3.28}$$

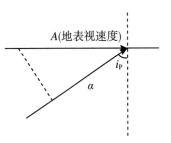

图 3.9　地面视速度与射线参数

A^{-1} 又称为射线参数,在平面波传播情况下,不论在遇到界面时是发生了反射还是发生了折射,斯内尔定律都保证了对于所有的反射波、折射波与入射波有相同的参数 A^{-1},所以它是整个射线族的参数,也可以理解成入射、反射(折射)波族有共同的水平方向慢度值(图 3.9).

再利用三角公式

$$\sin^2\theta + \cos^2\theta = 1$$
$$\sin 2\theta = 2\sin\theta\cos\theta$$

将方程化为

$$C^3 - 8C^2 + (24 - 16B)C - 16(1 - B) = 0 \tag{3.29}$$

解此三次方程,得三个根:C_1,C_2 和 C_3.考虑到地球介质十分接近于泊松体,为讨论方便起见,可以假定 $B = 1/3$,即泊松体的 $\lambda = \mu$.因此有

$$C^3 - 8C^2 + \frac{56}{3}C - \frac{32}{3} = 0 \tag{3.30}$$

解得

$$\begin{cases} C_1 = 4 \\[2mm] C_2 = 2 + \dfrac{2}{\sqrt{3}} \approx 3.1547 \\[2mm] C_3 = 2 - \dfrac{2}{\sqrt{3}} \approx 0.8453 \end{cases} \tag{3.31}$$

由定义知

$$C = \left(\frac{A}{\beta}\right)^2 = \left(\frac{1}{\sin r_S}\right)^2 = \left(\frac{\alpha}{\beta\sin i_P}\right)^2$$

解得

$$\begin{cases} i_P = \arcsin\dfrac{\alpha}{\beta\sqrt{C}} = \arcsin\sqrt{\dfrac{3}{C}} \\[2mm] r_S = \arcsin\sqrt{\dfrac{1}{C}} \end{cases} \tag{3.32}$$

可见,当 $C>3$ 时,i_P 和 r_S 均为实数;当 $C<1$ 时,i_P 和 r_S 均为复数;当 $1<C<3$ 时,i_P 为复数,r_S 为实数(表 3.1).

表 3.1　偏振交换相关计算结果

n	C_n	i_P	r_S
1	4	60°	30°
2	3.1547	77.21°	34.26°
3	0.8453	$\pi/2 + \mathrm{iarcosh}(3/0.8453)$	$\pi/2 + \mathrm{iarcosh}(1/0.8453)$

1. 偏振交换

对应于 $C_1 = 4 > 3$ 和 $C_2 = 3.1547 > 3$ 两种情况,P 波入射只反射 SV 波,SV 波入射只反射 P 波,出现偏振交换(图 3.10).

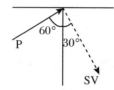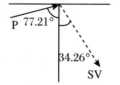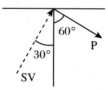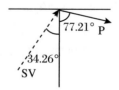

图 3.10　泊松体自由界面上出现偏振交换的情况

2. 面波

当 $C_3 = 0.8453 < 1$ 时,有

$$\begin{cases} i_P = \dfrac{\pi}{2} + \mathrm{iarcosh}\left(\dfrac{3}{0.8453}\right) \\ i_S = \dfrac{\pi}{2} + \mathrm{iarcosh}\left(\dfrac{1}{0.8453}\right) \end{cases}$$

反射 P 波和反射 SV 波对应的反射角成为复角,相应的波矢量也成为复数,这样就会出现我们前面讨论过的不均匀平面波.这样一对不均匀平面纵、横波叠加形成半无限空间中的弹性波场.

因为地表视速度 $A = \alpha/\sin i_P = \beta/\sin r_S$,且现在 $\sin i_P$ 和 $\sin r_S$ 都大于 1,所以这两个不均匀平面波以相同的视速度 $A < \beta < \alpha$ 沿自由界面传播.由不均匀平面波的特性,又可知它们的振幅都沿着深度方向呈指数衰减,能量集中在表面,故称面波;质点运动轨迹为逆进椭圆,后面我们还会详细讨论.

3. 类全反射

类全反射对应于 $1 < C < 3$ 时的情况,它不是我们前面求解的偏振交换方程的根.只有 SV 波入射时才会出现这种情况,这时

$$r_S = \arcsin\sqrt{\frac{1}{C}} \rightarrow r_S \text{ 是实数}$$

$$i_P = \arcsin\sqrt{\frac{3}{C}} \rightarrow i_P = \frac{\pi}{2} + \mathrm{iarcosh}\sqrt{\frac{3}{C}} \text{ 是复数}$$

如图 3.11 所示.因此,位移位反射系数

$$R_{ss} = \frac{B_2}{B_1} = \frac{\beta^2 \sin 2i_P \sin 2r_S - \alpha^2 \cos^2 2r_S}{\beta^2 \sin 2i_P \sin 2r_S + \alpha^2 \cos^2 2r_S}$$

$$= \frac{-a + \mathrm{i}b}{a + \mathrm{i}b}$$

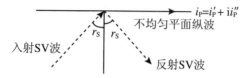

图 3.11 SV 波超临界入射出现类全反射

其中,$a = \alpha^2 \cos^2 2r_S$,$b = \beta^2 \sin 2i_P \sin 2r_S$.

可见 $|R_{ss}| = 1$.模为 1,入、反射 SV 波的强度相同,相位有差异,所以称为类全反射.对于泊松体,SV 波入射产生类全反射的临界角约为 35.2°(图 3.12).

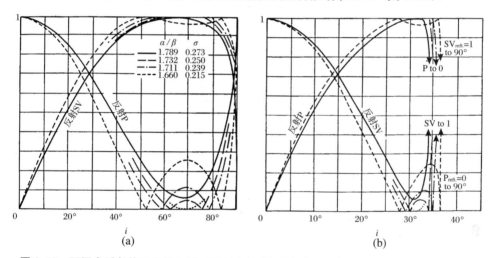

图 3.12 不同介质条件下 P 波(a)和 SV 波(b)以不同角度 i 入射时反射 P 波和反射 SV 波的反射系数

两图中与偏振交换对应的位置以及图 3.12(b)中 SV 波临界和超临界入射时发生的现象

3.2.5 平面波在平分界面上的反射和折射

由上一小节的分析可以预料,平面波在两种不同介质之间的平分界面上发生反射、折射时,由于 P 或 SV 波入射时发生波型转换,以及产生不均匀平面波的可能性的大小不同(SV 波入射较 P 波入射产生不均匀平面波的可能性要大),所以各种波的入射情况不同:P 波入射较简单,SV 波入射最复杂,SH 波入射最简单.我们这里以 SH 波入射为例详细讨论.

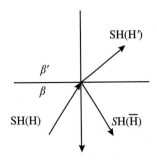

图 3.13 平面 SH 波自下而上
入射到平分界面发生
反射和折射

取与前面相同的坐标系.由于只讨论 SH 波入射
情况,与 P 波和 SV 波无关,所以可以只用剪切模量
和横波速度 μ,μ',β,β' 分别描述平分界面两侧介质
的弹性性质.

假设已知入射 SH 波为一简谐平面波,以角度 i_S
自下而上向平分界面入射(图 3.13).因为是 SH 波,
所以可以直接用位移写出波传播函数

$$u_{21} = He^{i\omega[t-(x_1\sin i_S - x_3\sin i_S)/\beta]} \qquad (3.33)$$

其中,H,ω,i_S 为已知量.欲求满足方程

$$\begin{cases} \dfrac{\partial^2 u_2}{\partial t^2} - \beta^2\nabla^2 u_2 = 0 \\ \dfrac{\partial^2 u_2'}{\partial t^2} - \beta'^2\nabla^2 u_2' = 0 \end{cases} \qquad (3.34)$$

和边界条件

$$\begin{cases} u_2 = u_2', \quad x_3 = 0 \\ \dfrac{\partial^2 u}{\partial x_3^2} = \dfrac{\partial^2 u'}{\partial x_3^2}, \quad x_3 = 0 \end{cases}$$

的平分界面两侧的总位移场:$u_2(\boldsymbol{r},t)$ 和 $u_2'(\boldsymbol{r},t)$.

因为平面波场 u_2,u_2' 与 X_2 无关,而且根据分析可知存在反射平面上的 SH 波
$u_2(\boldsymbol{r},t)$ 和折射平面上的 SH 波 $u_2'(\boldsymbol{r},t)$,并服从斯内尔定律,可以猜出有满足波
动方程的简谐波形式解:

入射、反射半空间

$$u_2^{\text{总}} = u_2 + \bar{u}_2$$

$$= He^{i\omega[t-(x_1\sin i_S - x_3\cos i_S)/\beta]} + \bar{H}e^{i\omega[t-(x_1\sin i_S + x_3\cos i_S)/\beta]} \qquad (3.35)$$

折射半空间

$$u_2' = H'e^{i\omega[t-(x_1\sin i_S' - x_3\cos i_S')/\beta']} \qquad (3.36)$$

将形式解代入边界条件,即位移和应力在 $X_3=0$ 时连续,

$$u_2^{\text{总}} = u_2', \quad \mu\frac{\partial u_2^{\text{总}}}{\partial x_3} = \mu'\frac{\partial u_2'}{\partial x_3}$$

即得

$$H + \bar{H} = H'$$

$$\frac{\mu(H-\bar{H})\cos i_S}{\beta} = \frac{\mu H'\cos i_S'}{\beta'}$$

解出 H',H,进一步可以求出 $u_2^{\text{总}}$ 和 u_2'.相应的位移反射、折射系数分别为

$$f_{\text{H}\bar{\text{H}}} = \frac{\sin 2i_S - \dfrac{\mu'\beta^2\sin 2i_S'}{\mu\beta'^2}}{\sin 2i_S + \dfrac{\mu'\beta^2\sin 2i_S'}{\mu\beta'^2}} \qquad (3.37)$$

$$f_{HH'} = \frac{2\sin 2i_S}{\sin 2i_S + \dfrac{\mu'\beta^2}{\mu\beta'^2}\sin 2i_S'} \tag{3.38}$$

为了便于分析,做变换 $m = \mu/\mu'$,$n = \beta/\beta'$(可见 n 即大家熟悉的几何光学中的折射率),反射、折射系数分别变为

$$f_{反} = \frac{m\cos i_S - \sqrt{n^2 - \sin^2 i_S}}{m\cos i_S + \sqrt{n^2 - \sin^2 i_S}}, \quad f_{折} = 1 + f_{反} \tag{3.39}$$

在复平面上进行分析(图 3.14 和表 3.2).

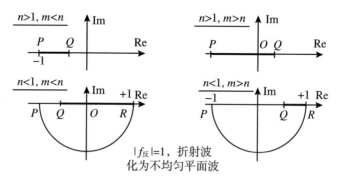

$|f_{反}|=1$,折射波
化为不均匀平面波

图 3.14　在复平面上分析反射系数与折射系数

表 3.2　在复平面上,反射系数与折射系数计算结果

点	$f_{反}$	$f_{折}$	i_S	状　态
O	0	1	$\arcsin\sqrt{\dfrac{m^2 - n^2}{1 - m^2}}$	(全)透射
P	-1	0	$\pi/2$	掠射
Q	$(m - n)/(m + n)$	$2m/(m + n)$	0	正射
R	1	2	$\arcsin n$	全反射

在 $n = \beta/\beta' < 1$ 的情况下,当入射波以临界角 $i_{SC} = \arcsin n$ 入射(R 点)时(图 3.15 和表 3.2),有

$$f_{反} = \frac{m\cos i_{SC} - \sqrt{n^2 - \sin^2 i_{SC}}}{m\cos i_{SC} + \sqrt{n^2 - \sin^2 i_{SC}}} = +1 \tag{3.40}$$

$$f_{折} = 1 + f_{反} = 2 \tag{3.41}$$

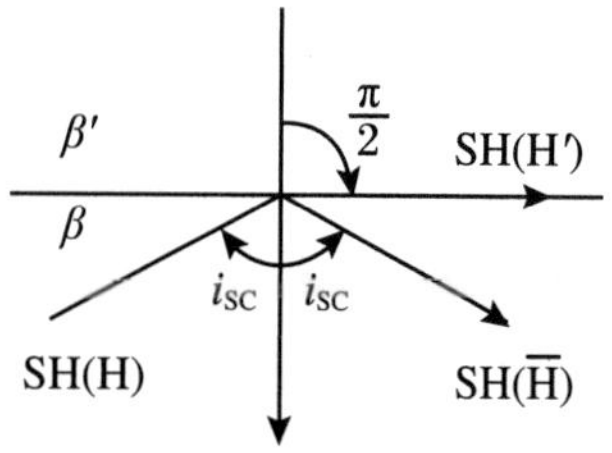

又有

$$\frac{\sin i_S'}{\beta'} = \frac{\sin i_{SC}}{\beta}$$

$$\bar{i}_S = i_S = i_{SC}$$

图 3.15　SH 波临界入射时的反射 SH 波与折射 SH 波

所以

$$i_S' = \arcsin\left(\frac{\beta'\sin i_{SC}}{\beta}\right) = \arcsin\left(\frac{\beta' n}{\beta}\right) = \arcsin 1 = \frac{\pi}{2}$$

折射波沿 X_1 方向传播.

$$u_2' = H' e^{i(x\sin i_S' - z\cos i_S')/\beta' - i\omega t} = 2H e^{i\omega x/\beta' - i\omega t}$$

$$\overline{u_2'} = \overline{H} e^{i(x\sin i_{SC} + z\cos i_{SC})/\beta' - i\omega t} = H e^{i(x\sin i_{SC} + z\cos i_{SC})/\beta - i\omega t} \qquad (无相位差)$$

这种反射称为全反射(表3.2).

如果入射角 $i_S > i_{SC} = \arcsin n$,则出现超临界入射现象.这时由于

$$\sin i_S > \sin(\arcsin n) = n$$

$n^2 - \sin^2 i_S$ 为负值,有

$$\sqrt{n^2 - \sin^2 i_S} = i\sqrt{\sin^2 i_S - n^2}$$

令实数 $a = m\cos i_S$,$b = \sqrt{\sin^2 i_S - n^2}$,则

$$f_反 = \frac{\overline{H}}{H} = \frac{a - ib}{a + ib} = \frac{(a - ib)^2}{a^2 + b^2} = \frac{a^2 - b^2 - i2ab}{a^2 + b^2} = \frac{a^2 - b^2}{a^2 + b^2} - \frac{i2ab}{a^2 + b^2}$$

如图 3.16 所示.所以

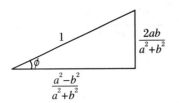

$$f_反 = \cos\phi - i\sin\phi = e^{-i\phi}$$

$$\overline{u_2} = u_2 e^{-i\phi} = H e^{i\omega(x\sin i_S + z\cos i_S)/\beta - i\omega t - i\phi}$$

反射波 $\overline{H} = H$,出现相移 ϕ,但仍是均匀平面波,这种反射称为类全反射.

图 3.16 复平面上的实部、虚部与复角

再来分析此时的折射波.

位移折射系数

$$f_折 = 1 + f_反 = 1 + \frac{a^2 - b^2}{a^2 + b^2} - \frac{i2ab}{a^2 + b^2} = \frac{2a^2}{a^2 + b^2} - \frac{i2ab}{a^2 + b^2}$$

令

$$r = \sqrt{\left(\frac{2a^2}{a^2 + b^2}\right)^2 + \left(\frac{2ab}{a^2 + b^2}\right)^2}$$

则有

$$\cos\psi = \frac{\dfrac{2a^2}{a^2 + b^2}}{r}, \quad \sin\psi = \frac{\dfrac{2ab}{a^2 + b^2}}{r}$$

这样位移折射系数就可以写成

$$f_折 = r(\cos\psi - i\sin\psi) = r e^{-i\psi}$$

折射波振幅与入射波振幅之间的关系为

$$H' = H r e^{-i\psi}$$

根据斯内尔定律,$\sin i_S'/\beta' = \sin i_S/\beta$,所以 $\sin i_S' = (\beta'/\beta)\sin i_S > 1$,得

$$i_S' = \frac{\pi}{2} + i\,\mathrm{arcosh}\left(\frac{\beta'\sin i_S}{\beta}\right) = \frac{\pi}{2} + i\theta$$

$$\sin i_S' = \sin\left(\frac{\pi}{2}\right)\cos i\theta + \cos\left(\frac{\pi}{2}\right)\sin i\theta = \cos i\theta = \cosh\theta$$

$$\cos i_S' = \cos\left(\frac{\pi}{2}\right)\cos i\theta - \sin\left(\frac{\pi}{2}\right)\sin i\theta = -\sin i\theta = \sinh\theta/i = -i\sinh\theta$$

因此超临界入射时,折射波位移为

$$u'_2 = H' e^{i\omega(-x\sin i'_S + z\cos i'_S)/\beta' + i\omega t}$$

$$= H r e^{-i\psi} e^{i\omega[-x\cos\theta + z(-\sinh\theta)]/\beta' + i\omega t}$$

$$= H r e^{z\omega\sinh\theta/\beta'} e^{-i(\omega\cos\theta/\beta')x + i\omega t - i\psi}$$

$$= H r e^{z\omega\sinh\theta/\beta'} e^{i\omega[t - x/(\beta'/\cos\theta)] - i\psi} \tag{3.42}$$

可见此时折射波的振幅随 $-Z$ 衰减,波动的能量集中在界面附近,形成了前面介绍过的面波;传播方向为 X 方向,传播速度为 $\beta'/\cos\theta < \beta'$(因为 $\cos\theta > 1$);同入射波相比,多了一项相位延迟 ψ,也就是说超临界入射引起"相散";位移特征表明反射波仍是线性极化的 SH 型振动.

SH 波以不同入射角入射到平分界面时,情况相对简单(图 3.17),P 波入射时较复杂(图 3.18、图 3.19),SV 波入射时最复杂。

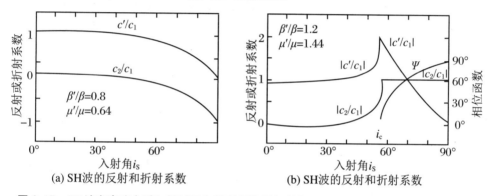

(a) SH波的反射和折射系数 　　 (b) SH波的反射和折射系数

图 3.17 SH 波自高速介质入射时不会出现超临界入射与不均匀平面波(a);自低速介质入射时,有可能出现超临界入射并在折射空间产生不均匀平面波(b)

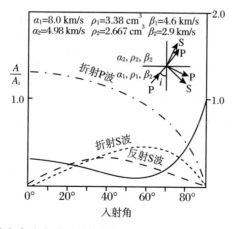

图 3.18 对于 P 波自高速介质入射的情况,不会出现超临界入射与不均匀平面波

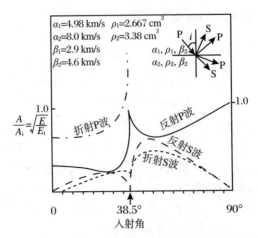

图 3.19 P 波自低速介质入射时，可能出现超临界入射，在折射空间产生不
均匀平面波．如果是 SV 波自低速介质入射，除了在折射空间会产生
不均匀平面波，在反射空间也有可能产生不均匀平面波

3.2.6 能量分配

平面波在遇到平界面时会发生反射和折射，反射波和折射波都携带了能量．由
于能量守恒，入射波的能量应该与反射波和折射波的能量之和相等．在均匀平面波
的情况下，单位时间通过单位界面面积的平均能量，即能流密度为

$$\varepsilon = WV\cos i$$

式中，i 是所讨论的均匀平面波的传播方向与界面法向的夹角，V 是其传播速度，
W 是其能流的平均体密度．由于弹性动能的体密度和弹性应变能体密度相等，所
以有

$$W = 2\left\{\frac{1}{T}\int_0^T \frac{1}{2}\rho\left[\left(\frac{\partial u_1}{\partial t}\right)^2 + \left(\frac{\partial u_2}{\partial t}\right)^2\right]\mathrm{d}t\right\}$$

由于能量守恒，流入单位界面的能量等于以反射、折射波的形式流出单位界面
的能量．所以，P 波入射时有

$$\frac{1}{2}\rho k^4 c^2 A_1^2 \cot i_P = \frac{1}{2}\rho k^4 c^2(A_2^2\cot i_P + B_2^2\cot i_S) + \frac{1}{2}\rho' k^4 c^2(A'^2\cot i_P' + B'^2\cot i_S')$$

$$1 = \frac{1}{A_1^2\cot i_P}(A_2^2\cot i_P + B_2^2\cot i_S) + \frac{\rho'}{A_1^2\rho\cot i_P}(A'^2\cot i_P' + B'^2\cot i_S')$$

对于 SV 波入射可得类似的结果：

$$1 = a_1^2 + b_1^2 + a_1'^2 + b_1'^2$$

$$a_1^2 = \frac{A_2^2\cot i_P}{B_1^2\cot i_S}$$

$$b_1^2 = \frac{B_2^2}{B_1^2}$$

$$a_1'^2 = \frac{A'^2 \rho' \cot i_P'}{B_1^2 \rho \cot i_S}$$

$$b_1'^2 = \frac{B'^2 \rho' \cot i_S'}{B_1^2 \rho \cot i_S}$$

在出现不均匀平面波时,上面公式不成立.这时,折射波的能量是通过反射波传递过来的.入射、反射、折射波之间存在着相位差,平均能流概念不再适用.

因为能量分配涉及的是能流密度,而能流密度又与能量的体密度有关,所以在分析时还要注意地震波束宽窄变化带来的影响(图 3.20).

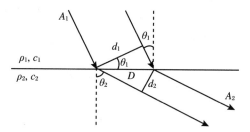

图 3.20 地震波束宽窄变化对能流密度产生影响示意图
除了振幅变化,波束变窄也会使得能流密度增大

前面推导的折射系数只反映了折射波振幅与入射波振幅的比例关系.在临界入射时出现式(3.40)、式(3.41)给出的反射系数为 1,折射系数为 2,似乎凭空多出了能量,本质上和这时折射波波束宽度趋于零、能量密度趋于无穷大有关.

第 4 章 地 震 面 波

在震中距大于数百千米的地震图,特别是远震地震图上,在 S 波之后经常可以见到一连串周期比较长、振幅比较大的振动,在周期 20 s 以上的中、长周期地震仪的记录图上十分明显.这种振动的振幅一般是地震图上最大的振幅,而且地震越大、震中距越远,这些波列的持续时间越长;但随着震源深度的增加,波列的振幅越来越小直至不出现.进一步的研究表明这是一种面波,它沿着介质的自由表面或两种介质的分界面传播,其振幅随着离开界面距离的增加而呈指数衰减,是能量集中在界面附近且沿着界面传播的一种波动.

面波的一些传播特征,如相速度、群速度、频散、衰减等,与地球介质的力学性质,特别是分层构造有关.因此通过对面波的研究,也可以获取地球内部结构的有关信息,为我们认识地球、了解地球提供基础性数据.

4.1 基 本 模 型

地球介质的实际情况非常复杂.首先,地球是球形的,不能看作是半空间;其次,地球介质的物理性质随着深度变化而变化,因而不能看作是均匀介质,而且是非完全弹性的,存在吸收.但是为了简化问题,突出主要矛盾,我们可以先把它近似地看成是均匀、各向同性的弹性半空间,推导出沿自由表面可存在面波,并得到这种波动的很多基本性质.然后将这种分析方法推广到平行分层结构等更为复杂的地球模型中去,逐步逼近真实的情况.

实际观测表明,面波一般传播速度不高,基本在 3~4 km/s,一般地震仪(长周期地震仪例外)记录到的面波周期大多不超过一分钟,因而波长不会超过 200 km,比地球的半径小得多,因此可以不考虑地球的曲率.长周期地震仪记录到的面波周期可达几百秒以上,甚至有周期超过几十分钟的面波记录,这时必须考虑地球的曲率.作为最基本的面波问题,我们此处只讨论沿着半空间的自由界面传播的面波,以及在平行分层中传播的面波.传播介质均满足均匀、各向同性、线性弹性的假设.要解决的问题是寻找满足波动方程和边界条件的解;不过,现在的边界条件除了界面处应满足应力连续、位移连续之外,还多了自然边界条件,即在距界面无限远处振动的幅度为零,因为面波的能量集中在界面附近.

依然建立与前面相似的坐标系,将 X_1, X_2 坐标轴建在自由界面上, X_3 坐标轴垂直向下,均匀弹性介质充满 $X_3 > 0$ 的半空间.假定面波沿着 X_1 的正向传播,考虑等相位面在 X_2 方向无限延伸,则波动与 X_2 无关,即我们讨论的是平面二维情况.换成柱坐标可方便地研究线源激发的柱面波.将这里的研究方法推广,就可以用球坐标研究在实际地球中传播的面波.

4.2　瑞 利 面 波

我们现在讨论的是在半空间的自由界面附近,由一列不均匀的平面 P 波和一列不均匀的平面 SV 波叠加,形成的沿着界面传播的面波.这种 P-SV 类型的面波称为瑞利面波.单个的纵波或横波,不可能处处、时时满足边界条件;只有一列不均匀平面纵波与一列不均匀平面横波叠加,才可能既满足自由界面处的边界条件又满足自然边界条件(图 4.1).

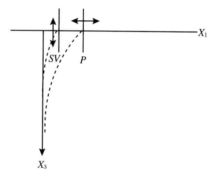

图 4.1　一列不均匀平面纵波和一列不均匀平面横波叠加,形成了沿界面传播的面波

根据前面的讨论,对于 P-SV 问题,用位函数 φ, ϕ 求解较为简便.这时在半无限空间的自由面上的边界条件及相应的自然边界条件为

$$\begin{cases} P_{31} = P_{33} = 0 & (X_3 = 0) \\ \varphi = \phi = 0 & (X_3 \to \infty) \end{cases} \tag{4.1}$$

考察是否存在以下形式解:

$$\begin{cases} \begin{aligned} \varphi(X_1, X_3, t) &= \varphi_0(X_3)\exp\left[\mathrm{i}\omega\left(t - \dfrac{X_1}{c}\right)\right] \\ &= \varphi_0(X_3)\exp[\mathrm{i}k(ct - X_1)] \quad (\text{无旋场}) \\ \psi(X_1, X_3, t) &= \psi_0(X_3)\exp\left[\mathrm{i}\omega\left(t - \dfrac{X_1}{c}\right)\right] \\ &= \psi_0(X_3)\exp[\mathrm{i}k(ct - X_1)] \quad (\text{无散场}) \end{aligned} \end{cases}, \quad k = \dfrac{\omega}{c} \tag{4.2}$$

视速度 c 在 φ 和 ψ 中相同,其根源在于单个不均匀波、两个不同视速度的波,都不

可能时时、处处使自由面边界条件成立.

φ,ψ 中只有 φ_0 和 ψ_0 与 X_3 有关,自然边界条件要求 $\varphi_0(X_3)$ 和 $\psi_0(X_3)$ 在 $X_3 \rightarrow \infty$ 时为零.

将形式解代入方程,得到常微分方程组:

$$\begin{cases} \dfrac{d^2\varphi_0}{dX_3^2} = (k^2 - k_\alpha^2)\varphi_0, & k_\alpha = \dfrac{\omega}{\alpha} \\ \dfrac{d^2\psi_0}{dX_3^2} = (k^2 - k_\beta^2)\psi_0, & k_\beta = \dfrac{\omega}{\beta} \end{cases}, \quad k = \dfrac{\omega}{c} \qquad (4.3)$$

其通解为

$$\begin{cases} \varphi_0 = A_1\exp(-X_3\sqrt{k^2 - k_\alpha^2}) + A_2\exp(X_3\sqrt{k^2 - k_\alpha^2}) \\ \psi_0 = B_1\exp(-X_3\sqrt{k^2 - k_\beta^2}) + B_2\exp(X_3\sqrt{k^2 - k_\beta^2}) \end{cases} \qquad (4.4)$$

由于前面对超临界入射的研究中,沿着界面的视速度 c 比介质中的横波速度及纵波速度都要小,所以 $k^2 - k_\alpha^2 > 0, k^2 - k_\beta^2 > 0$,按自然边界条件有 $A_2 = B_2 = 0$(发散项为零).

将此形式解代入自由面边界条件,得

$$\begin{cases} 2i\sqrt{1 - \dfrac{c^2}{\alpha^2}}A_1 - \left(2 - \dfrac{c^2}{\beta^2}\right)B_1 = 0 \\ \left(2 - \dfrac{c^2}{\beta^2}\right)A_1 + 2i\sqrt{1 - \dfrac{c^2}{\beta^2}}B_1 = 0 \end{cases} \qquad (4.5)$$

平凡解 $A_1 = B_1 = 0$ 对应于零振幅,表示介质静止不动,没有实际意义.实际观测发现,肯定存在这种运动,要让方程组有非零解,按线性代数的理论,要求方程组的系数行列式为零,问题转化为要求

$$\begin{vmatrix} 2i\sqrt{1 - \dfrac{c^2}{\alpha^2}} & -\left(2 - \dfrac{c^2}{\beta^2}\right) \\ 2 - \dfrac{c^2}{\beta^2} & 2i\sqrt{1 - \dfrac{c^2}{\beta^2}} \end{vmatrix} = 0$$

将行列式展开,有

$$\left(2 - \dfrac{c^2}{\beta^2}\right)^2 = 4\sqrt{1 - \dfrac{c^2}{\alpha^2}}\sqrt{1 - \dfrac{c^2}{\beta^2}} \qquad (4.6)$$

称为瑞利方程.

特别地,对于泊松体的 $\lambda = \mu$ 的情况,容易验证,瑞利方程与偏振交换的条件方程相同.为求解,对方程(4.6)两边进行平方,由此引入多余的假根(增根,对应偏振交换),只有满足

$$\sqrt{1 - \dfrac{c^2}{\alpha^2}} > 0 \quad 和 \quad \sqrt{1 - \dfrac{c^2}{\beta^2}} > 0$$

的那个根才是瑞利方程的根,此时

$$c = 0.9194\beta$$

才是该常微分方程中能满足自然边界条件的解. 只有 c 取以上瑞利方程的根, 所设的形式解(面波解)才存在.

均匀半空间自由界面上瑞利面波波场的一般特征为: 波沿平行于地表的方向传播; 振幅沿 X_3 轴方向呈指数衰减; 波速 $c<\beta<\alpha$ ($\lambda=\mu$ 时, $c=0.9194\beta$); c 与 ω 无关, 即该波不是频散波(实际地球不是均匀半空间, 一般都具有分层构造. 分层构造会引起频散, 所以实际的瑞利面波是有频散的. 后面还会讨论).

将相关数据代入方程求解, 最终可以得到均匀半空间自由界面上瑞利面波振幅随深度的分布:

$$\begin{cases} u_1 = \dfrac{\partial \varphi}{\partial X_1} + \dfrac{\partial \psi}{\partial X_3} = A_1 k\left[\mathrm{e}^{-0.8475\left(\frac{\omega}{c}\right)X_3} - 0.5773\mathrm{e}^{-0.3933\left(\frac{\omega}{c}\right)X_3}\right]\sin\omega\left(t - \dfrac{X_1}{c}\right) \\ u_3 = \dfrac{\partial \varphi}{\partial X_3} + \dfrac{\partial \psi}{\partial X_1} = A_1 k\left[-0.8475\mathrm{e}^{-0.8475\left(\frac{\omega}{c}\right)X_3} + 1.4679\mathrm{e}^{-0.3933\left(\frac{\omega}{c}\right)X_3}\right]\cos\omega\left(t - \dfrac{X_1}{c}\right) \end{cases}$$

$$(4.7)$$

其中, A_1 是与激发强度有关的常量. 取归一化坐标: $u_1/(A_1 k)$, $u_3/(A_1 k)$ 和 X_3/λ, 对源强度和波长进行归一化处理.

注意: 两个分量 u_1 和 u_2 在 X_3 增大时的衰减是由两个指数衰减项决定的, 联系它们的系数大小和正负, 可看出振幅随深度变化的趋势. 特别是 u_1, 在某一深度时为零(称为节面)(图 4.2).

令

$$\exp\left[-0.8475\left(\frac{\omega}{c}\right)X_3\right] - 0.5773\exp\left[-0.3933\left(\frac{\omega}{c}\right)X_3\right] = 0 \qquad (4.8)$$

解得

$$X_3 = 0.193\frac{2\pi c}{\omega} = 0.193\lambda$$

在此深度, u_1 改变方向.

再来看相应的质点空间运动轨迹. $X_3=0$ 时, 即在自由界面上,

$$\begin{cases} u_{10} = 0.4277 A_1 k\sin\omega\left(t - \dfrac{X_1}{c}\right) \\ u_{30} = 0.6204 A_1 k\cos\omega\left(t - \dfrac{X_1}{c}\right) \end{cases}$$

$$(4.9)$$

可见, 瑞利面波在自由表面的质点运动是逆进的椭圆. 这个特点对于在地震图上识别瑞利面波十分重要. 它在自由表面垂直方向的位移大约为水平方向位移的 1.5 倍.

当 $X_3<0.193\lambda$ 时, 质点运动轨迹为逆进椭圆; 当 $X_3=0.193\lambda$ 时, 质点运动轨迹变为上下偏振的直线; 当 $X_3>0.193\lambda$ 时, 质点运动轨迹变为顺进椭圆.

在实际情况中, 瑞利面波是沿着地表以震中为中心向四周扩散的, 即呈柱状向外传播, 而且在震中附近并不存在, 只有当 SV 波以超临界角入射到地表使反射波成为不均匀平面波以后才开始出现. 详细的理论分析要用到柱函数, 在解动力学方

程时还要用到复变函数的理论,这里不再介绍.但是用柱函数得到的面波解的基本特征与这里用平面波概念进行分析得到的结果完全一致.波阵面存在几何扩散,当震中距远远大于波长时,面波振幅按 $r^{-1/2}$ 的规律衰减,而无限均匀介质中的体波是按 r^{-1} 的规律衰减的,所以,面波因几何扩散而引起的衰减比体波要慢得多.

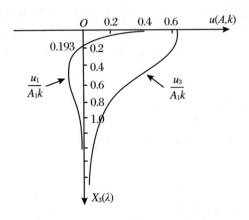

图 4.2 瑞利面波 X_1 和 X_3 方向振幅分量随深度的变化

X_1 方向振幅分量在深度为波长的 0.193 倍处为零,对应一个节面

4.3 Love 面波

前面讨论了半无限空间中沿 X_1 方向传播的一纵(P)、一横(SV)两列不均匀平面波叠加,达到时时、处处满足半空间的边界条件.现在从两个角度来理解并推广到分层介质模型.

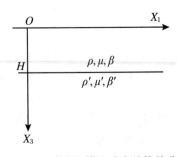

图 4.3 更真实描述地壳结构的分层介质模型

首先,实际地球介质不是无限均匀的半空间结构,地壳物质与上地幔介质的弹性性质有明显的差别.要了解地震波在地下实际结构中的传播特征,解决多层平行介质中的 P-SV 问题,需要研究分层介质模型(图 4.3).每层中两列不均匀平面波 P,SV,以相同的视速度 c 沿 X_1 方向传播.这时边界条件的个数为 $4n+2$,其中 n 为平行分层数.

其次,SH 型偏振面波是实际观测中地面位移最大的扰动,十分特殊.经分析可知,均匀半空间模型解释不了 SH 型面波既满足自由面边界条件又满足自然边界条件的现象,必须引入分层模型才行.下面,我们就通过对在平行分层结构中传播的 SH 型面波(又称为 Love 面波)的分析,讨论分层结构中的面波传播问题.

设有均匀、各向同性弹性半空间,上面覆盖一均匀、各向同性弹性层,层厚为 H.用它可以作为在地幔上存在平行分层地壳这一实际结构的近似.取 X_1,X_2 坐标轴在自由界面内($X_3=0$),X_3 轴垂直向下为正.令平行分层中的横波速度为 β,剪切模量为 μ,密度为 ρ;半空间中的横波速度为 β',剪切模量为 μ',密度为 ρ';且有 $\beta<\beta'$.为简化问题,仍考虑平面波的情况,并令波沿着 X_1 轴正方向传播.由于现在讨论的是 SH 型面波,粒子振动应沿着 X_2 轴方向.

因为研究的是 SH 型面波,根据上一章的分析,可以直接用位移描述波动(用势函数反而烦锁).又因为已经知道这种波动沿 X_1 轴正向传播,振幅随离开界面的距离 X_3 变化,所以可以直接考察是否存在以下形式的解:

$$\begin{cases} u_2 = V(X_3)\exp[ik(ct-X_1)] \\ u_2' = V'(X_3)\exp[ik(ct-X_1)] \end{cases}, \quad k = \frac{\omega}{c} \qquad (4.10)$$

两部分介质中的横波视速度 c 相同,只有这样才能保证在分界面上时时、处处满足边界条件;否则不能保证.

将形式解代入波动方程,得到常微分方程组,其通解是数学物理方法中经常见到的.

当 $0\leqslant X_3\leqslant H$ 时,有

$$V(X_3) = Ae^{\sqrt{k^2-k_\beta^2}X_3} + Be^{-\sqrt{k^2-k_\beta^2}X_3} \qquad (4.11)$$

当 $X_3\geqslant H$ 时,有

$$V'(X_3) = Ce^{-\sqrt{k^2-k_{\beta'}^2}X_3} + De^{\sqrt{k^2-k_{\beta'}^2}X_3} \qquad (4.12)$$

为满足自然边界条件,要求发散项系数必须为零.不失一般性,$k^2-k_{\beta'}^2>0$,则 $D=0$.将把此形式解代入自由面和内分界面的边界条件:

$$X_3=0: P_{32}=0$$
$$X_3=H: P_{32}=P_{32}', \quad u_2=u_2' \qquad (4.13)$$

得

$$\begin{cases} A - R = 0 \\ Ae^{-ik\nu H} + Be^{ik\nu H} = Ce^{ik\nu H} \\ \mu\nu Ae^{-ik\nu H} - \mu\nu Be^{ik\nu H} = \mu'\nu'Ce^{ik\nu H} \end{cases} \qquad (4.14)$$

其中,$\nu=\sqrt{c^2/\beta^2-1}$,$\nu'=\sqrt{c^2/\beta'^2-1}$.与前面瑞利面波中的有关讨论相似,为得到此代数方程组的非零解,要求其系数行列式为零,即

$$\begin{vmatrix} 1 & -1 & 0 \\ e^{-ik\nu H} & e^{ik\nu H} & -e^{ik\nu H} \\ \mu\nu e^{-ik\nu H} & -\mu\nu e^{ik\nu H} & -\mu'\nu'e^{ik\nu' H} \end{vmatrix} = 0 \qquad (4.15)$$

问题转化为考察上式是否有解.

为了简化分析过程,也可以取介质的分界面为 X_3 轴的零点,这样地表的 X_3 坐标值为 $-H$,式(4.14)和式(4.15)中的 e 指数函数会减少,公式推导会相对简单而又不影响最后结果.若方程(4.15)有解,则 Love 面波存在,即

$$\tan\left(kH\sqrt{\frac{c^2}{\beta^2} - 1}\right) = \frac{\mu'\sqrt{1 - \frac{c^2}{\beta'^2}}}{\mu\sqrt{\frac{c^2}{\beta^2} - 1}} \tag{4.16}$$

将 $k = \omega/c$ 代入,有

$$\tan\left(\omega H\sqrt{\frac{1}{\beta^2} - \frac{1}{c^2}}\right) = \frac{\mu'\sqrt{\frac{1}{c^2} - \frac{1}{\beta'^2}}}{\mu\sqrt{\frac{1}{\beta^2} - \frac{1}{c^2}}} \tag{4.17}$$

上式是反正切函数方程,表明 Love 面波的相速度 c 除了与介质的物理性质及平行层厚度有关外,还与波动的波数 k 或频率 ω 有关,所以我们称之为"频散方程",也叫"周期方程".可以通过图解法求出它的根:分别绘出方程左、右两边函数对应的曲线(组),它们的交点即是方程的根(图 4.4).

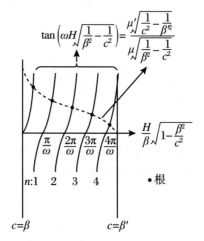

图 4.4　频散方程的求解及解的多值性

当 $\beta < \beta'$ 时,频散方程有解,c 在 $\beta \sim \beta'$ 之间,且具有多值性,实根的个数为 $\omega H(\sqrt{1/\beta^2 - 1/\beta'^2})$ 取整数.对应于一个相速度 c 有多个波数 k 存在;这样,频散曲线就有很多支,一般地,

$$kH\sqrt{\frac{c^2}{\beta^2} - 1} = \arctan\frac{\mu'\sqrt{1 - \frac{c^2}{\beta'^2}}}{\mu\sqrt{\frac{c^2}{\beta^2} - 1}} + n\pi, \quad n = 0, 1, 2, \cdots \tag{4.18}$$

相应于 $n = 0, 1, 2, \cdots$,每一支对应一种"震型".通常称 $n = 0$ 的震型为基阶震型,也叫一阶震型;称其他震型为高阶震型,也叫 $n + 1$ 阶震型.

既然当 $\beta < \beta'$ 时,频数方程必有非平凡实根,可见所设的 SH 型面波可以存在.当 $c \to \beta'$ 时,出现 $kvH \to 0$ 的情形,波长与平行层厚度 H 相比趋于无穷;就是说,波长很长的 Love 面波,其相速度 c 趋近于半无限介质中的横波速度;当 $c \to \beta$ 时,波长与 H 相比趋于零,即波长很短的 Love 面波的相速度 c 趋近于平行分层中的横波速度.

将式(4.11)代入式(4.14),可得

$$u_2 = 2A\cos(kvX_3)\mathrm{e}^{ik(ct-X_1)-ikvH} \tag{4.19}$$

上式表明,当

$$kvX_3 = \left(n + \frac{1}{2}\right)\pi, \quad n = 0, 1, 2, \cdots \tag{4.20}$$

时,$u_2 = 0$,即出现节平面.当 $kvH < \pi/2$ 时,平行盖层内不存在节平面;当 $\pi/2 < kvH < 3\pi/2$ 时,有一个节平面;当 $(n - 1/2)\pi < kvH < (n+1/2)\pi$ 时,有 n 个节平面(图 4.5).节平面的个数加 1 即为震型的阶数.在地震学中,平行盖层内没有节平面的情形最为重要,因为总能量的一大部分通常与波长较长,即 k 值较小的波动成分有关.对于平行层内没有节平面的情况,$\lambda > 4vH$.

当 $\beta > \beta'$ 时,频散方程(4.17)无解,不存在相应的 SH 型面波.

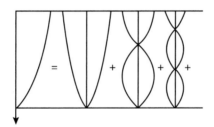

图 4.5 震型与节平面

4.4 频散方程的相长干涉解释

$\beta < \beta'$,意味着平行盖层中的波速比下面半空间中的波速小,当地震波以一定角度自平行盖层内向分界面入射时,会出现超临界入射现象,在分界面上产生类全反射.满足一定条件的类全反射均匀平面波因其间发生同相叠加而增强,形成相长干涉.这时,面波的频散方程可以解释为在层间(类)全反射的平面波之间以及与原

平面波发生相长干涉的条件.

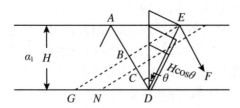

图 4.6　频散方程的相长干涉解释

在图 4.6 中，$ADEF$ 为 SH 型面波的一段传播路径，该平面波在平行盖层的底部界面发生（类）全反射后，又在自由界面发生反射. 发生两次反射后的平面波的行程比原平面波的行程长，其行程差为 BDE，因而其相位滞后 $2\pi BDE/\lambda$，其中 l 为平面波的波长. 当 SH 型面波在平行盖层底部发生类全反射时，出现相位变化，可以用 2ζ 表示. SH 型面波在自由界面反射时不会出现相位变化. 如果这段行程的总相位差正好是 2π 的整数倍，即

$$\frac{2\pi}{\lambda}BDE - 2\zeta = 2n\pi, \quad n = 0,1,2,3,\cdots \tag{4.21}$$

则会出现相长干涉.

因为

$$\frac{2\pi}{\lambda} = \frac{\dfrac{2\pi}{T}}{\dfrac{\lambda}{T}} = \frac{\omega}{\beta} = k_1 = k\left(\frac{c}{\beta}\right) \tag{4.22}$$

而

$$\overline{BDE} = 2H\cos\theta = 2H\sqrt{1 - \sin^2\theta}$$
$$= 2H\sqrt{1 - \left(\frac{\beta}{c}\right)^2} = 2H\left(\frac{\beta}{c}\right)\sqrt{\left(\frac{c}{\beta}\right)^2 - 1} \tag{4.23}$$

这两项相乘为

$$\frac{2\pi}{\lambda}\overline{BDE} = 2kH\sqrt{\left(\frac{c}{\beta}\right)^2 - 1} \tag{4.24}$$

又根据平面波超临界入射时的分析，可得

$$\tan\zeta = \frac{\mu'\sqrt{\sin^2\theta - \left(\dfrac{\beta}{\beta'}\right)^2}}{\mu\cos\theta} \tag{4.25}$$

注意到：$\sin\theta = \beta/c$，$\cos\theta = \sqrt{1 - \left(\dfrac{\beta}{c}\right)^2}$. 因此，方程（4.21）中的

$$\zeta = \arctan\left[\frac{\mu'\left(\dfrac{\beta}{c}\right)\sqrt{1 - \left(\dfrac{c}{\beta'}\right)^2}}{\mu\left(\dfrac{\beta}{c}\right)\sqrt{\left(\dfrac{c}{\beta}\right)^2 - 1}}\right] = \arctan\left[\frac{\mu'\sqrt{1 - \left(\dfrac{c}{\beta'}\right)^2}}{\mu\sqrt{\left(\dfrac{c}{\beta}\right)^2 - 1}}\right]$$

等式两边同取正切，即得平行盖层模型中 Love 面波的频散方程：

$$\tan kH \sqrt{\left(\frac{c}{\beta}\right)^2 - 1} = \frac{\mu' \sqrt{1 - \left(\frac{c}{\beta'}\right)^2}}{\mu \sqrt{\left(\frac{c}{\beta}\right)^2 - 1}}$$

对于和 P-SV 偏振相关的瑞利面波,可以进行相似的分析讨论,但要注意平面波在自由表面反射时会有 $-\pi$ 的相位差,这一点必须考虑在内.

4.5 面波的频散

4.5.1 频散波的相速度和群速度

当波传播的相速度 c 与频率 ω 或波数 k 有关时,波列的形状将随时间及传播距离不断改变,因为这时波列所包含的不同频率的简谐波将以不同的相速度传播,这种现象称为波的频散.

先考虑最简单的一种频散现象.设有沿 X_1 方向传播、振幅都为 A 的两列正弦型简谐波,其初相位均为零,圆频率相近,分别为 $\omega_1 = \omega + \Delta\omega$ 和 $\omega_2 = \omega - \Delta\omega$;波数分别为 $k_1 = k + \Delta k$ 和 $k_2 = k - \Delta k$,那么它们的合成波速为

$$u = A\sin(\omega_1 t - k_1 x) + A\sin(\omega_2 t - k_2 x)$$
$$= 2A\sin\left[\frac{1}{2}(\omega_1 + \omega_2)t - \frac{1}{2}(k_1 + k_2)x\right]\cos\left[\frac{1}{2}(\omega_1 - \omega_2)t - \frac{1}{2}(k_1 - k_2)x\right]$$

$$(4.26)$$

考虑到这两列波圆频率相近,有

$$\omega_1 \approx \omega_2 \approx \omega = \frac{1}{2}(\omega_1 + \omega_2), \quad k_1 \approx k_2 \approx k = \frac{1}{2}(k_1 + k_2)$$

则

$$u = 2A\cos\left(\frac{\delta\omega t - \delta k x}{2}\right)\sin(\omega t - kx)$$
$$= 2A\cos\left(\frac{\delta\omega}{2}\right)\left(t - \frac{x}{U}\right)\sin\omega\left(t - \frac{x}{c}\right)$$

$$(4.27)$$

其中,$\delta\omega = \omega_1 - \omega_2$,$U = \delta\omega/(\delta k)$,$c = \omega/k$.这表示合振动是振幅受到调制的正弦波,其圆频率为 ω,波数为 k,形式为一串串("群")波列在传播.低频包络以 U 传播,高频波以 c 传播,振幅受到低频($\delta\omega/2$)调制(包络)(图 4.7).U 称为波传播的群速度.在极限情况下,有

$$U = \frac{\mathrm{d}\omega}{\mathrm{d}k} \tag{4.28}$$

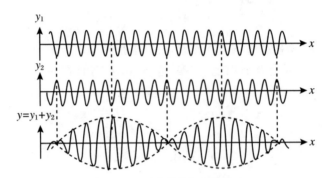

图 4.7 两列波的叠加与群速度

进而得到相速度 $c(\omega)$ 和群速度 $U(\omega)$ 之间的关系:

$$U(\omega) = \frac{\mathrm{d}\omega}{\mathrm{d}k} = \frac{\mathrm{d}(ck)}{\mathrm{d}k} = c + k\frac{\mathrm{d}c}{\mathrm{d}k} = c - \lambda\frac{\mathrm{d}c}{\mathrm{d}\lambda} \tag{4.29}$$

$\mathrm{d}c/\mathrm{d}\lambda \neq 0$ 时有频散:当 $\mathrm{d}c/\mathrm{d}\lambda > 0$ 时,称正频散,长波先到;当 $\mathrm{d}c/\mathrm{d}\lambda < 0$ 时,称反 (负)频散,短波先到.

   对于更复杂的一般情形,也可得到类似结果. 频散波具有连续波谱时的情形如下:

$$
\begin{aligned}
u &= \int_{k_0-\varepsilon}^{k_0+\varepsilon} A(k)\exp[\mathrm{i}(\omega t - kx)]\mathrm{d}k \\
&= \int_{k_0-\varepsilon}^{k_0+\varepsilon} A(k)\exp[\mathrm{i}(\omega_0 + \delta\omega)t - (k_0 + \delta k)x]\mathrm{d}k \\
&= \left\{\int_{k_0-\varepsilon}^{k_0+\varepsilon} A(k)\exp[\mathrm{i}(\delta\omega t - \delta kx)\mathrm{d}]k\right\}\exp[\mathrm{i}(\omega_0 t - k_0 x)] \\
&= \left\{\int_{k_0-\varepsilon}^{k_0+\varepsilon} A(k)\exp\left[\mathrm{i}\delta\omega\left(t - \frac{x}{U}\right)\right]\mathrm{d}k\right\}\exp[\mathrm{i}(\omega_0 t - k_0 x)] \tag{4.30}
\end{aligned}
$$

其中

$$\frac{\delta\omega}{\delta k} \approx \frac{\mathrm{d}\omega}{\mathrm{d}k} = U$$

同样有

$$U = \frac{\mathrm{d}\omega}{\mathrm{d}k} = \frac{\mathrm{d}(ck)}{\mathrm{d}k} = c + k\frac{\mathrm{d}c}{\mathrm{d}k} = c - \lambda\frac{\mathrm{d}c}{\mathrm{d}\lambda}$$

4.5.2　地震面波的近似图像

   实际上地震波是由很多频率不同的简谐波叠加形成的,其频谱是连续的,可以写成

$$f(x,t) = \int_{-\infty}^{\infty} g(k) e^{ik(x-ct)} dk \tag{4.31}$$

其中,$g(k)$为波的频谱.令

$$\theta = k(x - ct) \tag{4.32}$$

θ 即为波动的相位.每一列简谐波都以自己的相速度 c 传播,而 c 是 k 或 ω 的函数,即对不同波数的简谐波,其相速度是不同的.这些简谐波在传播中相互干涉,它们相互叠加而使振幅增强,也就是对于给定的 x(或 Δ)和 t,要求 $\theta(k)$具有稳定值的 k_0,即

$$\left. \frac{d\theta}{dk} \right|_{k=k_0} = 0 \tag{4.33}$$

或

$$\frac{d\theta}{dk} = \frac{d}{dk}[k(x - ct)] = x - \frac{d(kc)}{dk}t = 0 \tag{4.34}$$

$$\frac{x}{t} = \frac{d(kc)}{dk} = \left[c + k \frac{dc}{dk} \right]_{k=k_0} \tag{4.35}$$

上式表示波数为 k_0 的波的最大振幅经过时间 t 后传到了 x 处,因此 x/t 就是波数为 k_0 的波的群速度,即

$$U = c + k \frac{dc}{dk} \tag{4.36}$$

群速度 U 在物理意义上,强调几乎是同相的谱成分叠加.式(4.36)也是相速度与群速度的关系式.

现在在 $k = k_0$ 附近展开式(4.31)中的被积函数,当 x, t 充分大时,一般谱函数 $g(k)$ 在 $k = k_0$ 附近比指数部分的变化要慢得多,因此可设 $g(k) \approx g(k_0)$,而

$$\theta(k) = \theta(k_0) + \left. \frac{d\theta}{dk} \right|_{k=k_0} (k - k_0) + \frac{1}{2!} \left. \frac{d^2\theta}{dk^2} \right|_{k=k_0} (k - k_0)^2 + \cdots \tag{4.37}$$

由于式(4.33),上式可以写为

$$\theta(k) \approx \theta(k_0) + \frac{1}{2!} \left. \frac{d^2\theta}{dk^2} \right|_{k=k_0} (k - k_0)^2 \tag{4.38}$$

$$f(x,t) = \int_{-\infty}^{\infty} g(k) e^{ik(x-ct)} dk \approx g(k_0) e^{i\theta(k_0)} \int_{-\infty}^{\infty} e^{i\frac{1}{2!} \left. \frac{d^2\theta}{dk^2} \right|_{k=k_0} (k-k_0)^2} dk$$

$$= \sqrt{\frac{2}{\left| \frac{d^2\theta}{dk^2} \right|_{k=k_0}}} g(k_0) e^{i\theta(k_0)} \int_{-\infty}^{\infty} e^{\pm i\zeta^2} d\zeta \tag{4.39}$$

其中,$\left. \frac{d^2\theta}{dk^2} \right|_{k=k_0} > 0$ 对应正号,$\left. \frac{d^2\theta}{dk^2} \right|_{k=k_0} < 0$ 对应负号;$\zeta = \sqrt{\dfrac{\left| \frac{d^2\theta}{dk^2} \right|_{k=k_0}}{2}} (k - k_0)$.

利用

$$\int_{-\infty}^{\infty} \cos(x^2) dx = \sqrt{\frac{\pi}{2}}$$

$$\int_{-\infty}^{\infty} \sin(x^2)\mathrm{d}x = \sqrt{\frac{\pi}{2}}$$

式(4.39)可以写成

$$f(x,t) = \sqrt{\frac{2\pi}{\left|\dfrac{\mathrm{d}^2\theta}{\mathrm{d}k^2}\right|_{k=k_0}}} g(k_0)\mathrm{e}^{\mathrm{i}\left(\theta(k_0)\pm\frac{\pi}{4}\right)} \tag{4.40}$$

而

$$\frac{\mathrm{d}^2\theta}{\mathrm{d}k^2} = \frac{\mathrm{d}}{\mathrm{d}k}\left(\frac{\mathrm{d}\theta}{\mathrm{d}k}\right) = \frac{\mathrm{d}}{\mathrm{d}k}\left[\frac{\mathrm{d}}{\mathrm{d}k}(\omega t - kx)\right] = \frac{\mathrm{d}}{\mathrm{d}k}\left[\frac{\mathrm{d}\omega}{\mathrm{d}k}t - x\right] = \frac{\mathrm{d}}{\mathrm{d}k}\left[Ut - x\right] = \frac{\mathrm{d}U}{\mathrm{d}k}t \tag{4.41}$$

式(4.40)化为

$$f(x,t) = \sqrt{\frac{2\pi}{t\left|\dfrac{\mathrm{d}U}{\mathrm{d}k}\right|}} \cdot \mathrm{e}^{\mathrm{i}\left[k_0(x-ck_0 t)\mp\frac{\pi}{4}\right]} \tag{4.42}$$

其中,当$\dfrac{\mathrm{d}U}{\mathrm{d}k}>0$时,对应负号.而

$$t\left|\frac{\mathrm{d}U}{\mathrm{d}k}\right| = t\left|\frac{\mathrm{d}U}{\mathrm{d}\omega}\frac{\mathrm{d}\omega}{\mathrm{d}k}\right| = t\left|U\frac{\mathrm{d}U}{\mathrm{d}\omega}\right| = x\left|\frac{\mathrm{d}U}{\mathrm{d}\omega}\right| \tag{4.43}$$

所以,式(4.42)可以变为

$$f(x,t) = \sqrt{\frac{2\pi}{x\left|\dfrac{\mathrm{d}U}{\mathrm{d}\omega}\right|}} \cdot \mathrm{e}^{\mathrm{i}[k_0(x-ck_0 t)\mp\frac{\pi}{4}]} \tag{4.44}$$

当$\dfrac{\mathrm{d}U}{\mathrm{d}\omega}>0$时,对应负号.从上式可以看出,$f(x,t)$的强弱与$\dfrac{\mathrm{d}U}{\mathrm{d}k}\bigg|_{k_0}$有关,$U(k)$在$k_0$附近变化越小,总的振幅越大,即$U$-$k$曲线的斜率越小,则近似同相的成分越多,也即$\pm\Delta k$的范围越大.注意,这里强调的群速度$U$是指近似同相位的叠加,而不是简单的波峰相加.频散使得随着x的增大,振幅以$x^{-1/2}$衰减.而面波是沿着表面呈柱状向外传播的,由于几何扩散造成的振幅衰减因子为$r^{-1/2}$,所以在不考虑介质吸收时,有频散的面波总的衰减因子为r^{-1},而无频散的面波衰减因子为$r^{-1/2}$.

4.5.3 Airy 震相

上面的这一结果对$\dfrac{\mathrm{d}^2\theta}{\mathrm{d}k^2}=0$的情况不适用,因为这时式中的$\dfrac{\mathrm{d}U}{\mathrm{d}k}=0$使得结果发散,式(4.44)在群速度取稳定值时不成立,因而对$\theta(k)$要展开到$(k-k_0)^3$项来讨论,这时$\dfrac{\mathrm{d}\theta}{\mathrm{d}k}$一般不再等于零.

为了区别,现在用k_s表示群速度为稳定值的波数,$\theta(k)$在k_s点展开:

$$\theta(k) \approx \theta(k_s) + \frac{\mathrm{d}\theta}{\mathrm{d}k}\bigg|_{k_s}(k - k_s) + \frac{\mathrm{d}^3\theta}{\mathrm{d}k^3}\bigg|_{k_s}\frac{(k - k_s)^3}{3!}$$

$$= (\omega_s - k_s x) + (U_s - x)(k - k_s) + \frac{1}{6}\frac{\mathrm{d}^2 U}{\mathrm{d}k^2}\bigg|_{k_s}(k - k_s)^3 \quad (4.45)$$

因此,波形近似为

$$f(x,t) = 2\pi \sqrt[3]{\frac{2}{t\left|\dfrac{\mathrm{d}^2 U}{\mathrm{d}k^2}\right|_{k_s}}} S(k_s) A_i(\pm \zeta)\cos(\omega_s t - k_s x) \quad (4.46)$$

其中,$A_i(\zeta)$ 称为 Airy 函数:

$$A_i(\zeta) = \frac{1}{\pi}\int_0^\infty \cos\left(s\zeta + \frac{s^3}{3}\right)\mathrm{d}s, \quad \zeta = (U_s t - x)\left[\frac{t}{2}\left|\frac{\mathrm{d}^2 U}{\mathrm{d}k^2}\right|_{k_s}\right]^{-\frac{1}{3}} \quad (4.47)$$

$\dfrac{\mathrm{d}^2 U}{\mathrm{d}k^2}\bigg|_{k_s} < 0$ 时取负号,对应群速度极大值.与群速度的极大或极小值相关的频散波列称为 Airy 震相.

4.5.4　地震面波的频散曲线

4.5.4.1　理论频散曲线

给定分层模型的各种参数,即可根据频散方程得到群速度、相速度随波数或周期变化的曲线[$c(T)$-T 曲线、$U(T)$-T 曲线等,见图 4.8].也有用速度比值 U/β-kH,c/β-kH曲线表示的.其中

$$U = c + k\frac{\mathrm{d}c}{\mathrm{d}k}$$

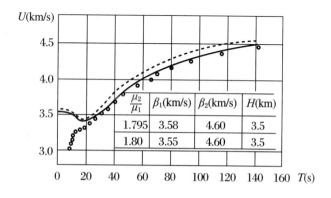

图 4.8　典型的频散曲线的实例

或

$$\frac{U}{\beta} = \frac{c}{\beta} + kH\frac{\mathrm{d}(c/\beta)}{\mathrm{d}(kH)}$$

这些曲线通称为频散曲线.

4.5.4.2 实测曲线

将面波波列的波峰与波谷的到时作为原始数据,经过适当的处理后便可求得群速度和相速度的频散曲线.

1. 群速度 $U(k)$ 的测量

(1) 单台法

设有某地震台的地震记录的面波波列如图 4.9 所示.首先标出波列的每个波峰与波谷的到时 $t_1, t_2, t_3, \cdots$,然后把它们点在到时波峰序号的图上(图 4.10),用光滑曲线拟合,再求 t-$2(\mathrm{d}t/\mathrm{d}n)$ 曲线,把 $2(\mathrm{d}t/\mathrm{d}n)$ 近似看为周期,就可以求出任意时刻波列对应的周期 T;也可以直接作 t_n-$2\Delta t_n$ 曲线,经光滑处理,可视为 $t(T)$-T 曲线(图 4.11).如果已经得到发震时刻 t_0 和震中距 Δ,则群速度

$$U(T) = \frac{\Delta}{t(T) - t_0} \tag{4.48}$$

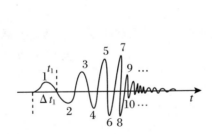

图 4.9 对波列的峰和谷顺序编号

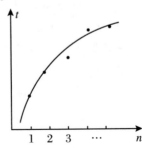

图 4.10 到时-波峰序号图

即得到了地震波对应不同优势周期 T 的群速度.单台法受 t_0 测量精度的影响比较大,求出的是源台之间的均值(跨度较大).

(2) 双台法

参考单台法,分别求出台 1 和台 2 的到时-优势周期数据,然后点在到时-优势周期图上(图 4.11),拟合后得到两条光滑曲线.对于任意周期 T,可以得到相应的到时 t_1, t_2,则有

$$U(T) = \frac{\Delta_2 - \Delta_1}{t_2(T) - t_1(T)} \tag{4.49}$$

其中,Δ_2, Δ_1 为两台的震中距.利用此法可以求得波列在两台之间的群速度均值(跨度小),避免了 t_0 的误差.在使用双台法时,最好震中与两个台站处在同一大圆

上,在实际使用时有些困难,可以在一定程度上近似;如相差太远,误差会比较大.

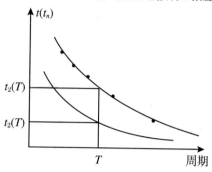

图 4.11 到时-优势周期 $t(T)$-T 图

(3) 数字信号处理方法

设某台站面波记录 $u(t)$ 的傅里叶变换对为

$$\begin{cases} u(t) = \dfrac{1}{2\pi}\displaystyle\int_{-\infty}^{\infty} F(\omega)\exp(\mathrm{i}\omega t)\mathrm{d}\omega \\ F(\omega) = \displaystyle\int_{-\infty}^{\infty} u(t)\exp(-\mathrm{i}\omega t)\mathrm{d}t \end{cases} \tag{4.50}$$

计算以 τ 为中心,窗长为 T_ω,窗函数为 $W(\tau)$ 的加窗段记录的振幅谱:

$$F(T,t) = \int_{-T_\omega/2}^{T_\omega/2} u(t+\tau)W(\tau)\exp\left(\frac{-\mathrm{i}2\pi\tau}{T}\right)\mathrm{d}\tau \tag{4.51}$$

对于指定的 t 而言,它随 T 变化,其极大值对应的 $T_{\max}$ 即 $t \pm T_\omega/2$ 记录段的卓越周期.对于指定的 T 而言,它随 t 变化,其极大值对应的 $t_{\max}$ 即主周期为 T 的波包到达该台(震中距 Δ)的时刻.

将一系列 $t+n\Delta t$(或 $T+n\Delta T$)所对应的 $T_{\max}$(或 $t_{\max}$)连起来,大体上是 t-T 图上勾画出的 $F(T,t)$ 等值线的中心曲线(图 4.12),由此可得

$$U = \frac{\Delta}{t(T) - t_0} \tag{4.52}$$

数字信号处理方法提高了精度,扩展了测量范围,如将峰谷法使用基式地震仪资料所用的 35 s 周期扩展到了 70 s.根据经验,T_ω 太窄,则周期分辨率降低;T_ω 太宽,则到时分辨率降低.

2. 相速度 $c(k)$ 的测量

(1) 双台法

前面已经导出 t 足够大时的面波近似式(4.44).对于震中距 X 不同的两个台,波列的到时也不同,有(为确定起见,假定是正频散,相位变化为 $-\pi/4$)

$$u(X_1, t_1) = A(k_1)\cos\left\{ k_1 \left[X_1 - c(k_1)t_1 \right] - \frac{\pi}{4} \right\}$$

$$u(X_2, t_2) = A(k_2)\cos\left\{ k_2 \left[X_2 - c(k_2)t_2 \right] - \frac{\pi}{4} \right\}$$

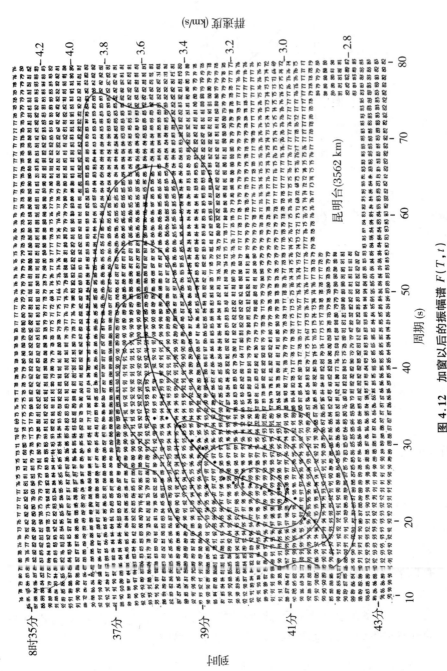

图 4.12 加窗以后的振幅谱 F(T, t)

勾画出等值线后，其中心曲线（对应于 t(T)-T 曲线），可以用来计算群速度

若测得的是对应的波峰到达时刻 t_1, t_2,即

$$k_1[X_1 - c(k_1)t_1] - \frac{\pi}{4} = 2N_1\pi$$

$$k_2[X_2 - c(k_2)t_2] - \frac{\pi}{4} = 2N_2\pi$$

如果两台相距不远(不超过一个波长),k_1 和 k_2 又是两记录中最接近的视波数,则有

$$c\left(\frac{k_1 + k_2}{2}\right) = \frac{X_2 - X_1}{t_2 - t_1} \tag{4.53}$$

(2) 三台法

$$c = \frac{\overline{AB}\sin\varphi}{\Delta t_{AB}} = \frac{\overline{AC}\sin(\varphi + \alpha)}{\Delta t_{AC}} \tag{4.54}$$

利用三台法(图 4.13)可同时解出相速度 c 和波传播的方向 φ.

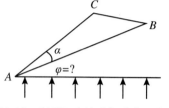

图 4.13　利用三台法求相速度示意图

(3) 数字信号处理方法

假设只激发单震型面波,一般为基阶. 位移场在 $t = 0$ 时刻之前为零:

$$u(t) = 0 \quad (t < 0)$$

进行谱分析得复谱

$$F(\omega) = \int_0^\infty u(t)\exp(-i\omega t)dt = A(r, \theta, \omega)\exp(i\varphi(r, \theta, \omega)) \tag{4.55}$$

式中,$0 \leqslant \varphi \leqslant 2\pi$,$r$ 为震中距,θ 为台站对源的方位角. 相位谱为

$$\varphi = k(\omega)r + \varphi_0(\theta, \omega) + \varphi_i(\omega) + 2n\pi \tag{4.56}$$

其中,φ_0 为初相位,φ_i 为仪器的响应相移.

利用基本上在同一大圆弧(同 θ)上两个台的记录可以消去震源辐射初始相位角分布的影响:

$$k(\omega)r_1 = \varphi_1(r_1, \theta, \omega) - \varphi_0(\theta, \omega) - \varphi_{i_1}(\omega) - 2n_1\pi$$

$$k(\omega)r_2 = \varphi_2(r_2, \theta, \omega) - \varphi_0(\theta, \omega) - \varphi_{i_2}(\omega) - 2n_2\pi$$

其中,$\varphi_{i_1}(\omega)$,$\varphi_{i_2}(\omega)$ 是已知的仪器相移,不失一般性,令

$$\varphi_{i_1}(\omega) = \varphi_{i_2}(\omega)$$

则有

$$c(\omega) = \frac{\omega}{k(\omega)} = \frac{\omega(r_2 - r_1)}{\varphi_2 - \varphi_1 - 2(n_2 - n_1)\pi}$$

用不同的 $n_2 - n_1$ 试算,并与推算的 $U(\omega)$ 对照,确定 $n_2 - n_1$ 的值,或者根据已知相速度的粗略值估计 $n_2 - n_1$,最后得到 $c(\omega)$.

随着数字信号分析技术的发展和地震数字记录的普及,现在越来越多的研究者通过不同台站地震记录的互相关与互功率关系研究地震波传播速度及频散特

征,甚至对噪声信号都可以采用这种方法提取出有用的信息,极大地拓展了应用范围.

4.6 地球上的面波和导波

4.6.1 通过海洋的瑞利面波

通过海洋的瑞利面波的形态、频散性质与通过大陆的瑞利面波有明显的不同.通过海洋的瑞利面波在周期 16～20 s 之间有极长的规则波列,比通过大陆的要长得多.事实上,海洋中的水层在瑞利面波的传播中起着不可忽视的作用.海洋下的地壳比较薄,为简化讨论,把海洋及地壳和壳下地幔的性质平均化,假定为弹性半空间上覆盖有一厚度为 H 的水层.得到的瑞利面波的理论频散曲线见图 4.14.当 $\lambda/H \to \infty$ 时,海水层可忽略;当 $\lambda/H \to 0$ 时,海水层和底下的固体介质可以近似看成两个相接的半无限空间,此时分界面上出现变态的瑞利面波,称为斯通莱面波.

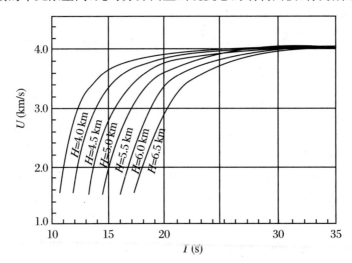

图 4.14 不同海水深度情况下的瑞利面波频散曲线
对于不同液体层深度 H,以周期为函数的瑞利面波群速度 $\alpha_2 = 7.95$ km/s,
$\beta_2 = 4.56$ km/s, $\alpha_1 = 1.52$ km/s, $\rho_2 = 2\rho_1$

有人研究了 1950 年所罗门群岛地震后通过太平洋的瑞利面波,由地震图作出了群速度的频散曲线,并与理论频散曲线进行对比.理论与观测数据符合得比较好,说明前面的理论模型是实际情况较好的近似.但得到的水深为 5.57 km,比太平洋海水的平均深度要大 1 km 左右.据分析,这是由于海底有一层未固结的沉积层,其厚度大约有 1 km,整体表现为对于面波这种低频波动剪切模量很小,近似于流体的作用.

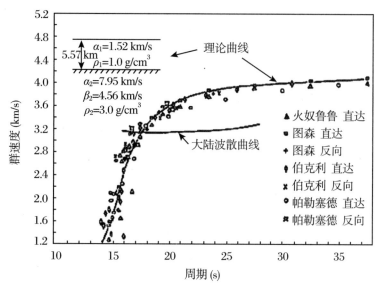

图 4.15 从所罗门群岛震中到火奴鲁鲁、伯克利、图森、帕勒赛德的海洋路径的 Raylcigh 面波实测与理论频散曲线

4.6.2 通过陆地的 Love 面波和瑞利面波

前面讨论过,均匀弹性半空间中的瑞利面波不存在频散,但实际观测到的瑞利面波都有频散,不仅是通过海洋的瑞利面波,而且传播路径全部为陆地的瑞利面波也存在频散.这说明均匀弹性半空间的模型过于简单,不符合实际情况.事实上,地壳中的波速、密度与上地幔显著不同,因此,进一步的模型应假设为弹性半空间上覆盖有一层或几层固体层.实际地球的多层结构,造成 Love 面波和瑞利面波均有频散.参考图 4.6 可知其原因是,要满足相长干涉,地震波在均匀无频散的平行分层中沿着不同的方向传播并在界面上重复反射,在水平方向表现出来的面波就具有了不同波长和不同的速度,即出现频散.

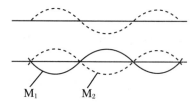

图 4.16 M_1 和 M_2 型的反对称振动

M_1 为逆进椭圆,M_2 为顺进椭圆

Love 面波在记录上振幅最大.已观测到 M_1 和 M_2 型的瑞利面波,它们分别对应自由平板的对称和反对称震型,在地表的质点运动分别为逆进和顺进椭圆(图4.16).在固-固分界面亦有可能出现斯通莱面波,但是,两侧介质的参数必须满足相当严格的限制条件,否则将不可能出现.

4.6.3　其他与浅层结构有关的面波和导波

L_g 震相:特点是初始尖锐,周期为 $1\sim5$ s,在水平分量上经常作为连续的短周期波列叠加在长周期的 Love 面波波列上,但它在垂直分量上也有清晰的初动和波列,这点是与 Love 面波不同的.

R_g 震相:表现为尖锐的初始,记录开始部分往往表现为强脉冲、大振幅,表面质点的运动轨迹为逆进的椭圆,与瑞利面波相同,经常表现为反频散,即短周期的波先到.

L_i 震相:由瑞典的巴特(Bath)在 1957 年提出,它是 SH 型的波,速度相当于地壳底层的 S 波速度,周期在 5 s 以下,振幅随震中距的增大衰减较慢;但这种波不易分辨,不如 L_g, R_g 清晰.

π_g 震相:它是在 P 波之后 S 波之前的波列,振幅比较小,周期为 $1\sim6$ s,起始平缓,振幅随震中距的增加衰减较慢,但并不经常出现.

与浅层结构有关的主要面波和导波就是上述几种,其中最主要的是 L_g, R_g. 短周期面波是陆地型地壳结构所特有的地震波,当地震波通过的路径上有 150 km 以上的海洋型地壳时,短周期面波便受阻而不能通过,当它们通过山脉地区时,受到强烈的衰减.因此 L_g, R_g 能否顺利地通过成为区别地壳结构及其性质的重要标志.我国台湾地区的地震在大陆各地震台站都能记录到清晰的 L_g 和 R_g 波列,说明台湾海峡是大陆型地壳.

关于 L_g, R_g 等波列的性质,目前还有争论.一种看法是认为它们是高阶面波,而其起始对应高阶面波频散曲线的群速度极值.高阶面波十分复杂,有高阶 Love 面波、高阶瑞利面波等,它们的频散曲线经常交错在一起,相互重叠,而随着地壳结构参数的不同,它们的频散曲线的位置也不同,因此比较难以确定 L_g, R_g 与这些高阶面波的具体对应关系.也有人认为,由于地面低速沉积层的影响,使基阶 Love 面波和瑞利面波的群速度频散曲线在 U-T 图上出现比较宽的平坦段,有时甚至出现反频散段,因此比较宽的一段频带的波就会几乎同时到达,形成 L_g, R_g 的初始尖锐部.总之,这一类看法认为它们是面波的一种.

而另一种看法认为它们是地下低速层中的导波.设地下纵(横)波速度随深度 z 的增加在部分区域是降低的,一部分波的能量就会被限制在低速通道内传播,因而振幅衰减较慢,称之为导波.有人还具体提出了地壳内速度分布模型和对 L_g 传播通道的设想.大量事实证明,在海洋中 $700\sim1300$ m 处有一个声波的低速区,声波能在此区间内传播很远,形成所谓声道波(Sofar 波),地震学上称为 T 震相.由此声波通道联想到 L_g,R_g 也应是地壳中低速层的通道波或导波(图 4.17、图 4.18).类似地,π_g 震相可能是花岗岩层低速层中的纵波导波.

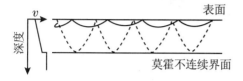 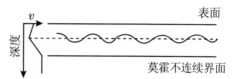

图 4.17　由速度梯度所形成的导波　　　图 4.18　L_g 波可能的形成机制

非均匀介质中波的传播理论十分复杂,如果在一个波长范围内,介质的 ρ,μ,λ 的变化不可忽略,则 P 波和 S 波将互相耦合,因而不可能将它们明显地区分开来.目前关于导波的解释还只是定性的简单图像.

4.7　面波与地壳、上地幔构造的研究

由于地下构造的差异,所以经过不同地区的面波具有不同的频散曲线.通过理论频散曲线与实测频散曲线的对比、拟合,就能得到大范围的地下结构.周期数百秒的面波影响区域可深达上地幔深处,因此可以用它来研究地球的深部构造.目前,利用面波频散研究地球内部构造已经有很多成果,普遍结论是:上地幔有低速层存在;存在横向不均匀;大陆地壳普遍比海洋地壳厚;部分地区地壳可厚达 80 多千米(图 4.19).

关于面波频散仍有些问题尚未完全解释清楚.比如,不论是什么样的速度结构模型,理论与实测瑞利面波频散曲线的拟合效果普遍比 Love 面波的要好很多.实际地球的速度结构只可能有一个,为什么会有这种结果,还需要进一步的理论分析与研究(图 4.20、图 4.21).

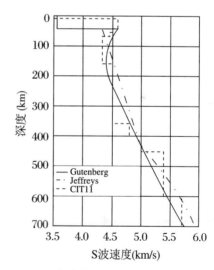

图 4.19　用来计算面波频散曲线的不同速度结构(在上地幔都存在低速区)

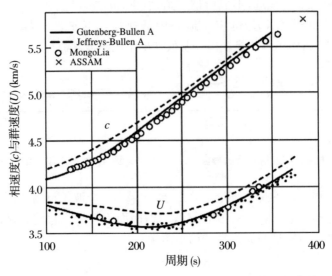

图 4.20 根据速度分布模型得到的瑞利面波理论频散曲线
　　　　与实测结果的拟合

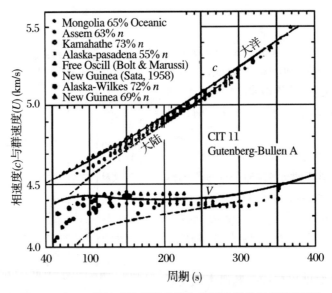

图 4.21 Love 面波理论频散曲线与实测结果的拟合(可以看
　　　　出,拟合效果明显不如瑞利面波)

第 5 章　地球自由振荡

在有限长的弦上存在扰动时会出现驻波,波节、波腹在一维的线上有规律地分布,波节以节点的形式出现;在有限大小的面上存在扰动时也会出现驻波,波节、波腹在二维的面上有规律地分布,波节以节线的形式出现.同样,在有限大小的三维体中存在扰动时也会有驻波出现,波节、波腹在三维体内有规律地分布,波节以节面的形式出现.地球是宇宙空间孤立的有限大小的球体,地震产生的扰动将在地球内部引起三维的驻波.就像敲钟可以使整个钟振荡起来一样.如果地球上某地发生一次比较大的地震,整个地球也会振荡起来,并形成三维的驻波.实际观测也表明,当大地震发生时,可以记录到比基阶面波周期更长,甚至可以达到几十分钟的振动.因为这类振动与作为弹性体的地球本身的固有振动有关,因此称为地球自由振荡.

前面两章中我们讨论了平面波的传播以及面波问题,但忽略了介质分界面的曲率,主要与地球中浅部的平均构造有关.现在研究地球中各点上的波动,与全球性构造有关.利用行波方法求解地球内部的波动比较复杂,涉及无穷无尽的反射、透射,以及波的转换,十分繁复.通过驻波求解,解析式是统一的,无穷多个本征振荡的叠加虽然较繁,但是图像清晰,易于理解和表达;尤其幸运的是,球对称问题有解析解.实际地球用球对称模型求解已相当精确,对涉及的横向不均匀,可以用摄动法进行修正.

5.1　基　本　方　程

现在分析地球作为一个整体的自由振荡.设地球是球对称的,半径为 a.继续采用小形变和均匀各向同性、完全弹性模型,并考虑万有引力引起的自重作用.将球坐标系 (r, θ, φ) 的原点设在地球的中心,分别用 e_r, e_θ, e_φ 表示三个坐标分量的基矢量,用 (u, v, w) 分别表示在 r, θ, φ 增加方向上相对于未受扰动状态的位移 u 在三个分量,用 $\lambda(r), \mu(r)$ 表示介质的拉梅系数,用 $\rho(r)$ 表示介质密度.需要时,用下标"0"表示未受扰动时的状态.

5.1.1 运动方程的建立

在振荡过程中,质点的位移 u 满足运动方程:

$$\rho \frac{\partial^2 u}{\partial t^2} = \nabla \cdot P + \rho X \tag{5.1}$$

其中,P 为地球介质内部的弹性应力,X 为由万有引力作用产生的力.

对于地球自由振荡的求解,可以通过位移求解途径进行,将式(5.1)所涉及的变量全化为用扰动的位移表示.

5.1.2 X 的分析

首先,万有引力引起的体力,也就是重力,是由密度分布决定的(图5.1):

$$\rho(r, \theta, \varphi, t) = \rho_0(r) + \rho'(r, \theta, \varphi, t) \tag{5.2}$$

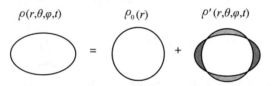

$$\rho(r,\theta,\varphi,t) \qquad \rho_0(r) \qquad \rho'(r,\theta,\varphi,t)$$

图5.1 发生自由振荡时的密度分布可以看成是两部分的叠加

其中,$\rho_0(r)$ 为未受扰动时的密度分布,仅与 r 有关.与 $\rho_0(r)$ 对应的未受扰动状态下的体力项为

$$X_0(r) = X_0(r)e_r = -g_0(r)e_r \tag{5.3}$$

$\rho'(r, \theta, \varphi, t)$ 为扰动引起的介质密度相对原始密度分布的变化.与 $\rho'(r, \theta, \varphi, t)$ 对应的扰动导致的体力项为

$$X'(r) = \nabla \psi'(r, t) \tag{5.4}$$

根据场论,体内任一点的位函数满足泊松方程

$$\nabla^2 \psi' = -4\pi G \rho'(r, t) \tag{5.5}$$

即 $X'(r)$ 由 $\rho'(r, t)$ 决定.最后总的体力项为

$$X(r, t) = X_0(r) + \nabla \psi'(r, t) \tag{5.6}$$

现在需要将 $\rho'(r, t)$ 化成用位移 $u(r, t)$ 表示的形式.按连续介质力学中的连续性方程,有

$$\frac{\partial \rho}{\partial t} = -\frac{\partial(\rho v_i)}{\partial x_i} \tag{5.7}$$

等式的左端可以写成

$$\frac{\partial \rho}{\partial t} \approx \frac{\Delta \rho}{\Delta t} = \frac{\rho'}{\Delta t} \tag{5.8a}$$

右端

$$- \frac{\partial(\rho v_i)}{\partial x_i} \approx - \frac{1}{\Delta t} \frac{\partial(\rho u_i)}{\partial t} = - \frac{\nabla \cdot [(\rho_0 + \rho') \boldsymbol{u}]}{\Delta t} \approx - \frac{\nabla \cdot (\rho_0 \boldsymbol{u})}{\Delta t} \quad (5.8\mathrm{b})$$

即有

$$\rho' \approx - \nabla \cdot (\rho_0 \boldsymbol{u}) = - \boldsymbol{u} \cdot \nabla \rho_0(r) - \rho_0(r) \nabla \cdot \boldsymbol{u} = - \boldsymbol{u} \frac{\mathrm{d}\rho_0}{\mathrm{d}r} - \rho_0(r)\Theta \quad (5.9)$$

其中, $\Theta = - e_{ii} = \nabla \cdot \boldsymbol{u}$, 即体应变. 将式 (5.9) 代入泊松方程 (5.5), 可解出 ψ'. 此时的 ψ' 已用位移 $\boldsymbol{u}(\boldsymbol{r}, t)$ 表示. 最终有

$$\begin{cases} \boldsymbol{X}(\boldsymbol{r}, t) = - g_0(r) \boldsymbol{e}_r + \nabla \psi'(\boldsymbol{r}, t) \\ \nabla^2 \psi'(\boldsymbol{r}, t) = 4\pi G \left(u \dfrac{\mathrm{d}\rho_0}{\mathrm{d}r} + \rho_0 \Theta \right) \end{cases}$$

5.1.3　$\boldsymbol{P}$ 的分析

考虑到岩石的抗剪强度有限, 而且在长期构造力作用下会产生应力松弛, 与前面的分析类似, 可以将 $\boldsymbol{P}$ 分解为未受扰动时流体静压状态的初始平衡应力 $\boldsymbol{P}_0$, 以及由扰动产生的变形所引起的附加应力 $\boldsymbol{P}'$:

$$\boldsymbol{P}(\boldsymbol{r}, t) = \boldsymbol{P}_0(\boldsymbol{r} - \boldsymbol{u}, t) + \boldsymbol{P}'(\boldsymbol{r}, t) \quad (5.10)$$

之所以在表示初始平衡应力 $\boldsymbol{P}_0$ 时将位置写成 $\boldsymbol{r} - \boldsymbol{u}$, 是为了把由于介质变形发生位移的质点由当前所在位置 $\boldsymbol{r}$ 退回到未发生变形时的位置 $\boldsymbol{r} - \boldsymbol{u}$.

把 $\boldsymbol{P}_0(\boldsymbol{r} - \boldsymbol{u}, t)$ 在 $\boldsymbol{r}$ 点做泰勒展开. 考虑到流体静压与应力反号, 且 $\nabla \boldsymbol{I} = 0$, 有

$$\begin{aligned} \boldsymbol{P}_0(\boldsymbol{r} - \boldsymbol{u}, t) &\approx \boldsymbol{P}_0(\boldsymbol{r}) - \boldsymbol{u} \cdot \nabla \boldsymbol{P}_0(\boldsymbol{r}) = - p_0 \boldsymbol{I} - \boldsymbol{u} \cdot \nabla(- p_0 \boldsymbol{I}) \\ &= (- p_0 + \boldsymbol{u} \cdot \nabla p_0) \boldsymbol{I} = [- p_0 + \boldsymbol{u} \cdot (- \rho_0 g_0 \boldsymbol{e}_r)] \boldsymbol{I} \\ &= (- p_0 - u \rho_0 g_0) \boldsymbol{I} \end{aligned} \quad (5.11)$$

而 $\boldsymbol{P}'$ 总可以通过

$$\begin{cases} P_{ij} = \lambda \Theta \delta_{ij} + 2\mu e_{ij} \\ e_{ij} = \dfrac{1}{2} \left(\dfrac{\partial u_i}{\partial x_j} + \dfrac{\partial u_j}{\partial x_i} \right) \end{cases} \quad (5.12)$$

化为用 $\boldsymbol{u}(\boldsymbol{r}, t)$ 表示的形式 $\boldsymbol{P}'(\boldsymbol{u}(\boldsymbol{r}, t))$, 所以

$$\boldsymbol{P}(\boldsymbol{r}, t) = \boldsymbol{P}'(\boldsymbol{u}(\boldsymbol{r}, t)) - (p_0 + u \rho_0 g_0) \boldsymbol{I} \quad (5.13)$$

5.1.4　$\rho \dfrac{\partial^2 \boldsymbol{u}}{\partial t^2}$ 的近似处理

在频率不是很高时, $\dfrac{\partial^2 \boldsymbol{u}}{\partial t^2}$ 也是一阶小量. 为使方程线性化, 可以有

$$\rho \frac{\partial^2 \boldsymbol{u}}{\partial t^2} = \rho_0 \frac{\partial^2 \boldsymbol{u}}{\partial t^2} + \rho' \frac{\partial^2 \boldsymbol{u}}{\partial t^2} \approx \rho_0 \frac{\partial^2 \boldsymbol{u}}{\partial t^2} \quad (5.14)$$

5.1.5 准确到一级小量的运动方程

在对运动方程中各项进行了上述分析简化后,式(5.1)即成为准确到一阶小量受自重作用的地球自由振荡方程:

$$\begin{cases} \rho_0 \dfrac{\partial^2 \boldsymbol{u}}{\partial t^2} = \rho_0 \nabla(\psi' - g_0 u) + \rho_0 g_0 \Theta \boldsymbol{e}_r + (\lambda + 2\mu) \nabla(\nabla \cdot \boldsymbol{u}) + \mu \nabla \times \nabla \times \boldsymbol{u} \\[3mm] \nabla^2 \psi' = 4\pi G \left(\rho_0 \Theta + u \dfrac{\mathrm{d}\rho_0}{\mathrm{d}r} \right) \end{cases}$$

$$(5.15)$$

5.2 边 界 条 件

现在我们讨论有自重力作用时地球自由振荡问题的边界条件. 这时的边界条件是比较复杂的:解① 在原点正则;② 在形变的地球表面,应力应当为零;③ 在形变的地球表面,重力位及其梯度应当连续. 如果所采用的地球模型作为 r 的函数的 $\rho(r), \lambda(r), \mu(r)$ 不连续,还应当添上:④ 在形变的边界面上,位移和应力连续. 如果这个边界面是固体-液体的分界面(例如地幔-地核分界面),则上述的应力连续的条件应改为:⑤ 在形变的固体-液体分界面的固体一侧,切应力为零,正应力连续.

设球面 $r = r_0$ 是地球未受扰动时的一个分界面. 形变后,这个分界面变形为

$$\boldsymbol{r} = \boldsymbol{r}_0 + \boldsymbol{u}(\boldsymbol{r}_0) \tag{5.16}$$

在这个变形的分界面上,前面提及的边界条件都应当满足. 对于位移来说,我们很容易准确到一级小量,如果在 $r = r_0$ 处 $\boldsymbol{u}$ 连续,则位移连续的条件就能满足. 对于应力来说,同样是准确到一级小量,我们可得

$$\begin{aligned} p_{rr}(\boldsymbol{r}) &= p_{rr}(\boldsymbol{r}_0 + \boldsymbol{u}) \\ &= -p_0(\boldsymbol{r}_0) + p'_{rr}(\boldsymbol{r}_0 + \boldsymbol{u}) \\ &\approx -p_0(\boldsymbol{r}_0) + p'_{rr}(\boldsymbol{r}_0) \end{aligned} \tag{5.17}$$

$$\begin{aligned} p_{\theta\varphi}(\boldsymbol{r}) &= p_{\theta\varphi}(\boldsymbol{r}_0 + \boldsymbol{u}) \\ &= p'_{\theta\varphi}(\boldsymbol{r}_0 + \boldsymbol{u}) \\ &\approx p'_{\theta\varphi}(\boldsymbol{r}_0) \end{aligned} \tag{5.18}$$

这两个公式说明,只要在 $r = r_0$ 处附加应力连续或等于零,就能保证应力连续或等于零的条件成立.

对于重力位,精确到一级小量,我们有

$$\psi_0(\boldsymbol{r}) + \psi'(\boldsymbol{r}) = \psi_0(\boldsymbol{r}_0 + \boldsymbol{u}) + \psi'(\boldsymbol{r}_0 + \boldsymbol{u})$$

$$\approx \psi_0(\boldsymbol{r}_0) + u\frac{\partial \psi_0(\boldsymbol{r}_0)}{\partial r_0} + \psi'(\boldsymbol{r}_0) \tag{5.19}$$

ψ_0 和 $\nabla \psi_0 = \boldsymbol{g}_0$ 是处处连续的. 所以只要 $\psi'(\boldsymbol{r})$ 在 $r = r_0$ 处连续, 重力位就连续.

对于重力位梯度, 也是精确到一级小量, 有

$$\frac{\partial \psi_0(\boldsymbol{r})}{\partial r} + \frac{\partial \psi'(\boldsymbol{r})}{\partial r} = \frac{\partial \psi_0(\boldsymbol{r}_0 + \boldsymbol{u})}{\partial r} + \frac{\partial \psi'(\boldsymbol{r}_0 + \boldsymbol{u})}{\partial r}$$

$$\approx \frac{\partial \psi_0(\boldsymbol{r}_0)}{\partial r_0} + u\frac{\partial^2 \psi_0(\boldsymbol{r}_0)}{\partial r_0^2} + \frac{\partial \psi'(\boldsymbol{r}_0)}{\partial r_0}$$

$$= \frac{\partial \psi_0(\boldsymbol{r}_0)}{\partial r} + u\left[\frac{\partial^2 \psi_0(\boldsymbol{r}_0)}{\partial r_0^2} + 4\pi G\rho_0\right]$$

$$+ \left[\frac{\partial \psi'(\boldsymbol{r}_0)}{\partial r_0} - 4\pi G\rho_0 u\right] \tag{5.20}$$

上式第四个多项式第一项是重力的 r 分量, 它本身就是连续的, 第二项的方括号内的 $\dfrac{\partial^2 \psi_0(\boldsymbol{r}_0)}{\partial r_0^2}$ 不一定连续, 但由于 $\psi_0(\boldsymbol{r}_0)$ 满足泊松方程

$$\nabla^2 \psi_0 = -4\pi G\rho_0 \tag{5.21}$$

所以即使 $\rho_0(\boldsymbol{r}_0)$ 不连续, $\dfrac{\partial^2 \psi_0(\boldsymbol{r}_0)}{\partial r_0^2} + 4\pi G\rho_0$ 也是连续的. 于是只要

$$\frac{\partial \psi'(\boldsymbol{r})}{\partial r} - 4\pi G\rho_0 u \tag{5.22}$$

在 $r = r_0$ 处连续, 就能保证重力位梯度在 r 处连续.

5.3　运动方程的求解

5.3.1　方程的变换

在前面分析讨论的基础上, 运动方程可以进一步简化为

$$\rho_0 \frac{\partial^2 \boldsymbol{u}}{\partial t^2} = \mu \nabla^2 \boldsymbol{u} + \mu \nabla\Theta + 2\nabla\mu \cdot \nabla \boldsymbol{u} + \nabla\mu \times \nabla \times \boldsymbol{u}$$

$$+ \nabla(\lambda\Theta) + \rho_0 \nabla(\psi' - g_0 u) + \rho_0 \Theta g_0 \boldsymbol{e}_r$$

$$= (\lambda + \mu)\nabla\Theta + \mu \nabla^2 \boldsymbol{u} + \Theta\nabla\lambda + \nabla\mu \cdot \nabla \boldsymbol{u}$$

$$+ \nabla \boldsymbol{u} \cdot \nabla\mu + \rho_0 \nabla(\psi' - g_0 u_r) + \rho_0 \Theta g_0 \boldsymbol{e}_r \tag{5.23}$$

等式两边分别求散度和旋度, 可以得到

$$\nabla \cdot \left(\rho_0 \frac{\partial^2 \boldsymbol{u}}{\partial t^2} \right) = \rho_0 \frac{\partial^2 \Theta}{\partial t^2}$$

$$= (\lambda + \mu) \nabla^2 \Theta + \nabla(\lambda + \mu) \cdot \nabla \Theta + \nabla \mu \cdot \nabla^2 \boldsymbol{u} + \mu \nabla^2 \Theta$$

$$+ \nabla \cdot (\Theta \nabla \lambda) + \nabla \cdot (\nabla \mu \cdot \nabla \cdot \boldsymbol{u}) + \nabla \cdot (\nabla \cdot \boldsymbol{u} \cdot \nabla \mu)$$

$$+ \nabla \cdot [\rho_0 \nabla(\psi' - g_0 u) + \rho_0 \Theta g_0 \boldsymbol{e}_r] \qquad (5.24)$$

和

$$\nabla \times \left(\rho_0 \frac{\partial^2 \boldsymbol{u}}{\partial t^2} \right) = \rho_0 \frac{\partial^2 (2\boldsymbol{\omega})}{\partial t^2}$$

$$= \mu \nabla(2\boldsymbol{\omega}) + \nabla(\lambda + \mu) \times \nabla(2\boldsymbol{\omega}) + \nabla \mu \times \nabla^2(2\boldsymbol{\omega}) + \nabla \times (2\boldsymbol{\omega} \nabla \lambda)$$

$$+ \nabla \times (\nabla \mu \cdot \nabla \cdot \boldsymbol{u}) + \nabla \times (\nabla \cdot \boldsymbol{u} \cdot \nabla \mu) \qquad (5.25)$$

因此,当$(\Delta \lambda / \lambda) \Lambda$,$(\Delta \mu / \mu) \Lambda$,$(\Delta \rho / \rho) \Lambda \ll 1$ 时,也就是在一个波长 Λ 的范围内,λ,μ,ρ 变化很小时,精确到一级小量的运动方程,在形式上依然是 Θ 和 $2\boldsymbol{\omega}$ 互不耦合的. 所以,可以分别求解.

这时,有

$$\frac{\partial^2 \Theta}{\partial t^2} = \alpha^2 \nabla^2 \Theta$$

与前面讨论的$\frac{\partial^2 \boldsymbol{u}_P}{\partial t^2} = \alpha^2 \nabla^2 \boldsymbol{u}_P$ 类似,可以用势函数写成

$$\frac{\partial^2 \varphi}{\partial t^2} = \alpha^2 \nabla^2 \varphi \qquad (5.26)$$

同样,$\frac{\partial^2 (2\boldsymbol{\omega})}{\partial t^2} = \beta^2 \nabla^2 (2\boldsymbol{\omega})$可以用势函数写成

$$\frac{\partial^2 \boldsymbol{\varphi}}{\partial t^2} = \beta^2 \nabla^2 \boldsymbol{\varphi} \qquad (5.27)$$

得到用势函数表示的一个标量方程和一个矢量方程. 与前面讨论平面波传播时相比,这时 $\alpha = \alpha(\boldsymbol{r})$,$\beta = \beta(\boldsymbol{r})$,都不再是常数了.

式(5.26)和式(5.27)是标准的波动方程,现在明确按驻波方式求解,也就是每一点都在振动,振幅存在三维空间的分布,因为是线弹性介质,不失一般性,只考虑单色波,写出驻波的形式解:

$$\boldsymbol{u}(\boldsymbol{r}, t, \omega) = \boldsymbol{u}(\boldsymbol{r}, \omega) e^{i\omega t} \qquad (5.28)$$

将驻波形式解代入波动方程,化为标准的亥姆霍兹方程:

$$\nabla^2 \boldsymbol{u}(\boldsymbol{r}, \omega) + k^2 \boldsymbol{u}(\boldsymbol{r}, \omega) = (\nabla^2 + k^2) \boldsymbol{u}(\boldsymbol{r}, \omega) = 0, \quad k = \frac{\omega}{c}$$

5.3.2 无外力作用时的形式解

在直角坐标系下,$\nabla^2 \boldsymbol{\psi} = \nabla^2 (\psi_i \boldsymbol{e}_i) = (\nabla^2 \psi_i) \boldsymbol{e}_i$,矢量亥姆霍兹方程可以转化为三个标量亥姆霍兹方程,有定式解法,能够立即解出 $\boldsymbol{\psi} = \psi_i \boldsymbol{e}_i$. 所以,有

$$(\nabla^2 + k_\beta^2)\boldsymbol{\psi} = (\nabla^2 + k_\beta^2)\psi_i \boldsymbol{e}_i \Leftrightarrow (\nabla^2 + k_\beta^2)\psi_i = 0 \tag{5.29}$$

在球坐标系下,因为坐标基矢 $\boldsymbol{e}_r, \boldsymbol{e}_\theta, \boldsymbol{e}_\varphi$ 全是随空间变化的"流动基矢",因此在求空间偏导的拉氏算符作用后变得十分繁复.现在按坐标基矢分解,则方程转化为

$$\begin{cases} \nabla^2 \psi_r + \left(k_\beta^2 - \dfrac{2}{r^2}\right)\psi_r - \dfrac{2}{r^2\sin\theta}\dfrac{\partial(\psi_\theta\sin\theta)}{\partial\theta} - \dfrac{2}{r^2\sin\theta}\dfrac{\partial\psi_\varphi}{\partial\varphi} = 0 \\[2mm] \nabla^2 \psi_\theta + \left(k_\beta^2 - \dfrac{1}{r^2\sin\theta}\right)\psi_\theta + \dfrac{2}{r}\dfrac{\partial\psi_r}{\partial\theta} - \dfrac{2\cos\theta}{r^2\sin^2\theta}\dfrac{\partial\psi_\varphi}{\partial\varphi} = 0 \\[2mm] \nabla^2 \psi_\varphi + \left(k_\beta^2 - \dfrac{1}{r^2\sin^2\theta}\right)\psi_\varphi + \dfrac{2}{r^2\sin\theta}\dfrac{\partial\psi_r}{\partial\varphi} + \dfrac{2\cos\theta}{r^2\sin^2\theta}\dfrac{\partial\psi_\theta}{\partial\theta} = 0 \end{cases} \tag{5.30}$$

这是三个未知标量函数 $\psi_r, \psi_\theta, \psi_\varphi$ 的联立二阶偏微分方程组,变量无法分离,不好求解.若按坐标基矢分解行不通,就要设法找出一种分解方法(一个矢量总可以用三个线性无关的基矢合成),用它代入方程得到能分解成三个、每个只含一个未知函数的标量方程,并且要求方程是变量可分离的,以便利用已有定式解法的分离变量法求解.我们利用地震波的物理特性进行 Hanson 向量分解,就可以做到这一点.

依然先作 Stocks 分解:

$$\boldsymbol{u} = \boldsymbol{u}_{\mathrm{P}} + \boldsymbol{u}_{\mathrm{S}} \quad (\nabla\times\boldsymbol{u}_{\mathrm{P}} = 0, \nabla\cdot\boldsymbol{u}_{\mathrm{S}} = 0) \tag{5.31}$$

其中,$\boldsymbol{u}_{\mathrm{P}}$ 通过求解关于标量势 φ 的波动方程得到.故选 $\boldsymbol{u}_{\mathrm{P}}$ 为欲求矢量场 $\boldsymbol{u}$ 的一个线性无关解.剩下的问题变为 $\boldsymbol{u}_{\mathrm{S}}$ 的分解,利用 SH, SV 在球面边界上的分解方法,先选 SH.按其定义要求

$$\begin{cases} \boldsymbol{u}_{\mathrm{SH}} \perp r\boldsymbol{e}_r \\ \nabla\cdot\boldsymbol{u}_{\mathrm{SH}} = 0 \end{cases} \tag{5.32}$$

容易得到如下满足要求的形式解:

$$\boldsymbol{u}_{\mathrm{SH}} = -r\boldsymbol{e}_r \times \nabla\psi = \nabla\times(\psi r\boldsymbol{e}_r) \tag{5.33}$$

可以证明,将此位移代入运动方程,所得方程

$$(\nabla^2 + k_\beta^2)\psi = 0 \tag{5.34}$$

为关于独立变量的亥姆霍兹方程,有定式解且可以独立求解.所以,如此选出的 ψ 达到了预期的目的.

下面确定第三个线性无关解.希望选 SV 型的,与 $\boldsymbol{u}_{\mathrm{P}}, \boldsymbol{u}_{\mathrm{SH}}$ 构成正交基矢组,即要求

$$\begin{cases} \boldsymbol{u}_{\mathrm{SV}} \perp \boldsymbol{u}_{\mathrm{SH}} \\ \nabla\cdot\boldsymbol{u}_{\mathrm{SV}} = 0 \end{cases} \tag{5.35}$$

容易猜出

$$\boldsymbol{u}_{\mathrm{SV}} = \nabla\times\nabla\times(\chi r\boldsymbol{e}_r) \tag{5.36}$$

将其代入运动方程后有

$$(\nabla^2 + k_\beta^2)\chi = 0 \tag{5.37}$$

也是关于独立变量的亥姆霍兹方程,可以独立求解.至此,要求的三个线性无关解全部分离出.这一分离方式称为 Hanson 向量分解.Hanson 向量分解得出的三个线性无关矢量构成运动方程的形式解

$$u = Au_P + Bu_{SH} + Cu_{SV} = A\nabla\varphi + B\nabla\times(\psi re_r) + C\nabla\times\nabla\times(\chi re_r) \quad (5.38)$$

代入运动方程后,可得到等价于原方程的、三个互不耦合的二阶偏微分方程,其中两个方程相同.进一步,根据数学物理方法中的相关理论,要求位移函数能够完全进行变量分离:

$$u(r,\theta,\varphi,t) = v(r,\theta,\varphi)T(t) = \boldsymbol{R}(r)\boldsymbol{Y}(\theta,\varphi)T(t)$$
$$= \boldsymbol{R}(r)\boldsymbol{\Theta}(\theta)\boldsymbol{\Phi}(\varphi)T(t) \quad (5.39)$$

由式(5.28)知时间因子已先被分离出来,有

$$T(t) = e^{i\omega t} \quad (5.40)$$

余下的可以通过标准的标量亥姆霍兹方程的解进行分离:

$$v(r,\theta,\varphi) = j_l(kr)Y_l^m(\theta,\varphi) = j_l(kr)P_l^m(\cos\theta)e^{im\varphi} \quad (5.41)$$

其中,$j_l(x)$为 l 阶球贝塞尔函数,$P_l^m(\cos\theta)$为 l 次 m 阶缔合勒让德函数.

将形式解进一步展开,有

$$u = A\nabla\varphi + B\nabla\times(\psi re_r) + C\nabla\times\nabla\times(\psi re_r)$$

$$= \left\{ \begin{array}{l} \left[A\dfrac{\partial j_l(hr)}{\partial r} + C\dfrac{l(l+1)j_l(kr)}{r}\right]Y_l^m(\theta,\varphi) \\ \left[A\dfrac{j_l(hr)}{r} + \dfrac{C}{r}\dfrac{\partial[rj_l(kr)]}{\partial r}\right]\dfrac{\partial Y_l^m(\theta,\varphi)}{\partial\theta} + \dfrac{Bj_l(kr)}{\sin\theta}\dfrac{\partial Y_l^m(\theta,\varphi)}{\partial\varphi} \\ \left[A\dfrac{j_l(hr)}{r} + \dfrac{C}{r}\dfrac{\partial[rj_l(kr)]}{\partial r}\right]\dfrac{\partial Y_l^m(\theta,\varphi)}{\sin\theta\partial\varphi} - Bj_l(kr)\dfrac{\partial Y_l^m(\theta,\varphi)}{\partial\theta} \end{array} \right\}$$

$$(5.42)$$

令

$$\left\{ \begin{array}{l} U(r) = A\dfrac{\partial}{\partial r}[j_l(hr)] + C\dfrac{l(l+1)j_l(kr)}{r} \\ V(r) = A\dfrac{j_l(hr)}{r} + C\dfrac{1}{r}\dfrac{\partial}{\partial r}[rj_l(kr)] \\ W(r) = Bj_l(kr) \end{array} \right. \quad (5.43)$$

再令

$$\left\{ \begin{array}{l} u^s = \left\{U(r)Y_l^m(\theta,\varphi), V(r)\dfrac{\partial}{\partial\theta}Y_l^m(\theta,\varphi), \dfrac{V(r)}{\sin\theta}\dfrac{\partial}{\partial\varphi}Y_l^m(\theta,\varphi)\right\} \\ u^t = \left\{0, \dfrac{W(r)}{\sin\theta}\dfrac{\partial}{\partial\varphi}Y_l^m(\theta,\varphi), -W(r)\dfrac{\partial}{\partial\theta}Y_l^m(\theta,\varphi)\right\} \end{array} \right. \quad (5.44)$$

则

$$u = u^s + u^t \quad (5.45)$$

代入边界条件,解出三个径向函数 $U(r),V(r),W(r)$,即可得到整个位移场振幅的空间分布,再乘上时间因子 $e^{i\omega t}$,即为地球自由振荡的驻波解.

5.3.3　考虑地球自重力场作用时的形式解

采用级数解法,将附加重力位 $\Psi(r,\theta,\varphi)$ 用球谐函数展开:

$$\Psi(r,\theta,\varphi) = P(r)Y_l^m(\theta,\varphi) \tag{5.46}$$

将 $u(r)\mathrm{e}^{\mathrm{i}\omega t}$ 和 $\Psi(r)\mathrm{e}^{\mathrm{i}\omega t}$ 代入运动方程,有

$$
\begin{cases}
\rho_0 \dfrac{\partial^2 u}{\partial t^2} = \mu\,\nabla^2 u + \mu\nabla\Theta + 2\,\nabla\mu\cdot\nabla\cdot u + \nabla\mu\times\nabla\times u + \nabla(\lambda\Theta) \\
\qquad\quad + \rho_0\nabla(\Psi' - g_0 u_r) + \rho_0\Theta g_0 e_r \\[2mm]
\nabla^2\Psi'(r,t) = 4\pi G\left(\rho_0\Theta + u_r\dfrac{\mathrm{d}\rho_0}{\mathrm{d}r}\right)
\end{cases}
\tag{5.47}
$$

考虑到介质在一个波长的范围内物理性质变化不大,在一级近似下有

$$
\begin{cases}
\rho_0\omega^2 U + \rho_0\dfrac{\mathrm{d}P}{\mathrm{d}r} + \rho_0 g_0 X - \rho_0\dfrac{\mathrm{d}(g_0 U)}{\mathrm{d}r} + \dfrac{\mathrm{d}}{\mathrm{d}r}\left(\lambda X + 2\mu\dfrac{\mathrm{d}U}{\mathrm{d}r}\right) \\
\qquad + \dfrac{\mu}{r^2}\left[4r\dfrac{\mathrm{d}U}{\mathrm{d}r} - 4U + l(l+1)\left(-U - r\dfrac{\mathrm{d}V}{\mathrm{d}r} + 3V\right)\right] = 0 \\[3mm]
\rho_0\omega^2 Vr + \rho_0 P - \rho_0 g_0 U + \lambda X + r\dfrac{\mathrm{d}}{\mathrm{d}r}\left[\mu\left(\dfrac{\mathrm{d}V}{\mathrm{d}r} - \dfrac{V}{r} + \dfrac{U}{r}\right)\right] \\
\qquad + \dfrac{\mu}{r}\left[5U + 3r\dfrac{\mathrm{d}V}{\mathrm{d}r} - V - 2l(l+1)V\right] = 0 \\[3mm]
\dfrac{\mathrm{d}^2 W}{\mathrm{d}r^2} + \dfrac{2}{r}\dfrac{\mathrm{d}W}{\mathrm{d}r} + \dfrac{1}{\mu}\dfrac{\mathrm{d}\mu}{\mathrm{d}r}\left(\dfrac{\mathrm{d}W}{\mathrm{d}r} - \dfrac{W}{r}\right) + \left[\dfrac{\rho_0\omega^2}{\mu} - \dfrac{l(l+1)}{r^2}\right]W = 0 \\[3mm]
\dfrac{\mathrm{d}^2 P}{\mathrm{d}r^2} + \dfrac{2}{r}\dfrac{\mathrm{d}P}{\mathrm{d}r} - \dfrac{l(l+1)}{r^2}P = 4\pi G\left(U\dfrac{\mathrm{d}\rho_0}{\mathrm{d}r} + \rho_0 X\right)
\end{cases}
$$

$$\tag{5.48}$$

问题转化为求解含四个径向函数的微分方程组,其中 $X = \dfrac{\mathrm{d}U}{\mathrm{d}r} + 2\dfrac{U}{r} - \dfrac{l(l+1)V}{r}$ 是 $\Theta = \nabla\cdot u^s = X(r)Y_l^m(\theta,\phi)$ 的径向因子.

5.3.4　定解

含四个未知数、四个独立方程的方程组,总能求出解.只是方程的形式比较复杂,求解有一定的难度,但至少可以通过数值积分的方法求出其解.20 世纪 60 年代以来,Jobert 用变分法、Gilbert 用 Thomson-Haskell 矩阵法都曾进行过求解.

下面通过求解 $u^t[W(r)]$,对数值积分方法做一简单介绍.因为在方程组 (5.48) 中,只有第三个方程含有 $W(r)$,其他几式都与 $W(r)$ 无关,所以 $u^t[W(r)]$ 的求解过程相对简单一些.

1.　边界条件和泛定方程的变换

为了方便数值积分,把方程组(5.48)中的第三个方程降为一阶的方程组.令

$$\begin{cases} W(r) = y_1^t(r) \\ \mu\left(\dfrac{\mathrm{d}W}{\mathrm{d}r} - \dfrac{W}{r}\right) = y_2^t(r) \end{cases} \tag{5.49}$$

则方程组(5.48)中的第三个方程变为

$$\begin{cases} \dfrac{\mathrm{d}y_1^t}{\mathrm{d}r} = \dfrac{1}{r}y_1^t + \dfrac{1}{\mu}y_2^t \\ \dfrac{\mathrm{d}y_2^t}{\mathrm{d}r} = \left[\dfrac{\mu(l-1)(l+2)}{r^2} - \rho_0\omega^2\right]y_1^t + \dfrac{3}{r}y_2^t \end{cases} \tag{5.50}$$

根据应变的定义,由位移场的径向函数 $U(r)$ 可以写出应变关系,再通过应力应变关系可以得到应力的表达式:

$$\begin{cases} P'_{rr} = 0 \\ P'_{\theta\theta} = \dfrac{2\mu y_1^t}{r}\left(\dfrac{1}{\sin\theta}\dfrac{\partial^2 y_l^m}{\partial\theta\partial\varphi} - \dfrac{\cos\theta}{\sin\theta}\dfrac{\partial y_l^m}{\partial\varphi}\right) \\ P'_{\varphi\varphi} = -P_{\theta\theta}{}' \\ P'_{\theta\varphi} = \dfrac{\mu y_1^t}{r}\left[-\dfrac{\partial^2 y_l^m}{\partial\theta^2} + \cot\theta\dfrac{\partial y_l^m}{\partial\theta} + \dfrac{1}{\sin2\theta}\dfrac{\partial^2 y_l^m}{\partial\varphi^2}\right] \\ P'_{\varphi r} = -y_2^t\dfrac{\partial y_l^m}{\partial\theta} \\ P'_{r\theta} = y_2^t\dfrac{1}{\sin\theta}\dfrac{\partial y_l^m}{\partial\varphi} \end{cases} \tag{5.51}$$

由式(5.51)可知:y_2^t 是切应力分量 $P'_{r\varphi}$, $P'_{r\theta}$ 的径向因子. 由此可见,在 u^t 引起的附加应力场中:

$$P'_{rr} \equiv 0 \quad (\text{关于自由面的正应力为零})$$

$$y_2^t \equiv 0 \quad (\text{关于自由面的切应力为零})$$

2. 用数值积分方法搜索振荡频率

(1) 指定合理的积分初值

令 $r = b$ 时,$y_1^t(b) = c_1$,$y_2^t(b) = c_2$. 可以根据具体问题设定,例如:当取 b 为核幔边界(是液-固边界),有

$$c_1 = 1 \quad (\text{只求本征频率,不在意绝对振幅})$$

$$c_2 = 0 \quad (\text{切应力为} 0)$$

若求较高阶次自由振荡的本征频率,可在对应面波波长 Λ 两倍的深度上指定积分初值,如 $y_1^t(a-2\Lambda) = 0$(a 为地球半径),以大量减少计算量.

(2) 选定地球介质的参数

现在是球对称模型,而且方程组(5.48)中的第三个方程只包含 ρ_0 和 μ,所以只需根据已有的知识和经验指定 $\rho_0(r)$ 和 $\mu(r)$. 对于这些参数并非一无所知;相反,计算结果如果符合实际观测到的频谱的话,就独立地验证了模型的可靠性,进而还可以"调整""逼近"到更合理的模型.

(3) 规定欲求的球谐函数的阶次 l

规定打算求出的球谐函数的阶次 l.

(4) 确定增加一个步长 ε 后的值 $y_1^t(b+\varepsilon)$ 和 $y_2^t(b+\varepsilon)$

将相关参数代入方程组(5.50)中的第一个方程,两边求积分,可得

$$\int_b^{b+\varepsilon} \mathrm{d}y_1^t = y_1^t(b+\varepsilon) - y_1^t(b)$$

$$= \int_b^{b+\varepsilon} \left(\frac{y_1^t}{r} + \frac{y_2^t}{\mu}\right)\mathrm{d}r$$

$$\approx \left[\frac{y_1^t(b)}{b} + \frac{y_2^t(b)}{\mu(b)}\right]\varepsilon$$

所以

$$y_1^t(b+\varepsilon) \approx y_1^t(b) + \left[\frac{y_1^t(b)}{b} + \frac{y_2^t(b)}{\mu(b)}\right]\varepsilon = c_1' \tag{5.52}$$

类似地,选定尝试本征频率 $\omega = \omega_l$ 之后,可按式(5.50)中的第二式对 y_2^t 进行积分,得到

$$y_2^t(b+\varepsilon) \approx y_2^t(b) + \left\{\left[\frac{(l-1)(l+2)\mu(b)}{b^2} - \rho_0(b)\omega_l^2\right]y_1^t(b) - \frac{3}{b}y_2^t(b)\right\}\varepsilon$$

$$= c_2' \tag{5.53}$$

(5) 重复(1)~(4)的步骤 $N = (a-b)/\varepsilon$ 次

其中 a 为地球半径,每次的初值取上次计算出的 c_1' 和 c_2',最后一次得到

$$y_1^t(a) = C_1^0 \quad \text{和} \quad y_2^t(a) = C_2^0$$

(6) 判断是否满足边界条件

给定绝对误差 δ 作为精度判断的标志.若 $|C_2^0| \leqslant \delta$,则称 ω_l 为特征方程

$$y_2^t(a, \omega_l, l, n) = \Delta(\omega, l, n) = 0 \tag{5.54}$$

的根,即本征频率,记作 ${}_n\omega_l,n$ 为以上积分过程中 y_1^t 变号的次数,也即 $W(r)$ 的节面[振幅为零的面,$W(r)$ 数或经过零值的次数.对应最小 n 的那个 ${}_n\omega_l$,可能是 ${}_0\omega_l$,也可能是 ${}_1\omega_l$,称为 l 次震型的基频;其余满足特征方程的、无穷多个 n 值对应的 ${}_n\omega_l$,称为谐频.

如果 $|C_2^0| > \delta$,则改变尝试本征频率 $\omega = \omega_l$,重新计算,直到满足精度为止.

如果求得的一系列理论 ${}_n\omega_l$ 与观测记录经频谱分析得到的实测 ${}_n\omega_l$ 不一致的话,则修改、调整地球介质的相关参数,重新计算.这是一种正演拟合 ${}_n\omega_l$ 的方法,或称穷举法,在当今功能强大的计算机上,切实可行.

3. 解的确定

通过以上的求解步骤,不仅得到了 ${}_n\omega_l$,同时也得到了地球模型.方程组(5.48)中的第三个方程就成了系数已知的线性常微分方程.在方程中加上震源激发力项后求解出 $W(r)$,代入即可求出 u^t.

按照类似 u^t 的求解步骤也可以相应得到 u^s 的结果(但是求解过程更繁).最终,$u = u^t + u^s$,即得到总的自由振荡位移场.

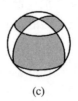

(a)　　　　　　　(b)　　　　　　　(c)　　　　　　　(d)

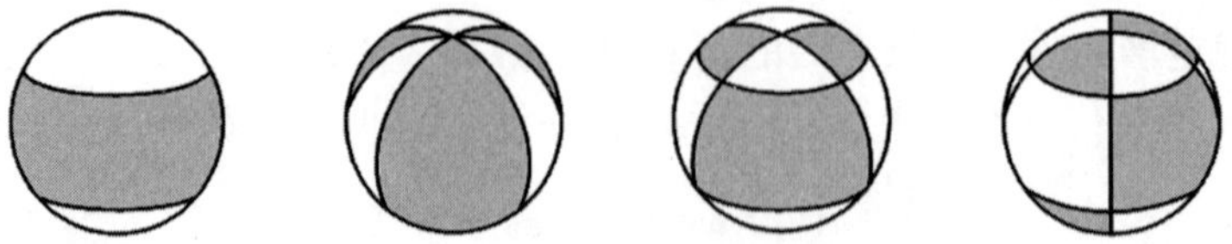

图 5.2　几个低阶勒让德函数的空间图像

(a) $P_2^0 = \frac{1}{4}(1 + 3\cos 2\theta)$；

(b) $P_3^3\cos 3\varphi = 15\sin^3\theta\cos 3\varphi$；

(c) $P_4^2\cos 2\varphi = \frac{15}{16}(3 + 4\cos 2\theta - 7\cos 4\theta)\cos 2\varphi$；

(d) $P_4^2\sin 2\varphi = \frac{15}{16}(3 + 4\cos 2\theta - 7\cos 4\theta)\sin 2\varphi$

5.3.5　解的性质与特点

u^s 和 u^t 均为驻波解,但两者在很多方面明显不同.

1. 粒子偏振方向

u^t 只有 e_θ,e_φ 分量,e_r 分量恒为零,即粒子始终在与球形坐标基面相切的平面内偏振,这种类型的振荡称为环型振荡(toroidal oscillations),又叫扭转型振荡(torsional oscillations);而 u^s 则三个分量都有,这种类型的振荡叫球型振荡(spheroidal oscillations).

2. 形变

容易证明,与 u^t 相联系的体积变形 $\nabla\cdot u^t$ 为零,即 u^t 只引起弹性体的纯剪切运动,无体积变化,所以也就没有密度的变化,重力仪记录不到,只能用应变仪和长周期地震仪记录下来;而 u^s 则剪切变形和胀缩都有,所以会引起重力场的变化,可以用记录重力变化的仪器记录到.

3. 震型(mode)和周期简并

在解特征方程式(5.54)时,对于每一个给定的 l,通常都有一个相应于径向函数 $W(r)$[或 $U(r)$ 和 $V(r)$]在 r 的整个变化过程中不存在节点的频率,以及相应于 $W(r)$[或 $U(r)$ 和 $V(r)$]在 r 的整个变化过程中有 $1,2,\cdots,n$ 个节点的频率.我们把节点数 $n=0$ 时的频率叫作基频,$n>0$ 时的频率叫作谐频.在不存在与 $n=0$ 对应的频率时,把 $n=1$ 时的频率叫作基频,$n>1$ 时的频率叫作谐频.通常以 $_nT_l^m$ 表示环型振荡,$_nS_l^m$ 表示球型振荡.$n=0$ 表示基频震型,$n>0$ 表示谐频震型.在不存在 $n=0$ 的震型时,以 $n=1$ 表示基频震型,$n>1$ 表示谐频震型.由连带勒让德函数的性质可知,$Y_l^m(\theta,\varphi)$ 是田谐函数,$l-|m|$ 表示在纬度方向的节点数,$2m$ 表示在经度方向的节点数.当 $m=0$ 时,它退化为带谐函数;当 $m=l$ 时,它变

成瓣谐函数(图 5.2).

实际上,特征方程(5.54)和 m 无关,只包含 n, l,所以本征频率也和 m 无关,只和 n, l 有关.

由于

$$P_l^m(x) = (-1)^m (1 - x^2)^{m/2} \frac{\mathrm{d}^m}{\mathrm{d}x^m} P_l(x)$$

而

$$P_l(x) = \frac{1}{2^l \cdot l!} \frac{\mathrm{d}^l}{\mathrm{d}x^l} (x^2 - 1)^l = \frac{1}{2^l} \sum_{r=0}^{l/2} \frac{(-1)^r (2l - 2r)!}{r!(l - r)!} x^{l-2r}$$

又是 l 次多项式,它最多只能求 l 次导数,大于 l 次的导数就为零了,所以 $|m| \leqslant l$.对 $n \geqslant 0$, $l \geqslant 0$ 的每一种选择,都有 $2l+1$ 个简正震型($m = -l, \cdots, 0, \cdots, l$)具有相同的本征频率 $_n \omega_l$.也即具有 $_n \omega_l$ 本征频率的地球振动最多可由 $2l+1$ 个震型叠加而成.换句话说,田谐项、带谐项和瓣谐项的频率都一样,用自由振荡周期无法将它们区分开.我们把这种情况叫作周期对于指标 m 简并,简称"周期简并".所以在表示时可以略去指标 m,以 $_n T_l$ 和 $_n S_l$ 分别表示这两类振荡.显然,每一个 $_n T_l$ 和 $_n S_l$ 震型实际上都是由 $2l+1$ 个震型简并合成的.

4．三个坐标方向上的界面个数与形态

沿 e_r 方向函数过零值 n 次,所以有 n 个节面,其形态为同心球面.沿 e_φ 方向函数过零值 $2m$ 次,有 m 个节面,为经过直径的子午面.沿 e_θ 方向函数过零值 $l - |m|$ 次,有 $l - m$ 个节面,为一系列以同一个直径为对称轴的圆锥面(图 5.3).

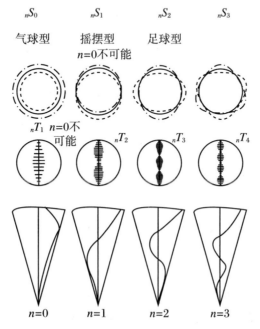

图 5.3　沿三个坐标方向的几种低阶振荡的振幅空间分布

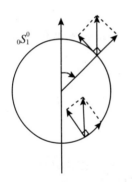

图 5.4 $_0S_1^0$ 实际上反映的是地球在直径方向上的整体移动

5. 几种实际不可能存在的震型

从物理意义上看,有些震型是不可能的,不能由地震这种内力激发.

$_0T_0^0: u^t = \{0,0,0\}$,静止不动,无实际意义.

$_0T_1^0: u^t = \left\{0,0,\sqrt{\dfrac{3}{4\pi}} W\sin\theta\right\}$,绕以直径为固定轴的刚体转动,与角动量守恒相矛盾.

$_0S_1^0: u^t = \left\{\sqrt{\dfrac{3}{4\pi}} U\cos\theta, -\sqrt{\dfrac{3}{4\pi}} V\sin\theta, 0\right\}$,球上各点沿直径方向一起移动,与动量守恒相矛盾,只能由外力作用引起,不可能由地震这种内力激发(图 5.4).

6. 几个简单震型的运动图像

$_0S_0^0: u^t = \left\{\sqrt{\dfrac{1}{4\pi}}, 0, 0\right\}$,纯径向的涨缩,无节面,对应基频为 $l = 0$ 时的情况.它表示的质点运动不但是纯径向的,而且整个地球像圆气球做呼吸一样交替地涨缩,所以叫作气球型,又称为呼吸型(图 5.5).

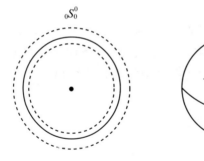
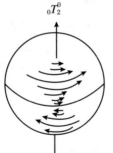
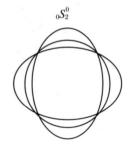

图 5.5 几个简单震型的运动图像

$_0T_2^0: u^t = \left\{0,0,\dfrac{3}{2}\sqrt{\dfrac{5}{\pi}} W\sin2\theta\right\}$,节面为赤道平面,上下两个半球以赤道面为节面而相向扭转振荡.

$_0S_2^0:$ 因为当 $l = 2$ 时,$Y_2^0 = P_2(\cos\theta) = \dfrac{1}{2}(3\cos2\theta - 1)$,在纬度方向有两个节点,径向位移使得地球交替地呈现长椭球和扁椭球,所以称为足球型.

稍微复杂一些的几个极型场与环型场的实例见图 5.6 和图 5.7.

7. 地球的振荡和地震面波

在讨论地球的振荡时,我们把它当作一个整体来处理,用驻波法分析地球上每一点的振动情况;在讨论地震面波的传播时,我们则用行波法分析行进着的波在地球表面的传播.驻波法和行波法两者都是用来描述地球的运动的,它们在本质上是一致的.

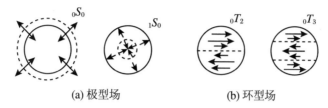

(a) 极型场　　　　　　(b) 环型场

图 5.6　极型场与环型场的运动图像

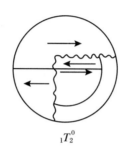

$_1T_2^0$

图 5.7　$_1T_2^0$ 的运动图像

$\boldsymbol{u}^t$ 和 $\boldsymbol{u}^s$ 都可以用球坐标系中的球谐函数或其微商表示,而 Y_l^m 表示的是球面上的驻波,可以写成

$$Y_l^m(\theta,\varphi) = \frac{1}{2}\big[W_{l,m}^{(1)}(\cos\theta) + W_{l,m}^{(2)}(\cos\theta)\big]e^{im\varphi} \tag{5.55}$$

其中

$$\begin{cases} W_{l,m}^{(1)} = P_l^m(\cos\theta) - i\dfrac{2}{\pi}Q_l^m(\cos\theta) \\ W_{l,m}^{(2)} = P_l^m(\cos\theta) + i\dfrac{2}{\pi}Q_l^m(\cos\theta) \end{cases} \tag{5.56}$$

$Q_l^m(\cos\theta)$ 是第二类连带勒让德函数.当次数 l 很大时,$W_{l,m}^{(1)}$ 和 $W_{l,m}^{(2)}$ 有渐近展开式

$$\begin{cases} W_{l,m}^{(1)} \sim lm\sqrt{\dfrac{2}{l\pi\sin\theta}}e^{i\left[\left(1+\frac{1}{2}\right)\theta-\frac{m}{2}\pi-\frac{\pi}{4}\right]} \\ W_{l,m}^{(2)} \sim lm\sqrt{\dfrac{2}{l\pi\sin\theta}}e^{-i\left[\left(1+\frac{1}{2}\right)\theta-\frac{m}{2}\pi-\frac{\pi}{4}\right]} \end{cases} \tag{5.57}$$

恢复时间因子 $e^{i\omega t}$,我们便可看出,运动方程的解(5.44)表示的是向极点汇聚和离开极点向外发散的行波的叠加,也就是自由振荡驻波解的高次渐近展开式转化为两个相向($-\theta,+\theta$)传播的行波.这些行波沿地球表面传播的相速度是

$$c = \frac{\omega a}{l + \dfrac{1}{2}} \tag{5.58}$$

其中,a 是地球半径;ω 既是 l 次简正震型的频率,又是以速度 c 沿 e_θ 方向传播的面波频率;而波长 λ 既是 l 次简正震型的波长,又是以速度 c 沿 e_θ 方向传播的面波波长,即波长 λ 和次数 l 有如下简单的关系:

$$2\pi a = \left(l + \frac{1}{2}\right)\lambda \qquad (5.59)$$

根据前面提到的环型振荡和球型振荡的性质,很容易看出:当 l 很大时,环型振荡和 SH 型面波(Love 面波)是一回事;球型振荡和 P-SV 型面波(瑞利面波)是一回事. 当 l 相当小时,例如 $l<10$ 时,地球的自由振荡周期大于 10 min,自由振荡主要取决于地球整体的性质. 当 $10<l<100$ 时,周期在 10 min 和 100 s 之间,振荡显著地依赖于地幔的结构. 通常把这个周期范围内的自由振荡叫作地幔 Love 面波和地幔瑞利面波,以区别于半空间中的 Love 面波和瑞利面波. 当周期小于 100 s 时,振荡主要取决于地球最外面 50 km 的结构.

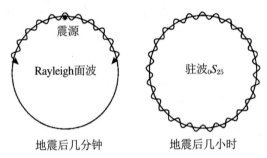

图 5.8　两列相向传播的面波相互叠加形成的驻波(即自由振荡)

5.4　观测和应用

5.4.1　地球自由振荡的确认

地球的自由振荡是一种低频振荡. 因为传统的地震仪比较注重高频、短周期波的记录,所以长期以来人们一直没有记录到地球的这种振荡. 尽管如此,与此有关的理论研究一直没有停止.

1829 年法国的泊松首先考虑了完全弹性固体球的振动;随后,开尔文和达尔文发展了弹性球体应变的理论,并应用于固体潮问题. 1882 年兰姆详细地讨论了均匀球体的较简单震型,并证明有可能存在两种不同类型的振动,这就是现在对于较复杂的地球模式仍然适用的极型振荡和环型振荡.

1911 年勒夫(A. E. H. Love)探讨了重力作用下可压缩球体的静态形变和小振动问题,由于当时对地球内部知道得甚少,所以只能假设一个均匀地球模型进行计算,得到的极型振荡的最长振荡周期大约为 60 min.

1952 年 11 月 4 日堪察加地震后,贝尼奥夫(H. Benioff)在他的应变地震仪上发现了周期大约为 57 min 和 100 min 的两列长周期波(图 5.9).他认为这两列长周期波动是堪察加地震激发的地球自由振荡,鼓励别人进行有关的理论研究.

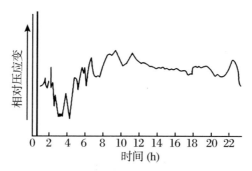

图 5.9　贝尼奥夫在应变地震仪上记录到的堪察加地震图

在随后的 7 年中,再没有人报道过类似的结果,甚至有地震学家把贝尼奥夫的观测结果归因于仪器的毛病.怀疑的根据是,理论估计得到的周期应该是 54 min,而贝尼奥夫观测到的是 57 min 占压倒优势,但其他的周期较弱.而且从持续时间来看,该波仅绕行地球 4 圈就突然消失了.但是仍有人坚持不懈地进行理论研究.随着传统地震学的快速发展,人们获得了更多对地球内部结构的认识,电子计算机的问世,使得有可能把前人的理论工作推广到非均匀地球模型,进而把理论和观测结果进行比较.

1960 年 8 月于赫尔辛基国际地震学和地球内部物理学协会(IASPEI)召开的会议上,普雷斯(F. Press)报告,贝尼奥夫又一次观测到了由 1960 年 5 月 22 日智利 M_w=9.5 大地震激发的中长周期波.接着,史立克特(L. B. Slichter)也报告(图 5.10),他的研究组也在拉柯斯特龙伯格(La Coste-Romberg)重力仪上观测到了长周期波.两者当场比较的结果是,许多周期,特别是 54 min,35.5 min,25.8 min,20 min,13.5 min,11.8 min 和 8.4 min 的周期十分吻合;但贝尼奥夫记录的某些周期在史立克特的结果中看不到.派克里斯当时也在场,他将史立克特结果中所缺失的周期研究了一番,接着宣布:这些周期相当于他计算的环型振荡,而史立克特所用的重力仪是记录不到环型振荡的.两套独立的观测结果与理论惊人地符合,证据强而有力,从此驱散了有关地球长周期自由振荡真实性的一切疑团.

在赫尔辛基会议结束前,波格特(B. P. Bogert)用贝尔实验室的拉蒙特(Lamont)长周期地震仪、尤温(M. Ewing)用应变地震仪和摆式地震仪、普雷斯报

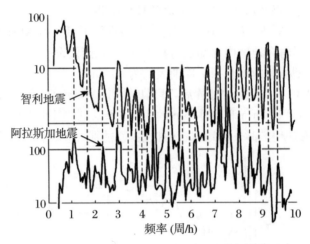

图5.10 史立克特用重力仪记录到智利地震和阿拉斯加地震激起的球型振荡的功率谱

告用拉蒙特地震仪也都记录到了长周期自由振荡.

5.4.2 观测技术的进步使研究更加深入

随着超长周期地震仪的发展,对地球自由振荡的观测结果越来越多.在 1969 年之前仅有 9 个地震可供分析;而至 1969 年 10 月,不到一年就记录了 20 个可以进行分析的地震.从观测资料中辨认出许多振荡周期,数目已达 1000 多个,其中极型振荡约占 2/3,环型振荡约占 1/3.仔细研究发现,存在谱线开裂、谱线展宽、谱峰移动、超长周期等现象.

在 1960 年地球自由振荡的观测结果第一次得到公认时人们就注意到,在地球自由振荡的频谱中,最低频率的震型常常是许多靠得很近的谱线.图 5.11 是 $_0S_2$ 震型的谱线,它是贝尼奥夫、普雷斯、史密斯(S. W. Smith)对加利福尼亚州的伊莎贝拉(Isabella)台的应变仪记录的 1960 年 5 月 22 日智利大地震的地震图做傅里叶分析得出的.可以看出,谱线强度曲线有两个尖峰,它们都超过噪声水平,周期分别为 54.7 min 和 53.1 min.图 5.12 是 $_0S_3$ 震型的观测谱线,可以看出它也有两个明显的尖峰,其周期分别为 35.9 min 和 35.2 min.为了解释谱线分裂现象,1961 年,贝库司(G. Backus)和基尔伯特(F. Gilbert)、麦克唐纳(G. J. F. MacDonald)和内斯(N. F. Ness)以及派克里斯、奥尔特曼(Z. Alterman)和雅罗什(H. Jarosch)都独立地按照兰姆(H. Lamb)很早以前用过的经典的处理方法解释了这种谱线分裂现象.结果说明,对于球对称、不考虑自转的地球模型,自由振荡周期对于 m 是简并的;但是,如果采取的地球模型是以角速度 Ω 绕对称轴转动的话,自由振荡周期就不再对 m 简并了,与磁场中原子谱线的分裂("塞曼效应")非常类似.

设地球自转角速度 $\boldsymbol{\Omega} = \Omega\boldsymbol{e}_\varphi$ 是恒定的.考虑到地球自转的效应,应当在运动方程的右边加上离心力项和科里奥利力项. 此时, 振荡频率对 m 不再简并, 每条谱线分裂成 $2l+1$ 条, 这些谱线以 $m=0$ 的谱线为对称轴, 等间距、对称地分布于其两边; 对于环型振荡来说, 裂开的两相邻谱线的间距只与 Ω 和 l 有关, 而对于球型振荡来说, 还与地球模型有关.

图 5.11 和图 5.12 中的箭头表示分裂开的多重谱线的间隔和幅度的理论值. 从图 5.11 可以看出, $_0S_2$ 震型谱线上的两个尖峰与理论预期的 $_0S_2$ 五重谱线 ($m=-2, -1, 0, 1, 2$) 中最强的两个极为符合, 没有观测到的其他谱线可能是幅度低于噪声水平的缘故. 从图 5.12 也可以看到类似情况, $_0S_3$ 七重谱线 ($m=-3, -2, -1, 0, 1, 2, 3$) 的中心谱线 $m=0$ 很清楚, 其观测值与理论值很接近; $m=\pm2$ 的谱线也很清楚; $m=\pm1$ 和 ±3 的谱线则接近于各自的一般噪声水平.

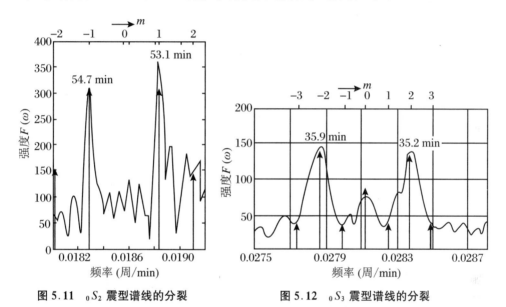

图 5.11　$_0S_2$ 震型谱线的分裂　　　图 5.12　$_0S_3$ 震型谱线的分裂

地球自转不但使得振荡频率发生分裂, 还能改变质点的振荡方向. 这种情形与傅科 (Foucault) 摆类似. 这个效应导致球型振荡与环型振荡发生耦合, 使本来只有水平位移的环型振荡也具有垂直方向的分量. 在这种情况下, 垂直向地震仪也能记录到环型振荡.

地球自转的另一个效应是使由西向东传播的行波的频率低于朝相反方向传播的行波的频率, 使谱线的中心频率发生移动, 同时节面西漂. 对于低频震型来说, 自转效应比地球的扁率效应大得多. 对于高频震型来说, 扁率效应将占优势, 从而分裂开的谱线的不对称性将更显著.

5.4.3　地球自由振荡的应用

1. 地球模型

地球自由振荡提供了一种确定地球内部的 $\rho(r)$，$\lambda(r)$ 和 $\mu(r)$ 的独立方法，对比通过各种地球模型计算得到的地球自由振荡的频率与实际观测到的频率，可以检验和改进地球模型，增进对地球内部的认识.

为反演地球内部结构，先要假定一些地球模型，进行理论计算，将计算结果与资料对比；然后改进模型，重复上述过程，直至两者在观测误差之内相符为止.可以用许多方法改变模型使之更符合观测资料，但不管是哪种方法都会遇到解答不唯一的问题.改变、调整模型常用的方法一般有两种，一种是最小二乘法，另一种是蒙特·卡罗（M. Carlo）法，即随机尝试法.

哈登（R. A. W. Haddon）和布伦（K. E. Bullen）详尽地研究了 $\rho(r)$，$\lambda(r)$ 和 $\mu(r)$ 等参数对地球振荡周期的影响问题.他们利用智利地震和阿拉斯加地震的地球自由振荡资料（包括 $0 \leqslant l \leqslant 48$ 的基频极型振荡周期和 $2 \leqslant l \leqslant 44$ 的基频环型振荡周期以及一些谐频振荡周期），得到了一个地球模型，现在叫作哈登-布伦模型Ⅰ（HB1 模型）.根据这个模型计算出的地球自由振荡的周期与已观测到的自由振荡的周期在观测精度范围内非常符合.这个地球模型与由体波资料得出的地球模型的最突出差异是地核的半径比体波资料得出的大 20 km.鉴于用体波 PcP 走时确定地核半径可精确到几千米，所以有些人对由自由振荡得出的这个结论是否靠得住持怀疑态度.

普雷斯用蒙特·卡罗法实验了 500 万种随机选择的地球模型.在他的实验中，既用了地球的 97 个自由振荡周期，也用了以前从体波资料得到的 P 波和 S 波，并加进了地球的总质量、惯量矩、地球半径等限制条件.结果是，所有符合观测资料的 27 个模型，在海洋下的地幔内都有一个横波速度的低速层，其中心深度在 150～250 km 之间；并且，地核半径都比先前他人得到的大 5～20 km，而后者是与 HB1 模型一致的结论.地球自由振荡是一种全球性现象，虽然它无法像体波方法那样提供地球内部结构的某些细节，但是却可以比体波方法更好地提供地球内部参数的平均值.

2. 地震的震源机制

通过对比地球自由振荡的振幅和相位的理论计算值与实际观测值，可以得到有关震源的信息.

例如，给定某一地球模式，给定基本的震源参数（断层的走向、倾向、倾角、震源深度、断层面面积、错距等），就可以计算出自由振荡的振幅和相位，然后与相应的观测值对比，从而确定出震源参数.图 5.13 是 1964 年 3 月 28 日在美国奥罗维尔（Oroville）观测到的阿拉斯加地震激发的环型振荡的振幅的观测值（粗实线）和理论计算值(虚线和细实线)的比较图.可以看到图中虚线和细实线所示的两组解与观测结果相当符合.

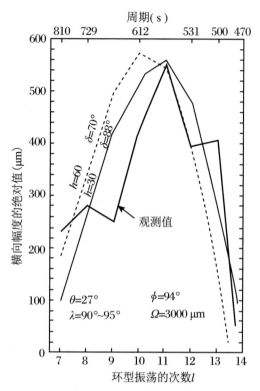

**图 5.13　奥罗维尔台记录到的 1964 年 3 月 28 日阿拉斯加地震激发的
　　　　环型振荡的观测值(实线)和理论计算值(虚线和细实线)的
　　　　对比**

θ 为台站的余纬, ϕ 为经度, λ 为滑移角, $\Omega = U_0 dS/(4\pi a^2)$, U_0 为错距, dS 为断层
面面积, a 为地球半径, h 为震源深度, δ 为断层面倾角

第6章　近震射线与地球浅部构造

关于地震波在介质中传播的研究,除在极简单的条件下(例如均匀各向同性介质、边界比较规则等),一般都是十分复杂的.如果只讨论波动在时空中的变化(运动学特性),不涉及波动的强度变化(动力学特性),地震波的传播问题常常可以用"地震射线"来讨论,就像在几何光学中利用"光线"来讨论光波的传播问题一样,也有同样的"斯内尔定律".所谓"地震射线",可以理解成地震波传播时波阵面法线的连线.射线地震学也叫几何地震学,是波动地震学在波长很短时的近似.

目前可采用三种独立而相互等价的原理作为基本出发点导出射线方程:

(1) 根据费马原理,通过变分法可得到波动在空间任意两点之间、以最短时间传播的路径的方程——射线方程.

(2) 根据惠更斯原理可得到波前(等走时面)方程.在给定的波传播过程中,任一选定等走时面上任一选定点在波的传播过程中所形成的空间轨迹就是射线.根据惠更斯原理,等走时面上任一点都是一个子波源,所以射线上任一点的切向就是过该点的等走时面在该点的法向.据此,可由波前方程导出射线方程.

(3) 根据牛顿定理(推广到弹性介质)可建立弹性体运动方程.在一定条件下,弹性体运动方程能够简化为波前(等走时面)方程.

6.1　波动理论向射线理论的过渡

首先要阐明在什么条件下波动地震学能够过渡到几何地震学,即几何地震学在何种条件下能反映真实波动在空间传播的情况.

6.1.1　各向同性、弱非均匀弹性介质中的波动方程

在第3章中已经给出不考虑体力时,各向同性、均匀的弹性介质中弹性波传播的运动方程:

$$\rho \frac{\partial^2 \boldsymbol{u}}{\partial t^2} = (\lambda + 2\mu) \nabla(\nabla \cdot \boldsymbol{u}) - \mu \nabla \times \nabla \times \boldsymbol{u} \tag{6.1}$$

当介质不均匀时,λ 和 μ 不再是常量.这时方程为

$$\rho \frac{\partial^2 \boldsymbol{u}}{\partial t^2} = (\lambda + \mu) \nabla(\nabla \cdot \boldsymbol{u}) + \mu \nabla^2 \boldsymbol{u} + (\nabla \cdot \boldsymbol{u}) \nabla\lambda + \nabla\mu \cdot \nabla\boldsymbol{u} + \nabla\boldsymbol{u} \cdot \nabla\mu \tag{6.2}$$

分别对上式求散度和旋度,得到

$$\begin{aligned}
\rho \frac{\partial^2 (\nabla \cdot \boldsymbol{u})}{\partial t^2} + \nabla\rho \cdot \frac{\partial^2 \boldsymbol{u}}{\partial t^2} &= (\lambda + 2\mu) \nabla^2(\nabla \cdot \boldsymbol{u}) + \nabla(\lambda + \mu) \nabla(\nabla \cdot \boldsymbol{u}) \\
&\quad + \nabla\mu \cdot \nabla^2 \boldsymbol{u} + \nabla \cdot [(\nabla \cdot \boldsymbol{u}) \nabla\lambda] \\
&\quad + \nabla \cdot (\nabla\mu \cdot \nabla\boldsymbol{u}) + \nabla \cdot (\nabla\boldsymbol{u} \cdot \nabla\mu)
\end{aligned} \tag{6.3}$$

$$\begin{aligned}
\rho \frac{\partial^2 (2\boldsymbol{\omega})}{\partial t^2} + \nabla\rho \times \frac{\partial^2 \boldsymbol{u}}{\partial t^2} &= \nabla(\lambda + \mu) \times \nabla(\nabla \cdot \boldsymbol{u}) + \mu \nabla^2(2\boldsymbol{\omega}) \\
&\quad + \nabla\mu \times \nabla^2 \boldsymbol{u} + \nabla \times [(\nabla \cdot \boldsymbol{u}) \nabla\lambda] \\
&\quad + \nabla \times (\nabla\mu \cdot \nabla\boldsymbol{u}) + \nabla \times (\nabla\boldsymbol{u} \cdot \nabla\mu)
\end{aligned} \tag{6.4}$$

其中

$$2\boldsymbol{\omega} = \nabla \times \boldsymbol{u}$$

如果一个波长 Λ 范围内 λ, μ 和 ρ 的相对变化 $\frac{\Delta\lambda}{\lambda}\Lambda, \frac{\Delta\mu}{\mu}\Lambda$ 和 $\frac{\Delta\rho}{\rho}\Lambda$ 都很小($\ll 1$),即一个波长范围内 λ, μ 和 ρ 仍然可以看成常量的话,体膨胀 $\nabla \cdot \boldsymbol{u}$ 和旋转量 $2\boldsymbol{\omega} = \nabla \times \boldsymbol{u}$ 服从的运动方程可以简化为标准的波动方程:

$$\rho \frac{\partial^2 (\nabla \cdot \boldsymbol{u})}{\partial t^2} = (\lambda + 2\mu) \nabla^2(\nabla \cdot \boldsymbol{u}) \tag{6.5}$$

$$\rho \frac{\partial^2 (2\boldsymbol{\omega})}{\partial t^2} = \mu \nabla^2(2\boldsymbol{\omega}) \tag{6.6}$$

等价的方程为

$$\rho \frac{\partial^2 \boldsymbol{u}}{\partial t^2} = (\lambda + 2\mu) \nabla^2 \boldsymbol{u} \tag{6.7}$$

$$\rho \frac{\partial^2 \boldsymbol{u}}{\partial t^2} = \mu \nabla^2 \boldsymbol{u} \tag{6.8}$$

可以统一写成

$$\nabla^2 \varphi = \frac{1}{c^2(x,y,z)} \ddot{\varphi} \tag{6.9}$$

取 $c^2 = \dfrac{\lambda + 2\mu}{\rho}$ 时为纵波方程,取 $c^2 = \dfrac{\mu}{\rho}$ 时为横波方程.

6.1.2　哈密顿方程

已知,一般情况下方程(6.9)的解为

$$\varphi = \varphi_0(x,y,z)\exp\left\{i\omega\left[\frac{r(x,y,z)}{c(x,y,z)} - t\right]\right\} \tag{6.10}$$

这里讨论的是一般的谐和体波,式中,r 是坐标原点(或震源)至波面的法线距离. φ_0为振幅,而 $\omega\left[\frac{r(x,y,z)}{c(x,v,z)} - t\right]$ 则表示波动在空间传播的相位.

讨论波前的形状及其运动情况即可描述地震波的传播过程.因为波前是一个运动着的曲面,在该面上每一点于相同时刻处在同一个相位.波前面方程可以由 $\frac{r(x,y,z)}{c(x,y,z)} - t$ 来确定,令

$$\frac{r(x,y,z)}{c(x,y,z)} - t = 0 \quad (或常量) \tag{6.11}$$

φ 就具有 φ_0 的数值,即初始值.上式表明,随着时间 t 增加,r/c 也必须相应增加,波动随时间推移而往外传播.当波在介质中传播时,有一系列时间 t_k 满足式 (6.11),即具有零相位的等相位面在空间中随着波的传播而连续分布,数目是无限多的,t_k 也是空间的函数,即

$$t_k = \frac{r(x,y,z)}{c(x,y,z)} = \tau(x,y,z) \tag{6.12}$$

τ 称为特征函数,它确定波沿射线传播的时间,所谓射线就是处处与等相位面垂直的线.于是,式(6.10)可写成

$$\varphi = \varphi_0(x,y,z)\exp[i\omega(\tau - t)] \tag{6.13}$$

把式(6.13)代入式(6.9),得

$$\ddot\varphi = -\omega^2\varphi_0\exp[i\omega(\tau - t)]$$

$$\frac{\partial\varphi}{\partial x} = \frac{\partial\varphi_0}{\partial x}\exp[i\omega(\tau - t)] + \varphi_0(i\omega)\frac{\partial\tau}{\partial x}\exp[i\omega(\tau - t)]$$

$$\frac{\partial^2\varphi}{\partial x^2} = \frac{\partial^2\varphi_0}{\partial x^2}\exp[i\omega(\tau - t)] + \frac{\partial\varphi_0}{\partial x}i\omega\frac{\partial\tau}{\partial x}\exp[i\omega(\tau - t)]$$

$$+ \frac{\partial\varphi_0}{\partial x}i\omega\frac{\partial\tau}{\partial x}\exp[i\omega(\tau - t)] + \varphi_0 i\omega\frac{\partial^2\tau}{\partial x^2}\exp[i\omega(\tau - t)]$$

$$+ \varphi_0(i\omega)^2\left(\frac{\partial\tau}{\partial x}\right)^2\exp[i\omega(\tau - t)]$$

$$\frac{\partial^2\varphi}{\partial y^2} = \frac{\partial\varphi_0}{\partial y}\exp[i\omega(\tau - t)] + 2i\omega\frac{\partial\varphi_0}{\partial y}\frac{\partial\tau}{\partial y}\exp[i\omega(\tau - t)]$$

$$- \varphi_0\omega^2\left(\frac{\partial\tau}{\partial y}\right)^2\exp[i\omega(\tau - t)] + i\omega\varphi_0\frac{\partial^2\tau}{\partial y^2}\exp[i\omega(\tau - t)]$$

$$\frac{\partial^2\varphi}{\partial z^2} = \frac{\partial^2\varphi_0}{\partial z^2}\exp[i\omega(\tau - t)] + 2i\omega\frac{\partial\varphi_0}{\partial z}\frac{\partial\tau}{\partial z}\exp[i\omega(\tau - t)]$$

$$- \varphi_0\omega^2\left(\frac{\partial\tau}{\partial z}\right)^2\exp[i\omega(\tau - t)] - \omega^2\varphi_0\frac{\partial^2\tau}{\partial z^2}\exp[i\omega(\tau - t)]$$

故

$$- \frac{\omega^2 \varphi_0}{c^2} = \nabla^2 \varphi_0 + 2\mathrm{i}\omega\,\nabla\varphi_0\nabla\tau + \mathrm{i}\omega\varphi_0\nabla^2\tau - \omega^2\varphi_0\nabla^2\tau \tag{6.14}$$

根据实部和实部相等,虚部和虚部相等,有

$$- \omega^2\varphi_0 = c^2(\nabla^2\varphi_0 - \omega^2\varphi_0\,\nabla^2\tau) \tag{6.15}$$

$$0 = 2\omega\,\nabla\varphi_0\,\nabla\tau + \omega\varphi_0\,\nabla^2\tau \tag{6.16}$$

因 $\omega = 2\pi/T$,只讨论半个波动方程,式(6.15)可改写为

$$- \left(\frac{2\pi}{T}\right)^2\varphi_0 = c^2\left[\nabla^2\varphi_0 - \varphi_0\left(\frac{2\pi}{T}\right)^2\nabla^2\tau\right]$$

或

$$- 4\pi^2\varphi_0 = c^2T^2\nabla^2\varphi_0 - c^2\varphi_04\pi^2\nabla^2\tau$$

当 $\lambda = cT$ 较小而$\nabla^2\varphi_0$不是很大时,有

$$- 4\pi^2\varphi_0 = - c^2\varphi_04\pi^2\nabla^2\tau$$

或者

$$\nabla^2\tau = \frac{1}{c^2(x,y,z)} \tag{6.17}$$

由于

$$\nabla\tau = \frac{\partial\tau}{\partial x}\boldsymbol{i} + \frac{\partial\tau}{\partial y}\boldsymbol{j} + \frac{\partial\tau}{\partial z}\boldsymbol{k}$$

而$\nabla^2\tau$为两个向量相乘的模,故有

$$\left(\frac{\partial\tau}{\partial x}\right)^2 + \left(\frac{\partial\tau}{\partial y}\right)^2 + \left(\frac{\partial\tau}{\partial z}\right)^2 = \frac{1}{c^2(x,y,z)} \tag{6.18}$$

这就是特征函数方程或哈密顿方程,又称时间场方程、程函方程.它是一个具有纯粹几何形象的波面方程式,通过它,波动地震学就过渡为几何地震学了.

式(6.18)具有重要的物理意义,如果介质的波速参数 $c(x,y,z)$ 已知,利用边界条件或初始条件,就可求得时间场 $t = t(x,y,z)$,从而可知任意时刻波前在空间的位置,也就求得了地震波传播的全部情况,而用不着求波动方程的解.因此,式(6.18)是几何地震学中最基本的公式.

但我们要记住,从波动地震学过渡到几何地震学的两个根本条件:① λ 趋于零,即只对高频适用;② $\nabla^2\varphi_0$不能趋于无限,对于球面波而言,$\varphi = [f(r-ct)]/r$,当 $r\to0$ 时,$\varphi\to\infty$,即球心或聚焦点处几何地震学不适用,凹的弯曲界面可能遇到反射的聚焦点.

式(6.18)还可以写成向量形式:

$$\nabla\tau = \frac{1}{c}\boldsymbol{r}_0 \tag{6.19}$$

其中,$\boldsymbol{r}_0$为波传播方向的单位向量.由式(6.19)计算任意方向的线积分,得到从点 S_1 到点 S_2 波的传播时间为

$$\int_{S_1}^{S_2}\nabla\tau\mathrm{d}l \leqslant \int_{S_1}^{S_2}\frac{1}{c}\mathrm{d}l \tag{6.20}$$

这是因为沿梯度的方向其值总是最小的.因此,上式告诉我们,一般在两点间波沿射线传播的时间是最短的,即

$$\delta \int_{s_1}^{s_2} \frac{1}{c} \mathrm{d}l = 0 \tag{6.21}$$

其中,δ 为变分符号,这就是著名的费马原理,它说明波沿射线传播的时间与沿其他路径的时间相比为一个极值(一般为极小值).

6.2 近震射线与地壳构造

地球平均半径为 6371 km,地壳平均厚度约为 33 km,在一个比较小的范围内,比如说震中距 $\Delta < 10°$,我们可以忽略地球表面和各个分层界面的曲率,把它们当作平面来处理.

6.2.1 平分界面模型中的射线和时距方程

6.2.1.1 n 个平行层中的直达波时距方程组

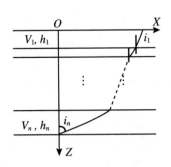

图 6.1 n 个平行分层中的直达波

假设有 n 个平行层,每层的介质都是均匀和各向同性的,各层的厚度分别是 $h_1, h_2, \cdots, h_n$,速度分别为 $V_1, V_2, \cdots, V_n$(图 6.1).因为涉及的都是平面,所以取平面直角坐标系,将 X 轴和 Y 轴置于自由表面内,Z 轴垂直向下.由于是轴对称问题,可以只讨论 XOZ 平面内的波传播.这时对应的地震射线是一条折线.通过平面几何的简单分析,结合运动学的基本理论,可以得到地震波传播到台站需要的时间 t 和震中 O 与台站之间的距离 x:

$$\begin{cases} t = \sum_{k=1}^{n} \frac{h_k}{V_k \cos i_k} \\ x = \sum_{k=1}^{n} h_k \tan i_k \end{cases} \tag{6.22}$$

根据斯内尔定律,$\sin i_k / V_k = p$ 为一常量,所以可以得到以 p 为参数的关于 t 和 x 的参数方程.它描述了地震波走时 t 与震中距 x 之间的关系,称为时距方程,

又叫走时方程,即

$$\begin{cases} t = \sum_{k=1}^{n} \dfrac{h_k}{V_k \sqrt{1 - p^2 V_k^2}} \\ x = \sum_{k=1}^{n} \dfrac{p h_k V_k}{\sqrt{1 - p^2 V_k^2}} \end{cases} \tag{6.23}$$

当速度连续变化时,相当于 $h_k \to 0$, $n \to \infty$ 时,有

$$\begin{cases} t = \displaystyle\int_0^h \dfrac{\mathrm{d}z}{V(z) \sqrt{1 - p^2 V^2}} \\ x = \displaystyle\int_0^h \dfrac{p V(z) \mathrm{d}z}{\sqrt{1 - p^2 V^2}} \end{cases} \tag{6.24}$$

6.2.1.2　单层地壳模型的近震走时

1. 源在层中的情况

如图 6.2 所示,设在一速度为 V_2 的半无限介质上覆盖着一厚度为 H、速度为 V_1 的平行层,震源在 F 处,其深度为 h,接收点 S 在上层介质的表面.此时在点 S 可以接收到沿三条不同路径到达的波.

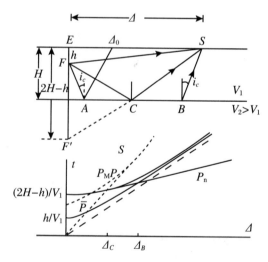

图 6.2　单层地壳模型

源在层中的情况

（1）直达波

通常用 $\bar{P}$ 或 P_g 表示,在上层介质内从 F 点直接到达 S 点的波.可以很容易地得到走时 t 与震中距 Δ 之间的关系,即时距方程为

$$t_{\overline{P}} = \frac{\sqrt{\Delta^2 + h^2}}{V_1} \qquad (6.25)$$

以震中距 Δ 为横坐标,走时 t 为纵坐标,可以用曲线形式非常直观地给出走时与震中距的关系,这种曲线称为"时距曲线"或"走时曲线".震源深度为 h 的直达波的时距曲线为一双曲线,其渐进线是斜率为 $1/V_1$ 的直线.

(2) 反射波

通常用 P_{11} 或 P_mP 表示,在两种介质的分界面上发生反射然后到达 S 点的波.震源深度为 h 的反射波的时距方程为

$$t_{P_{11}} = \frac{\sqrt{\Delta^2 + (2H - h)^2}}{V_1} \qquad (6.26)$$

时距曲线也是一组以直线 $t = \Delta / V_1$ 为渐近线的双曲线.

通过反射波走时曲线,可以求出水平层的厚度.令式(6.26)中的 $\Delta = 0$,能够得到 $t_{P_{11}} = t_0 = \frac{2H - h}{V_1}$.若已知 t_0,V_1 和 h,即可由 $H = \frac{1}{2}(V_1 t_0 + h)$ 计算出层的厚度 H.

(3) 首波(也称为侧面波)

通常用 P_n 表示.若 $V_2 > V_1$,当入射波在分界面的入射角满足关系式 $\sin i_c = V_1/V_2$ 时,在 S 点不但能接收到经过图 6.2 中折线 $FABS$ 所示路径的波,而且如果震中距 Δ 足够大,这个波比直达波到得还早,所以称之为"首波".入射波以角度 i_c 投射到分界面上,然后沿着分界面以速度 V_2 滑行,同时以同样大的角度 i_c 折射到地面上.实际上,如果我们以 i_c 表示 FA 和 BS 与垂线的夹角,则首波在震中距 Δ 处的走时为

$$t = \frac{2H - h}{V_1 \cos i_c} + \frac{\Delta - (2H - h)\tan i_c}{V_2} \qquad (6.27)$$

式中,角 i_c 可以由费马原理求出,也可以直接根据斯内尔定律写出.按照费马原理,$\left. \frac{\delta t}{\delta i} \right|_{i = i_c} = 0$,我们有

$$\left. \frac{\delta t}{\delta i} \right|_{i = i_c} = \left[\frac{(2H - h)\sin i}{V_1 \cos^2 i} - \frac{2H - h}{V_2 \cos^2 i} \right]_{i = i_c} = 0 \qquad (6.28)$$

因此

$$i_c = \arcsin \frac{V_1}{V_2}$$

不难证明,$\left. \frac{\delta^2 t}{\delta^2 i} \right|_{i = i_c} = \frac{1}{V_1 \cos i_c} > 0$,这表明 $FABS$ 所示的路径走时取最小值.最后得到首波的时距方程为

$$t_{P_n} = \frac{H - h}{V_1 \cos i_c} + \frac{H}{V_1 \cos i_c} + \frac{\Delta - (H - h)\tan i_c - H\tan i_c}{V_2}$$

$$= \frac{\Delta}{V_2} + (H - h)\left(\frac{1}{V_1 \cos i_c} - \frac{\tan i_c}{V_2} \right) + H\left(\frac{1}{V_1 \cos i_c} - \frac{\tan i_c}{V_2} \right)$$

$$= \frac{\Delta}{V_2} + (2H - h)\left(\frac{1}{V_1\cos i_c} - \frac{\sin i_c}{V_2\cos i_c}\right)$$

$$= \frac{\Delta}{V_2} + (2H - h)\left(\frac{1}{V_1\cos i_c} - \frac{\sin^2 i_c}{V_1\cos i_c}\right)$$

$$= \frac{\Delta}{V_2} + \frac{(2H - h)\cos i_c}{V_1} \tag{6.29}$$

式中，$i_c = \arcsin\dfrac{V_1}{V_2}$，$\Delta > \Delta_c = (2H - h)\tan i_c$. 首波的走时曲线是一条斜率为 $1/V_2$，在时间轴上截距为 $(2H - h)\cos i_c/V_1$ 的直线，它与反射波的走时曲线在 $\Delta = \Delta_c = (2H - h)\tan i_c$ 处相切. 当 $\Delta < \Delta_c$ 时，不存在首波.

利用首波走时曲线，也可以求出水平层的厚度. 如果以 t_0' 表示首波走时曲线在时间轴上的截距，则

$$t_0' = \frac{(2H - h)\cos i_c}{V_1} \tag{6.30}$$

所以如果已知 t_0'，V_1，i_c 和 h，便可由下式求得 H：

$$H = \frac{1}{2}\left(\frac{V_1 t_0'}{\cos i_c} + h\right) \tag{6.31}$$

利用首波与反射波走时曲线的切点也可以求厚度. 如前所述，这两条走时曲线在临界距离 Δ_c 处相切，如果求得它们的切点即可求得 H：

$$H = \frac{1}{2}\left(\frac{\Delta_c}{\tan i_c} + h\right) = \frac{1}{2}\left[\Delta_c \frac{V_2}{V_1}\sqrt{1 - \left(\frac{V_1}{V_2}\right)^2} + h\right] \tag{6.32}$$

对于多层介质（如 n 层），当震源深度为零时，沿着最下层面传播的首波的时距方程为

$$t_{P_n} = \frac{\Delta}{V_n} + \sum_{k=1}^{n-1} \frac{2h_k\cos i_k}{V_k} \tag{6.33}$$

首波是从分界面波速较高的一侧沿界面传播的地震波在波速较低的一侧介质中激发的一种地震波. 详细的动力学解释比较复杂，要求解克里斯托费尔方程，但可以把它类比为以超声速运动的波源在介质中引起的"激波"，其包络面为平面，包络面的法线方向即首波在低速介质中传播的方向（图 6.3）. 地球壳幔边界上下的波速差异比较大，因而激起的首波比较强，经常可以在近震记录中被观测到. 详细的动力学理论分析表明，首波的振幅随震中距 Δ 的增加按 Δ^{-2} 衰减，所以首波衰减较快，但它到达地表时的入射角比直达波和反射波的都要小.

首波是在刚形成全反射的地方出现的，因此它仅在一定的震中距以后存在. 对

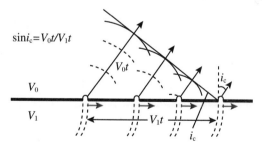

图 6.3　首波的"激波"解释

于实际地球,首波一般在 $\Delta \approx 100$ km 处开始出现.由于 $V_2 > V_1$,所以它在 Δ 超过 150 km 后,比直达波先到.

2. 源在层下的情况

实际岩石圈,特别是地壳以下的地幔,地震波速度是随深度的增加而增大的.当震源在地幔中时(图 6.4),时距方程为

$$\begin{cases} t = \int_H^h \dfrac{\mathrm{d}z}{V(z)\sqrt{1 - V^2(z)p^2}} + \dfrac{H}{V_1\sqrt{1 - V_1^2 p^2}} \\ \Delta = \int_H^h \tan i(z)\mathrm{d}z + H\tan i_1 = \int_H^h \dfrac{V(z)p\,\mathrm{d}z}{\sqrt{1 - V^2(z)p^2}} + \dfrac{V_1 pH}{\sqrt{1 - V_1^2 p^2}} \end{cases} \quad (6.34)$$

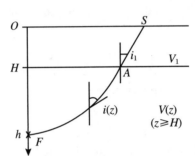

图 6.4　单层地壳模型

震源在层下的情况

6.2.1.3　双层地壳模型的近震走时

双层地壳模型将地壳分为两层,也就是在半无限介质上覆盖着两层具有不同

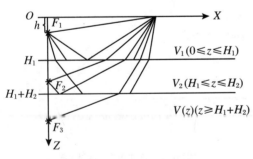

图 6.5　双层地壳模型

震源分别在上层地壳、下层地壳和地幔中的情况

厚度的平行层,中间的界面称为康拉德(V.Conrad)界面(图 6.5).类似地,可根据震源在上层地壳、震源在下层地壳、震源在地幔中三种情况进行分析,得出相应震相的时距方程和时距曲线.

假设上层地壳的厚度为 H_1,在其中传播的地震波速度为 V_1;下层地壳厚度为 H_2,地震波速度为 V_2;地幔中速度为 $V(z)$,随深度的

增加单调上升,震源深度为 h.

1. 震源在上层中的情况

当 $h < H_1$ 时,直达波(折射波)与在康拉德界面上的反射波、首波,其时距方程

和时距曲线与根据单层地壳模型得出的结果完全类似.

对于壳幔界面上的反射波射线,有时距方程

$$\begin{cases} t = \dfrac{2H_1 - h}{V_1^2 \sqrt{\dfrac{1}{V_1^2} - p^2}} + \dfrac{2H_2}{V_2^2 \sqrt{\dfrac{1}{V_2^2} - p^2}} \\[4mm] \Delta = \dfrac{(2H_1 - h)p}{\sqrt{\dfrac{1}{V_1^2} - p^2}} + \dfrac{2H_2 p}{\sqrt{\dfrac{1}{V_2^2} - p^2}} \end{cases} \tag{6.35}$$

其中,$p = \dfrac{\sin i_1}{V_1} = \dfrac{\sin i_2}{V_2}$. 对于壳幔界面上的首波,有时距方程

$$t = \frac{\Delta}{V} + (2H_1 - h)\sqrt{\frac{1}{V_1^2} - \frac{1}{V^2}} + 2H_2 \sqrt{\frac{1}{V_2^2} - \frac{1}{V^2}} \tag{6.36}$$

其出现的最小震中距为

$$\Delta_0 = (2H_1 - h)\frac{V_1}{\sqrt{V^2 - V_1^2}} + 2H_2 \frac{V_2}{\sqrt{V^2 - V_2^2}} \tag{6.37}$$

2. 震源在下层中的情况

当 $H_1 < h < (H_1 + H_2)$ 时,直达波的时距方程为

$$\begin{cases} t = \dfrac{h - H_1}{V_2^2 \sqrt{\dfrac{1}{V_2^2} - p^2}} + \dfrac{H_1}{V_1^2 \sqrt{\dfrac{1}{V_1^2} - p^2}} \\[4mm] \Delta = \dfrac{(h - H_1)p}{\sqrt{\dfrac{1}{V_2^2} - p^2}} + \dfrac{H_1 p}{\sqrt{\dfrac{1}{V_1^2} - p^2}} \end{cases} \tag{6.38}$$

其中,$p = \dfrac{\sin i_1}{V_1} = \dfrac{\sin i_2}{V_2}$. 壳幔界面上反射波的时距方程为

$$\begin{cases} t = \dfrac{H_1 + 2H_2 - h}{V_2^2 \sqrt{\dfrac{1}{V_2^2} - p^2}} + \dfrac{H_1}{V_1^2 \sqrt{\dfrac{1}{V_1^2} - p^2}} \\[4mm] \Delta = \dfrac{(H_1 + 2H_2 - h)p}{\sqrt{\dfrac{1}{V_2^2} - p^2}} + \dfrac{H_1 p}{\sqrt{\dfrac{1}{V_1^2} - p^2}} \end{cases} \tag{6.39}$$

壳幔界面上首波的时距方程为

$$t = \frac{\Delta}{V} + (H_1 + 2H_2 - h)\sqrt{\frac{1}{V_2^2} - \frac{1}{V^2}} + H_1 \sqrt{\frac{1}{V_1^2} - \frac{1}{V^2}} \tag{6.40}$$

其出现的最小震中距为

$$\Delta_0 = \frac{H_1 V_1}{\sqrt{V^2 - V_1^2}} + (H_1 + 2H_2 - h)\frac{V_2}{\sqrt{V^2 - V_2^2}} \tag{6.41}$$

3. 震源在壳幔界面之下的情况

与单层地壳模型类似,其时距方程为

$$\begin{cases} t = \int_{H_1+H_2}^{h} \dfrac{\mathrm{d}z}{V^2(z)\sqrt{\dfrac{1}{V^2(z)}-p^2}} + \dfrac{H_2}{V_2^2\sqrt{\dfrac{1}{V_2^2}-p^2}} + \dfrac{H_1}{V_1^2\sqrt{\dfrac{1}{V_1^2}-p^2}} \\[2em] \Delta = \int_{H_1+H_2}^{h} \dfrac{p\mathrm{d}z}{\sqrt{\dfrac{1}{V^2(z)}-p^2}} + \dfrac{H_2 p}{\sqrt{\dfrac{1}{V_2^2}-p^2}} + \dfrac{H_1 p}{\sqrt{\dfrac{1}{V_1^2}-p^2}} \end{cases} \tag{6.42}$$

至此，我们给出了单层、双层地壳模型中各种近震体波的时距方程.只要掌握了这些分析方法，就不难将其推广到多层以及在界面上多次反射的情况.

6.2.2　地震射线在倾斜分界面上的折射和反射

如果两种均匀介质的分界面是一斜面，其交角是 ω；上层介质中的波速为 V_1，下层介质中的波速为 V_2（图6.6）；设震源 S 在地面上，它到斜面的距离为 h，接收点 B 到斜面的距离为 h_1.

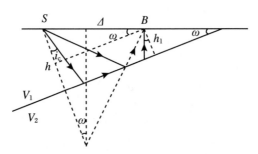

图6.6　地震射线在斜界面上的反射与折射

1. 直达波

因为是表面源，所以直达波的时距方程非常简单：

$$T = \frac{\Delta}{V_1} \tag{6.43}$$

2. 首波

若接收点 B 在震源 S 的上坡一侧，即上坡接收，则

$$h_1 = h - \Delta\sin\omega \tag{6.44}$$

式中，Δ 为震中距.若接收点 B 在震源 S 的下坡一侧，即下坡接收，则

$$h_1 = h + \Delta\sin\omega \tag{6.45}$$

首波的走时为

$$t = \frac{h+h_1}{V_1\cos i_c} + \frac{\Delta\cos\omega - (h+h_1)\tan i_c}{V_2} \tag{6.46}$$

注意：$\sin i_c = V_1/V_2$，$(h-h_1)/\Delta = \sin\omega$，有

$$t = \frac{\sin(i_c \mp \omega)}{V_1}\Delta + \frac{2h\cos i_c}{V_1} \tag{6.47}$$

式中，ω 前的符号在上坡接收时取负号；在下坡接收时取正号.

将式(6.47)代入视速度式

$$\bar{V} = \frac{\mathrm{d}\Delta}{\mathrm{d}t} \tag{6.48}$$

即得

$$\bar{V} = \frac{V_1}{\sin(i_c \mp \omega)} \tag{6.49}$$

式中，ω 前的符号取法与式(6.47)相同.上式说明，在倾斜界面情形下，首波视速度与接收点的位置有关，上、下坡接收的视速度不同.在上坡接收时，特别是当 $i_c \to \omega$ 时，视速度 $V \to \infty$.这是因为此时波阵面与地表面近乎平行，波前几乎同时到达震源上坡方向两个相近的点.

斜界面上首波的走时曲线如图 6.7 所示.由直达波走时曲线的斜率可以求得 V_1.知道了 V_1 后，由上坡接收和下坡接收的首波以及直达波走时曲线的斜率可以进一步求得 i_c 和 ω.无论是上坡接收还是下坡接收，首波的走时曲线在纵轴上的截距都是

$$t_i = \frac{2h\cos i_c}{V_1} \tag{6.50}$$

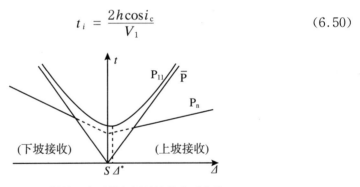

图 6.7　斜界面上反射与折射波的走时曲线

式中，只有 h 是未知的.所以便可由 i_c，V_1 和 t_i 求出 h.

3. 反射波

在倾斜界面情形下，反射波的走时是

$$t = \frac{1}{V_1}\sqrt{(2h\cos\omega)^2 + (\Delta \mp 2h\sin\omega)^2} \tag{6.51}$$

或者写成

$$t = \frac{1}{V_1}\sqrt{\Delta^2 + 4h^2 \mp 4h\Delta\sin\omega} \tag{6.52}$$

式中，负号对应于上坡接收，正号对应于下坡接收.这种情形下的时距曲线仍然是一条双曲线，但它的对称轴是

$$\Delta^* = 2h\sin\omega \tag{6.53}$$

将式(6.52)两边平方再微分得

$$2V_1^2 t\mathrm{d}t = 2\Delta\mathrm{d}\Delta \mp 4h\sin\omega\mathrm{d}\Delta \tag{6.54}$$

所以视速度为

$$\bar{V} = \frac{V_1^2 t}{\Delta \mp 2h\sin\omega} \tag{6.55}$$

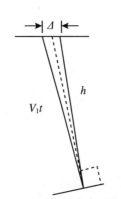

图 6.8 在震源附近接收的反射波

若在震源 S 附近接收(图 6.8),此时 $\Delta\approx 0$,因而 $2h = V_1 t_0$,则

$$\sin\omega = \mp\frac{V_1}{\bar{V}}\bigg|_{\Delta\approx 0} \tag{6.56}$$

由于 $\bar{V}$ 可以从走时曲线上量出,所以由上式便可求出斜界面的倾角 ω.但是上式只适用于求大倾角,因为在推导上式时用了 $\Delta\approx 0$ 的假定,而这只有在 $2h\sin\omega\gg\Delta$,也就是倾角较大时才成立.对于小倾角情形,必须用其他方法.

4. 由实际时距曲线反演地壳构造

(1) 识别震相,制作时距曲线.

(2) 由直达波时距曲线渐近线的斜率求出 V_1.

(3) 由上、下坡接收首波走时曲线渐近线的斜率求出视速度 $\bar{V}_\text{上}$ 和 $\bar{V}_\text{下}$,进而求出

$$\begin{cases} i_\text{c} = \dfrac{1}{2}\left[\arcsin\left(\dfrac{V_1}{\bar{V}_\text{上}}\right) + \arcsin\left(\dfrac{V_1}{\bar{V}_\text{下}}\right)\right] \\[3mm] \omega = \dfrac{1}{2}\left[\arcsin\left(\dfrac{V_1}{\bar{V}_\text{下}}\right) - \arcsin\left(\dfrac{V_1}{\bar{V}_\text{上}}\right)\right] \end{cases} \tag{6.57}$$

原则上只需铺设两条相交的测线即可确定界面的倾角、倾向.

(4) 由首波走时曲线在时间轴上的截距,得到

$$h = \frac{V_1 t_i}{2\cos i_\text{c}}, \quad V_2 = \frac{V_1}{\sin i_\text{c}} \tag{6.58}$$

这样,倾斜界面的倾向、倾角、确定位置的界面深度、上层介质地震波速度、下层介质地震波速度就可以全部求解出来,因而倾斜界面的位置以及两侧介质的物性也就得到了.

6.2.3 折合走时曲线

走时曲线(时距曲线)给出的是地震信号传播时间与震中距之间的关系.随着台站震中距的增加,走时越来越长,会使得时距曲线在竖直方向篇幅很大,给实际使用带来不便.为了解决这一问题,可以将纵坐标改为 $t' = t - \Delta/V$,其中 V 为根据实际速度分布情况选定的某一确定值.这样处理后的走时曲线叫折合走时曲线,它在竖直方向不会很大.更重要的是,折合走时曲线对构造的差异更加敏感

（图 6.9），因此它可以放大沿不同路径传播的地震信号的走时差异，这在研究地壳的分层结构时经常使用.

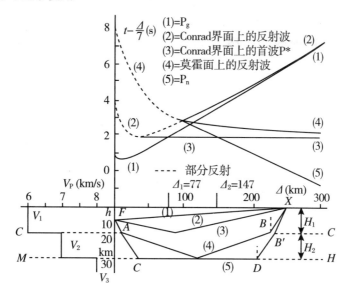

图 6.9　折合走时曲线对结构更加敏感

6.2.4　震相

通常把在地震图上看到的不同类型或通过地球内部不同途径传播的波所引起的一组一组的振动叫震相. 例如，以大写字母 P 和 S 表示从震源发出、经过地幔到达地面的纵波和横波.

地震波是由震源激发、在地球内部传播的机械波，经由地震仪接收并显示成地震图. 因此，各种震相的特征与震源、地球的构造和接收仪器的特性有关. 各种震相的特征是从地震图上识别这些震相的依据. 这些特征主要有四类：

（1）波列的到时. 它由波速和传播路径决定.

（2）质点的运动轨迹. 主要由波动的类型决定. 精细的研究表明，地球介质具有非弹性和各向异性. 介质的非弹性会使纵、横波相互耦合，引起质点位移方向的复杂化. 介质的各向异性也会改变质点位移方向.

（3）波列的外观. 面波具有强烈的频散. 介质的吸收，即波的衰减会引起频散.

（4）波列的卓越（优势）周期. 面波的周期长.

震相识别是利用地震波传播研究地球结构的基础. 只有明确了震相对应的波传播特征及到达时刻，才能绘出相应震相的走时曲线，从而根据前面的讨论测定震源位置、研究地震的动力学过程、探讨地下构造. 虽然目前的计算机技术发展很快，但由于地震波的复杂性，震相的自动识别与拾取一直没有真正解决.

近震的主要震相有:直达波 P,S(也有人用 $\bar{P}$, $\bar{S}$,或 P_g,S_g 表示);壳幔界面的反射波 P_{11},S_{11}(P_mP 和 S_mS);壳幔界面上的首波 P_n,S_n;康拉德界面上的首波 P^*,S^* 等.

6.2.5　走时曲线的应用

1.　走时曲线是分析、鉴定震相的重要依据

将地震图上的各震相与理论走时曲线进行对比,即对比实际地震图上不同震相的到时与理论走时曲线上各种波的到时,可以帮助我们分析、鉴定震相.如果能从许多台站的地震记录中作出震相的实测走时曲线,再与理论走时曲线进行对比,则证据更加充分.

2.　走时曲线是研究地球构造的基础资料

某地区实测的走时曲线是研究该地区地壳结构及其性质的重要资料.例如,从 P_n,S_n 波走时曲线渐近线的斜率能知道壳下上地幔的波速,从反射或首波的走时曲线可研究地壳厚度等.前面我们还介绍了通过实测走时曲线研究倾斜界面特征的方法.

3.　走时曲线是确定震源基本参数的重要工具

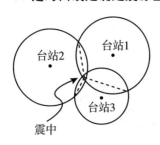

图 6.10　利用三个台站测得的
震中距确定地震震中

各不同震相的走时是确定震源参数的重要工具.例如,根据每个站记录到的 P,S 波到时差可以估计震源离该台站的距离,即该台站的震中距;有了三个或三个以上台站的震中距值,就可以通过大圆相交的方法求出震中的位置(图 6.10).知道了震中距后,可以得到某些震相的走时,将震相的实际到时与对应走时相减,就求出了地震发生的时刻.

4.　计算地震波传播的视速度和出射角

设地震波射线方向为 BS',其出射角 e 称为真出射角,以与从地表运动得到的视出射角 $\bar{e}$ 相区分.在 dt 时间内波前从 SB 到达 $S'B'$,由图 6.11,易见 $BS' = v\,dt$,$SS' = \bar{v}\,dt$($\bar{v}$ 为视速度,即地震波波前沿地面传播的速度).所以

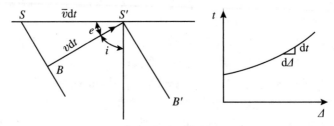

图 6.11　利用走时曲线计算视速度与出射角

$$\cos e = \frac{BS'}{SS'} = \frac{v}{\bar{v}} \tag{6.59}$$

而波前沿地面的传播速度实际上可以通过相邻两台的震中距差 $d\Delta$ 除以记录到的同一震相的到时差 dt 得到,即

$$\bar{v} = \frac{d\Delta}{dt} \tag{6.60}$$

$d\Delta/dt$ 即为走时曲线上对应点的斜率 $dt/d\Delta$ 的倒数. 因此,走时曲线斜率的倒数就是地震波传播的视速度. 如果再知道了地震波传播的真速度 v,就可以由式 (6.59) 求得波的真出射角 e 及真入射角 i.

可见,走时曲线是地震学中重要的原始资料,而它是通过对大量实际地震记录资料的整理总结出来的. 各地区由于地壳结构并不完全相同,所以相应的近震走时曲线在细节上也不一定完全相同,需要有各个地区的近震资料来分别进行总结,并由此得到本地区的地壳及上地幔结构;还可以反过来计算出各种震相的理论走时曲线,以便使用.

6.2.6 地壳构造简介

1. 地球存在"壳"的地震学证据

地壳是 1909 年地震学家莫霍洛维奇(A. Mohorovicic)首先发现的. 他在研究 1909 年 10 月 8 日的库尔帕谷(克罗地亚)地震时,在震中距小于 $10°$ 的地震图上发现两对清楚的 P 和 S 震相(图 6.12). 为了解释这一现象,他认为在地球表面以下一定距离处应该存在明显的速度界面,界面以下的地震波传播速度迅速增加,成对出现的震相中有一个就是前面讨论的首波.

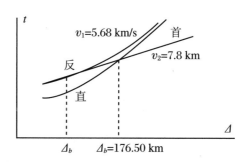

图 6.12 莫霍洛维奇发现成对出现的震相必须用地下存在速度界面解释

莫霍洛维奇研究发现,界面以上的介质弹性波速度在 $5.53 \sim 5.68$ km/s 的范围,界面的深度在 54 km 左右. 随后,在欧洲其他地区以至全球范围内都发现了这一界面,即它是全球性的. 该界面因此被称为莫霍洛维奇界面(Moho 面、莫霍面或

M 面).这个面以上的介质被称为地壳,其下的介质称为地幔.后来的研究表明,莫霍面的平均深度明显小于 54 km.

在对 1923 年 11 月 28 日奥地利 Tauern 地震的研究中,康拉德发现了第三个清楚的 P 震相.为了解释其成因,康拉德把地壳分为上、下两层,上地壳与下地壳之间的界面被称为康拉德界面或 C 界面.

2. 地壳结构的特点

地壳的厚度在全球各处有比较大的差异.大陆下方,地壳的平均厚度约 35 km,但变化很大.我国青藏高原下面的地壳厚度在 70 km 以上,而华北地区有些地方还不到 30 km.海洋下面的地壳,其厚度只有 5~8 km.

在陆地的稳定地区,地壳厚 35~45 km,一般分为两层,上、下层中间是康拉德界面,但在有些地方速度的增加是连续的.从结晶基底及其他岩石的分析可知,上层岩石的化学成分介于酸性和基性岩浆岩之间,更近于花岗闪长岩.根据矿物组合稳定性的考虑,下层岩石可能是一种酸性到中性的麻粒岩,也可能是角闪岩.海洋型地壳只有一层,与大陆型地壳的下层对应.

目前,求地壳厚度的方法很多,求解结果表明莫霍面的深度随地形变化和地质构造有某种对应关系,与重力学中的均衡理论一致.莫霍面的尖锐程度在各地区不同,一般来说是比较明显的分界面,反射震相比较清晰,至多有几千米的过渡层,可能不超过 1 km.在莫霍面上、下纵波速度由 7.0 km/s 变为 8.1 km/s,横波速度由 3.8 km/s 变为 4.7 km/s.现在多数人认为,莫霍面是一个化学分界面,它的上面是铁镁岩石(长石)地壳,下面是由超铁镁岩石(橄榄石)和辉石构成的上地幔.

进一步的研究发现,地壳中还可以有更多的分层结构,还可能有低速层和 Z 现象(波速随深度增大而增加—减小—再增加)存在,但这些构造都不是全球性的.地壳中还有普遍的横向不均匀.陆地上不同地区差别比较大,深部将陆地分割成不同的构造单元.由于应力作用在脆性的岩石中产生定向排列的裂隙,并且岩石在形成时其晶体具有优势取向,地震波各向异性也很常见.

第 7 章　远震射线与全球构造

7.1　远震射线及地球深部构造

在地震发生时,地震波由震源向外传播.对于一些大的地震,全球各处都能用仪器记录到.当台站的震中距超过 1000 km 后,我们称所记录到的地震为远震.通过对远震记录的分析,可以确定震源的位置、了解地震的震源过程、研究地球的内部构造.

在研究远震射线及其传播时,必须考虑界面曲率的影响,不能再把各个界面近似为平面;另外,还要考虑地球内部随着深度的变化地震波传播速度也在变化,一般来说随着深度的增加波速会变大;所以,远震射线的形态及传播特征比近震射线的更加复杂.

在一级近似下,地球可以被认为是由无数个同心球层或以球对称形式连续变化的介质组成.其地震学证据是,任何地点,相同深度的地震,相同震相在相同震中距处的走时基本相同.据对称性,我们可以选择任意一个大圆面讨论远震射线的传播,而且在分析时选用球坐标或平面极坐标最方便.

7.1.1　远震震相的走时曲线

1. 球对称介质中的斯内尔定律

如图 7.1 所示,假设地球介质是由 n 个均匀同心球层组成的,第 k 层对应的半径为 r_k,层中地震波速度为 V_k,地震射线向半径为 r_k 的层面入射时的入射角(即射线与界面法线也就是半径方向的夹角)为 i_k.根据斯内尔定律,有

$$\frac{\sin i_k}{V_k} = \frac{\sin i'_{k+1}}{V_{k+1}} \tag{7.1}$$

$\triangle OA_k O'$ 和 $\triangle OA_{k+1} O'$ 共 OO' 边,而且

$$OO' = r_k \sin i'_{k+1} = r_{k+1} \sin i_{k+1} \tag{7.2}$$

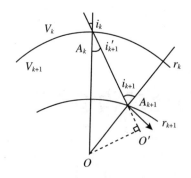

图 7.1　球对称介质中的斯内尔定律

即

$$\frac{\sin i'_{k+1}}{r_{k+1}} = \frac{\sin i_{k+1}}{r_k} \qquad (7.3)$$

再考虑式(7.1),最后有

$$\frac{r_k \sin i_k}{V_k} = \frac{r_{k+1} \sin i_{k+1}}{V_{k+1}} = \frac{r_0 \sin i_0}{V_0} = p(i_0) \qquad (7.4)$$

下标"0"表示在地球表面的相应值. p 为常量,叫射线参数,不论射线遇到界面时如何反射与折射,只要满足斯内尔定律, p 就不会变化,因而成为描述射线的表征量.

如果 $n \to \infty$,则层的厚度无限减小,就过渡到速度连续变化的情况: $V = V(r)$,射线由折线变化成平滑的曲线.在射线上任一点都有

$$\frac{r \sin i}{V(r)} = \frac{r_0 \sin i_0}{V(r_0)} = p(i_0) \qquad (7.5)$$

当地球的速度分布给定后,射线参数 p 只与射线在地表的入射角度 i_0 有关.所以,不同的 p 值对应于不同的入射角,或者说,对应于不同的地震射线.

如果令

$$\eta(r) = \frac{r}{V(r)} \qquad (7.6)$$

则

$$p = \eta \sin i = \eta_0 \sin i_0 \qquad (7.7)$$

一般来说,地球内部地震波速度 $V(r)$ 随 r 减小单调上升,射线有最低点 M ,它与以 r_M 为半径的圆在 M 点相切(图 7.2),对于这一特别点有

$$i_M = \frac{\pi}{2}, \quad \eta = \eta_M = \frac{r_M}{V(r_M)} \qquad (7.8)$$

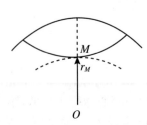
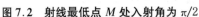

图 7.2　射线最低点 M 处入射角为 $\pi/2$

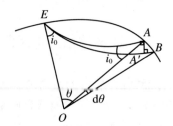

图 7.3　Benndorf 定律的导出

2. Benndorf 定律——由实测走时曲线求射线参数 p

射线参数同走时曲线有一种十分重要的关系.设有由 E 出发,在同一平面内的两条相邻射线 $\overparen{EA}$ 和 $\overparen{EB}$, A , B 之间的距离为 $\mathrm{d}\Delta$,对应的圆心角为 $\mathrm{d}\theta$. $\overline{AA'}$ 为波

阵面,经 $\mathrm{d}t$ 时间后,波阵面传到 B 处,设地表附近的地震波传播速度为 V_0,则有 $\overline{A'B} = V_0\mathrm{d}t$,$\triangle AA'B$ 可视为直角三角形(图 7.3):

$$\frac{\overline{A'B}}{\overline{AB}} \approx \frac{\overline{A'B}}{r_0\mathrm{d}\theta} = \frac{V_0\mathrm{d}t}{r_0\mathrm{d}\theta} \approx \sin i_0 \tag{7.9}$$

所以

$$\frac{\mathrm{d}t}{\mathrm{d}\theta} = \frac{r_0\sin i_0}{V_0} = p,\quad \sin i_0 = \frac{V_0}{\overline{V}} \tag{7.10}$$

或

$$p = \frac{r_0\sin i_0}{V_0} = \frac{\mathrm{d}t}{\mathrm{d}\theta} = \frac{r_0\mathrm{d}t}{\mathrm{d}\Delta} \quad (\mathrm{d}\Delta = r_0\mathrm{d}\theta) \tag{7.11}$$

因此,走时曲线 $t\text{-}\theta$ 在一定震中距处的切线斜率即在该点出射地震射线的射线参数 p.射线参数和走时曲线的这种关系叫作 Benndorf 定律,它把实测的走时数据和抽象的射线参数联系起来了.

3. 时距方程

地震波由震源 E 传到台站 S,由于是球对称的,射线一定在大圆面内,这样就把问题由三维简化成了二维.利用微元分析方法取其中的一段 $\overset{\frown}{AB}$(图 7.4),在一级近似下,有

$$\overset{\frown}{AB} = \mathrm{d}s \to 0 \begin{cases} \overset{\frown}{AB} \to \overline{AB} \\ \overline{AA'} \to r\mathrm{d}\theta \end{cases}$$

则

$$\tan i \approx \frac{r\mathrm{d}\theta}{|\mathrm{d}r|} \quad (i = \angle ABA')$$

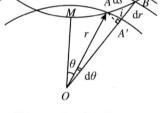

图 7.4　时距方程的导出

通过配出射线参数 p,得到以 p 为参数的微分形式的时距关系:

$$\begin{cases} \mathrm{d}\theta = \dfrac{|\mathrm{d}r|\sin i}{r\cos i} = \dfrac{|\mathrm{d}r|\sin i}{r\sqrt{1-\sin^2 i}} = \dfrac{\mathrm{d}r}{r}\dfrac{r\dfrac{\sin i}{V}}{\sqrt{\left(\dfrac{r}{V}\right)^2 - \left(r\dfrac{\sin i}{V}\right)^2}} = \dfrac{p\mathrm{d}r}{r\sqrt{\eta^2 - p^2}} \\[4mm] \mathrm{d}t = \dfrac{\mathrm{d}s}{V(r)} = \dfrac{\mathrm{d}r}{V(r)\cos i} = \dfrac{\mathrm{d}r}{V\sqrt{1-\sin^2 i}} = \dfrac{\eta\mathrm{d}r}{V\sqrt{\eta^2 - p^2}} \end{cases} \tag{7.12}$$

$\overset{\frown}{EMABS}$ 不是任意曲线,是必须服从斯内尔定律的射线,故其上任何位置的 p 都是一个常量.以 p 为参数的积分形式的时距方程为

$$\begin{cases} \theta = \displaystyle\int_{r_1}^{r_2} \frac{p\,\mathrm{d}r}{r\sqrt{\eta^2 - p^2}} \\[3mm] t = \displaystyle\int_{r_1}^{r_2} \frac{\eta\,\mathrm{d}r}{V\sqrt{\eta^2 - p^2}} \end{cases} \qquad (7.13)$$

如果 $V(r)$ 单调下降[即 $V(z)$ 单调上升],射线凸向圆心,有最低点,设为 $M(r_M, 0)$. 若震源在表面,射线对称,可以得到积分形式的时距方程

$$\begin{cases} \theta = 2\displaystyle\int_{r_M}^{r_0} \frac{p\,\mathrm{d}r}{r\sqrt{\eta^2 - p^2}} \\[3mm] t = 2\displaystyle\int_{r_M}^{r_0} \frac{\eta\,\mathrm{d}r}{V\sqrt{\eta^2 - p^2}} \end{cases} \qquad (7.14)$$

通过费马原理也可以得到相同的结果.

若震源有一定的深度,假设为 h,则式(7.14)变为

$$\begin{cases} \theta = \displaystyle\int_{r_M}^{r_0} \frac{p\,\mathrm{d}r}{r\sqrt{\eta^2 - p^2}} + \displaystyle\int_{r_M}^{r_0-h} \frac{p\,\mathrm{d}r}{r\sqrt{\eta^2 - p^2}} \\[3mm] t = \displaystyle\int_{r_M}^{r_0} \frac{\eta\,\mathrm{d}r}{V\sqrt{\eta^2 - p^2}} + \displaystyle\int_{r_M}^{r_0-h} \frac{\eta\,\mathrm{d}r}{V\sqrt{\eta^2 - p^2}} \end{cases} \qquad (7.15)$$

7.1.2 地球内部不同速度分布对地震射线形状和走时曲线形状的影响

实际观测发现,不同震相的地震射线,其走时曲线的形状各具特色,产生这一现象的原因应该与地球内部的地震波速度结构有关.地球内部的地震波速度分布会影响在其中传播的地震射线的形状,进而影响相应的走时曲线的形状.弄清走时曲线形状与地球内部速度分布之间的关系,我们就可以通过对实测走时曲线的分析推断地下的地震波速度结构.

1. 射线曲率

令 ρ 为自右向左传播的地震射线上点 A 的曲率半径,$\mathrm{d}l$ 为该点附近的弧元长,$\mathrm{d}\omega$ 为过 $\mathrm{d}l$ 两端所作切线的法线之间的夹角(图 7.5).根据曲率半径的定义,有

$$\frac{1}{\rho} = \frac{\mathrm{d}\omega}{\mathrm{d}l} \qquad (7.16)$$

由图中几个角度之间的关系可以得到

$$i = \mathrm{d}\omega + \angle OCD = \mathrm{d}\omega + \angle BEC = \mathrm{d}\omega + \mathrm{d}\theta + i + \mathrm{d}i$$

所以有

$$\mathrm{d}\omega = -\mathrm{d}\theta - \mathrm{d}i \qquad (7.17)$$

因为分析的是射线上的一个微元,所以 $\mathrm{d}\theta$ 很小,$\cos\angle ABF = \cos i = \mathrm{d}r/\mathrm{d}l$,$\sin i = r\mathrm{d}\theta/\mathrm{d}l$,由此得

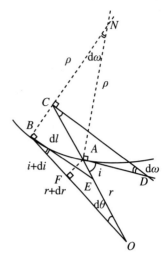

$$\mathrm{d}l = \frac{\mathrm{d}r}{\cos i}, \quad \frac{\mathrm{d}\theta}{\mathrm{d}l} = \frac{\sin i}{r} \qquad (7.18)$$

根据地震射线的性质,在同一条射线上 $p = r\sin i / V$ 为一常量,所以 $\mathrm{d}p/\mathrm{d}r = 0$,即

$$\frac{\mathrm{d}p}{\mathrm{d}r} = \frac{\sin i}{V} + \frac{r\cos i\, \mathrm{d}i}{V\mathrm{d}r} - \frac{r\sin i\, \mathrm{d}V}{V^2\mathrm{d}r} = 0$$

等式两边同乘 V/r,有

$$\frac{\sin i}{r} + \frac{\cos i\, \mathrm{d}i}{\mathrm{d}r} = \frac{\sin i}{V} \frac{\mathrm{d}V}{\mathrm{d}r} \qquad (7.19)$$

综合式(7.16)～(7.19),可以得到

$$\frac{1}{\rho} = \frac{\mathrm{d}\omega}{\mathrm{d}l} = -\frac{\mathrm{d}\theta}{\mathrm{d}l} - \frac{\mathrm{d}i}{\mathrm{d}l}$$

$$= -\frac{\sin i}{r} - \frac{\cos i\, \mathrm{d}i}{\mathrm{d}r} = \frac{-\sin i}{V} \frac{\mathrm{d}V}{\mathrm{d}r} \qquad (7.20)$$

即 $\rho \sin i = -V/(\mathrm{d}V/\mathrm{d}r) = f(r)$,在地球内部的速度结构确定后,仅是 r 的函数. 将 $p = r\sin i / V$ 代入,有 $\sin i = pV/r$,最后得到

图 7.5　地震射线曲率半径的推导

$$\rho = -\frac{r}{p\left(\dfrac{\mathrm{d}V}{\mathrm{d}r}\right)} \qquad (7.21)$$

2. 速度分布与射线形状

(1) $V(r)$ 和 $\mathrm{d}V/\mathrm{d}r$ 都是连续函数的情况(图 7.6)

① $\mathrm{d}V/\mathrm{d}r < 0$:$\rho > 0$,射线凸向球心.

② $\mathrm{d}V/\mathrm{d}r = 0$:$\rho \to \infty$,均匀球,射线为直线,走时方程为 $t = \dfrac{2R}{V}\sin\dfrac{\Delta}{2}$.

③ $\mathrm{d}V/\mathrm{d}r > 0$:$\rho < 0$,射线凹向球心(有三种情况).

a. $0 < \mathrm{d}V/\mathrm{d}r < V/r$,射线的曲率半径大于相应圈层界面的半径,射线与界面有两个交点.

b. $\mathrm{d}V/\mathrm{d}r = V/r > 0$,对等式做变换,有 $\mathrm{d}V/V = \mathrm{d}r/r$,然后积分,得到

$$\ln V + C_V = \ln r + C_r \qquad (7.22)$$

进而有

$$\ln\left(\frac{V}{r}\right) = \ln\left(\frac{C_r}{C_V}\right)$$

$$\frac{V}{r} = \frac{C_r}{C_V} = C$$

解出

$$V = C \cdot r$$

即有

$$p = \frac{r \sin i}{V} = \frac{\sin i}{C} = \text{常量}$$

所以

$$i = \text{常量} \quad \text{（对应的射线为螺旋线，入射角保持不变）}$$

前面我们已经导出以 p 为参数的射线方程：

$$d\theta = \frac{p \, dr}{r \sqrt{\eta^2 - p^2}} = \frac{\left(\frac{\sin i}{C}\right) dr}{r \sqrt{\left(\frac{1}{C}\right)^2 - \left(\frac{\sin i}{C}\right)^2}} \quad (\eta = r/V)$$

$$= \frac{\sin i \, dr}{r \sqrt{1 - \sin^2 i}} = \pm \frac{1}{b} \frac{dr}{r}$$

积分得

$$\ln r + C_1 = \pm b\theta + C_2$$

有

$$r = e^{\pm b\theta + C_2 - C_1} = a e^{\pm b\theta} \tag{7.23}$$

即得出对应的螺旋线方程. a 为积分常量，因为 $\theta = 0$ 时 $r =$ 地球半径 R，所以 $a = R$. 由此可见地震射线呈螺旋线状卷入地心. 对于表面源，$i = \frac{\pi}{2}$ 时，$b = 0$，所以 $r = a$，即射线是以 R 为半径的圆，也就是沿地表前进，只有这一条地震射线能被台站接收到，相应的走时曲线为直线，令地表附近的波速为 V_0，走时曲线的斜率即为 $\frac{dt}{d\Delta} = \frac{R}{V_0}$；其余的射线均卷入地心，地表接收不到. 但同时要注意，当震源不在地表而是有一定深度时，还是有许多地震射线出射到地表能被台站接收到的.

c. $dV/dr > V/r > 0$，射线向球心卷得更厉害（图 7.6）.

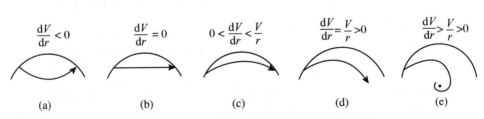

图 7.6 dV/dr 取不同值时地震射线具有不同的形状

(2) 存在间断面的情况

对实际走时曲线的分析表明，尽管一般来讲地震波速度随深度的增加而增大，但地球内部还是存在许多速度异常带及间断面，因此必须讨论它们对地震射线形状及走时曲线的影响. 由于地球内部的速度结构十分复杂，对地震射线及走时曲线的影响丰富多彩，这里仅将其分成简单的几类做定性的分析.

间断面可以分为两类：一类是分界面上下地震波速度发生突变，$V(r)$ 不连续,称为间断面或一级间断面;另一类是 $V(r)$ 连续但 dV/dr 不连续,称为二级间断或高(低)速层.通过对实际地球速度结构的长期、反复研究,发现存在五种情况(图 7.7):

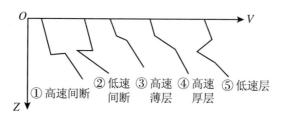

图 7.7 地球内部实际存在的五种速度间断

① 高速间断面.高速间断面是指在间断面下的波速比面上的波速大,在间断面处有一个突增.我们仍讨论间断面上、下均是 $dV/dr<0$ 的情况.这时走时曲线出现回折、分叉、打结的现象.在图 7.8 上可以看到,OA 段对应于直达波,FA 段对应反射波,FA 段在 B 点分叉,BD 对应于经过界面的折射波,B 点对应于在间断面上开始出现全反射的临界情况,从 B 点开始的虚线对应于沿间断面传播的首波,该虚线与 AB,BD 两条线在 B 点相切.

② 低速间断面.如图 7.9 所示,低速间断面是指在间断面上、下都有 $dV/dr<0$,而间断面下的波速小于间断面上的波速.这时地震射线在界面上发生折射,对应的走时曲线出现跳跃、逆进、影区.由于低速间断面的折射作用,在离源角不断减小的过程中,相应震相在走时曲线上由 A 点直接跳到 B 点,然后逆行到 C 点,再向 D 点方向顺进,在地面上 A,C 之间没有射线到达,观测不到有关震相,对应的走时曲线在该段震中距上出现一段空档,称为影区.

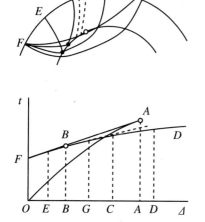

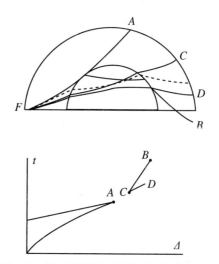

图 7.8 高速间断面对应的射线与走时曲线   图 7.9 低速间断面对应的射线与走时曲线

③ 高速薄层. 设在半径从 r_1 到 r_2 的层中地震波速度随深度的增加要比其上、下快些, 则在 r_1 到 r_2 之间射线的曲率要大些, 使得射线到达地面时出现局部密集的现象, 甚至多条射线汇集到同一点出射, 对应的走时曲线在相应的震中距处曲率加大, 甚至出现角点, 如图 7.10 所示.

④ 高速厚层. 如果在从 r_1 到 r_2 的层中地震波速度随深度的增加而增加得更快, 则在层中射线弯曲得更加显著, 会发生射线的交叉: 穿透更深的射线到达地面时出射点的震中距反而比较小, 这时走时曲线会出现回折和打结现象, 如图 7.11 所示.

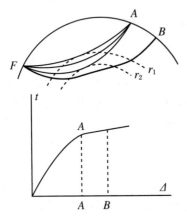

图 7.10　高速薄层对应的射线与走时曲线

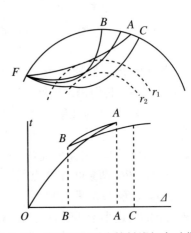

图 7.11　高速厚层对应的射线与走时曲线

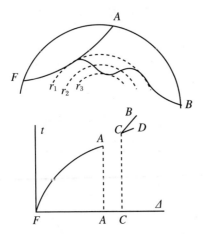

图 7.12　低速层对应的射线与走时曲线

⑤ 低速层. 如果在半径从 r_1 到 r_2 的层中地震波速度随深度的增加而减小, 但其上和其下的其余部分地震波速度仍随深度的增加而增加, 则在该低速层中地震射线的曲率为负值, 会卷向球心. 但因为在更深区域地震射线的曲率恢复为正值, 所以整条射线仍会有最低点. 根据球对称模型和射线的性质, 整条射线关于通过最低点的半径对称. 这时地面上 AB 段接收不到地震射线, 即存在影区; 对应的走时曲线在相应的震中距处出现一段空档, 如图 7.12 所示.

7.1.3　由实测走时曲线计算地球内部速度分布的基本方法

在对大量地震观测资料进行分析归纳后,可得到各种震相的走时曲线,据此通过一些计算就能得到地球内部的地震波速度分布,这是射线理论的成功应用之一.由实测走时资料求地球内部速度分布的基本方法主要有两种,其原理如下.

设 $\mathrm{d}V/\mathrm{d}r<0$,地震射线凸向球心,有最低点,地震射线在其最低点处与半径为 r_M 的圆相切,同时走时曲线 $t(\theta)$ 已知,则对于射线最低点 r_M 有

$$\left.\begin{array}{l} \text{球对称介质中的斯内尔定律:}\ p = \dfrac{r\sin i}{V} = \dfrac{r_M}{V(r_M)} \\[3mm] \text{Benndorf 定律:}\ p = \dfrac{\mathrm{d}t}{\mathrm{d}\theta} \end{array}\right\} \Rightarrow V(r_M) = \dfrac{r_M}{\left(\dfrac{\mathrm{d}t}{\mathrm{d}\theta}\right)_M} \quad (7.24)$$

若 r_M 已知,则在 $p(\theta)$ 曲线[对 $t(\theta)$ 求导得到]上设法找出对应的 $p_M=(\mathrm{d}t/\mathrm{d}\theta)_M$,代入式(7.24)即可求出相应 r_M 处的地震波传播速度 $V(r_M)$.这一方法是由谷登堡提出的,所以称古登堡方法,又叫拐点法.

另一种方法为赫格洛兹-维歇特-贝特曼(Herglotz-Wiechert-Bateman)方法.在 $p(\theta)$ 曲线上指定 $(p(\theta_0),\theta_0)$ 点,然后设法找出相应于 p_0 的地震射线最低点的半径 r_M,代入式(7.24)即得到 r_M 处的地震波传播速度 $V(r_M)$.

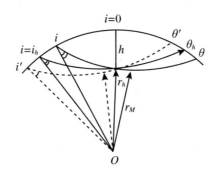

图 7.13　由震源水平出射的地震射线是所有经过震源的地震射线中 p 值最大的

1. 拐点法(谷登堡法)

该方法将走时曲线的拐点对应于从震源沿水平方向射出的射线,因此震源位置即为射线的最低点(图 7.13).这里假设介质的地震波速度连续,$\mathrm{d}V/\mathrm{d}r<0$,震源深度 $h>0$.

已知震源在 r_h 点.从震源沿水平方向射出的射线是所有经过 r_h 点的地震射线中对应的 r_M 最大的,即 $r_h=r_{M\max}$;同时由于 $\mathrm{d}V/\mathrm{d}r<0$,$V_h$ 是所有地震射线最低点处最小的地震波传播速度,即 $V_h=V_{M\min}$,所以 $p_M=\left(\dfrac{\mathrm{d}t}{\mathrm{d}\theta}\right)_M=\dfrac{r_M}{V(r_M)}$ 取极大值,对应于 $t(\theta)$ 曲线上的拐点,即走时曲线的拐点与从震源处水平出射的地震射

线相对应.据此可在走时曲线上找到相应的震中距 θ_h[因为走时曲线 $t(\theta)$ 在 θ_h 处为一拐点].

这样,只要挑选震源深度为 h 的地震,并通过观察分析整理出其走时曲线 $t(\theta)$,找出 $t(\theta)$ 上的拐点及所对应的 θ_h,确定在该点走时曲线的斜率 $\left(\dfrac{\mathrm{d}t}{\mathrm{d}\theta}\right)_M = p_M$,考虑这时 $r_M = R - h$(R 为地球半径),代入式(7.24),即可求出深度 h 处的地震波速度

$$V(h) = \frac{r_h}{\left(\dfrac{\mathrm{d}t}{\mathrm{d}\theta}\right)_M} = \frac{R-h}{\left(\dfrac{\mathrm{d}t}{\mathrm{d}\theta}\right)_M} \tag{7.25}$$

该方法原理清楚、形式简单、计算简便,但需要有较精确的时距曲线,特别是在拐点处.缺点是,它只能求出 0~720 km 处的地震波速度,因为更深的地方没有地震发生;同时拐点不易定准,所以误差较大;此外,由于这种方法要求对每一个深度的地震都总结出一条时距曲线,处理资料的工作量很大;最后,该方法只能定出震源附近的波速值,对其他地方就无能为力了.

2. 积分法(Herglotz-Wiechert-Bateman 法)

该方法是数学上经典的、为数不多可以通过解析方法进行反演的实例.在走时曲线上确定台站对应的震中距 θ_M,然后求得该点处走时曲线的斜率 $(\mathrm{d}t/\mathrm{d}\theta)_M$,也就是射线参数 p_M,根据式(7.24),这时只要知道该射线最低点至地心的距离 r_M,就可以求得 $V(r_M)$,即 r_M 处的地震波传播速度.所以现在的问题是如何求出在 θ_M 处出射的地震射线的 r_M.

假设震源深度为 0,$\mathrm{d}V/\mathrm{d}r < V/r$,由走时方程(7.14)第一式和式(7.6)得

$$\theta = 2\int_{r_M}^{R} \frac{p\,\mathrm{d}r}{r\sqrt{\eta^2 - p^2}} \tag{7.26}$$

这是一个未知量在积分下限的积分方程,称为 Abel 型积分方程,其中 θ,R,p 均已知,η 为 r 的函数.可以通过一系列的数学变换解出积分下限 r_M.

$$\ln r_M = \ln R - \frac{1}{\pi}\int_0^{\theta_M} \mathrm{arcosh}\left(\frac{p}{\eta_M}\right)\mathrm{d}\theta \tag{7.27}$$

将解出的 r_M 同 $(\mathrm{d}t/\mathrm{d}\theta)_M$ 一起代入式(7.24),即得到要求的 $V(r_M)$.

式(7.26)所示积分方程的求解方法早就由阿贝尔(Abel)导出,所以称为 Abel 型积分方程;但因为赫格洛兹、维歇特和贝特曼三人在 20 世纪初最早把它应用于地震学,所以现在通常把这一方法叫作赫格洛兹-维歇特-贝特曼方法.因为该方法要求解 Abel 型积分方程,所以又称积分法.

具体应用时,先整理得到表面源走时曲线 $t(\theta)$,然后求得 $p = \mathrm{d}t/\mathrm{d}\theta$ 曲线 p-θ;指定 θ_M,相应地有 $\eta_M = p(\theta_M) = (\mathrm{d}t/\mathrm{d}\theta)_{\theta_M}$;制作 $\dfrac{p}{\eta_M}$-θ 曲线及 $\mathrm{arcosh}\left(\dfrac{p}{\eta_M}\right)$-$\theta$ 曲线;

求出 $\int_0^{\theta_M} \text{arcosh}\left(\dfrac{p}{\eta_M}\right)\mathrm{d}\theta$;由式(7.27)求出 r_M ;代入式(7.24)得到 $V_M = V(r_M)$

$= \dfrac{r_M}{p(\theta_M)}$.

如果震源不在地表,或地震射线遇到间断面,上面的求解方法就不能直接使用,必须进行一些处理.

在震源深度 $h \neq 0$ 时,由于对称性以及射线必须满足斯内尔定律,选择在不同震中距处具有相同射线参数 p 的地震射线 EA , EB 和 EC ,则 EA 段和 EB 段以及 DC 段的形态完全一致,在地表对应的距离和需要的走时也完全一样,所以可以通过扣除射线从震源深度到地表这一段的走时 t 与对应的震中距 θ ,把震源深度处看作地表,制作 $T(\Theta)$ 图,向下计算地震波速度分布(图 7.14).问题化为用积分法求半径为 $R-h$ 的球体之速度分布,这样就与前面的讨论完全一样了.

当射线穿过间断面时,比如核幔界面,也可以采用类似的处理方法(图 7.15).可以利用在核幔边界反射的 PcP 震相和折射到地核后又回到地表的 PKP 震相,因为在界面上反射和折射时射线的传播方向要满足斯内尔定律,所以这两个震相具有相同的射线参数 p ,也就是走时曲线的斜率相同.由于对称性,PcP 自界面反射回地表的部分与 PKP 折射回地幔之后上行的部分形态完全一致,在地表对应的距离和需要的走时也完全一样,而自震源下行到界面的部分对两者来说完全相同,所以可以通过在 PcP 与 PKP 走时曲线上寻找斜率相同(即 p 相同)的点,制作 $(t_{\text{PKP}} - t_{\text{PcP}}) - (\theta_{\text{PKP}} - \theta_{\text{PcP}})$ 曲线,把问题转化为以间断面为地表且震源在地表的形式,用积分法求间断面下的地震波速度分布.

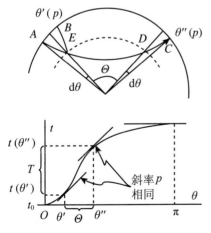

图 7.14　震源深度不为零时的处理方法

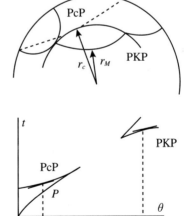

图 7.15　地震射线穿过核幔边界不连续面时的处理方法

7.2　地球内部的速度分布

7.2.1　速度分布模型

历史上,在 20 世纪初 Herglotz-Wiechert-Bateman 积分法问世后,大家就开始用它估计地球内部的地震波速度分布.最早开展这方面工作的是古登堡,还有诺特(Knott)及和达清夫(Wadati).早期的工作由于原始资料较少,所以误差较大.到了 20 世纪 30 年代,杰弗瑞斯和古登堡都意识到需要有大量的地震资料才能很好地反演地球内部的地震波速度.1939 年,杰弗瑞斯根据杰弗瑞斯-布伦走时表(J-B 走时表)得到第一个全球的纵波速度和整个地幔的横波速度分布.1939~1958 年间,古登堡也根据大量地震资料给出了多个地震波速度分布模型.1969 年,哈登和布伦给出了现在称为 HB 模型的地球内部地震波速度分布.1975 年,杰旺斯基(Dziewonski)和安德森(Anderson)在对大量地震波走时数据进行详细分析的基础上,提出了"标准参考地球模型"(PREM 模型).后人利用更多、更加精细的地震波资料,又对 PREM 模型进行了一些修正.

虽然不同人给出的速度结构模型不完全相同,但大同小异,总的分布形态相当一致,都可以把地球内部粗略地分成 A,B,C,D,E,F,G 七个区,分别对应地壳、上地幔、中地幔、下地幔、液态外核、内外核过渡区、固态内核(图 7.16).除了前面讨论的壳幔边界,在大约 2900 km 深处还存在一个界面,其上是地幔,下面是液态的地球外核,称为核幔边界,因为是古登堡最早发现的,所以又称古登堡面;在外核以下还有一个半径约 1220 km 的固态内核.上地幔中存在一个低速带,内外核间速度有阶跃,C 层细测后速度-深度曲线相当弯弯曲曲,精细结构一般通过 PREM 模型给出.在某些地区,还存在一些区域性的间断面.

7.2.2　远震体波震相

通常用大写字母 P 和 S 分别表示从震源向所在水平面下方出射、经过地幔到达地面的纵波和横波(图 7.17),如果在离开震源时地震射线向所在水平面上方射出,则用小写的 p 和 s 表示以作区分.在地球液态外核中传播的纵波用 K 表示,在固态内核中的纵波用 I 表示;液态外核不能传播横波,在固态内核中的横波用 J 表示.通过界面折射的各种震相,直接用各段射线的符号连写,如:PKS,

PKIKP 等.在界面上的反射则要分内侧反射和外侧反射两种情况:在界面内侧反射,只需依次连写各段射线的符号,如 PP, SS, PS, SP, pP, sP, sS, pS, PPP, SKPPKP 等;在界面外侧反射,则在两段射线的符号中加小写的界面记号,即 c(外核)、i(内核),如 PcP, SKiKP 等.

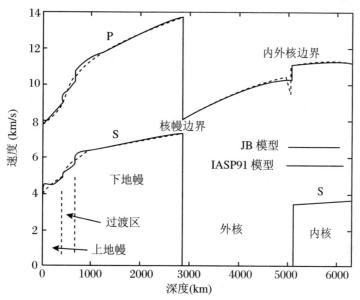

图 7.16 地球内部的地震波速度分布

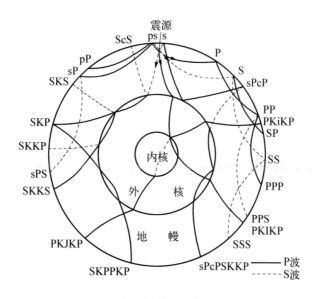

图 7.17 远震体波震相的传播路径

因为地球内部有许多间断面,一个比较强烈的地震激发的地震波可以在地球内部经过多次反射和折射,形成丰富多彩的震相.为了使对比较复杂震相的描述相对简单一些,可以对震相进行缩写,如 PKP = P′,SKSSKS = (SKS)$_2$,PKKKKKKKP = P7KP 等.

P 波和 S 波在地核外表面发生反射我们用小写字母 c 表示,而以 PcS,PcP,ScS和 ScP 等表示在地核外表面反射后出现的波.例如 PcS 表示以 P 下行、在地核外表面反射后以 S 波传到地面的波.地球的外核是液态的,所以只能通过纵波,而没有横波.我们以 K 表示通过外核的纵波.纵波可能在外核内表面反射,这种情形以KK 表示.通常以 P′ 表示 PKP,它表示 P 波通过外核后折回地面.类似地,有 PKS,SKS 和 SKP.P′P′(即 PKPPKP),P′P′P′,P′P′P′P′ 表示 P′ 在地球表面反射;而PKKP,PKKS,SKKS 表示在外核内表面反射.PcPP′ 是 PcP 进一步在地球表面反射成 P′ 后形成的.

内核是固态的,可以传播 P 和 S 波.通过内核的 P 波以 I 表示,S 波以 J 表示.所以 PKIKP 表示一个贯穿内核的纵波.

7.2.3　几个重要的速度及其导数间断面

地壳与地幔之间的莫霍面前面已经分析过,这里主要讨论一下核幔界面、内外核之间的界面等.

1. 核幔界面

在地下约 2885 km 处的核幔界面上下,纵波速度由大约 13.6 km/s 突然降低为约 7.98 km/s,而横波则消失了.

早在 1798 年,英国科学家卡文迪什(Cavendish)就通过万有引力测量,确定出地球的平均密度约为地表普通岩石的两倍.1897 年,维歇特首次提出地球有核的概念,因为地球整体密度要比地表大很多.1906 年,奥尔德姆(Oldham)根据穿过地球内部到达对蹠点的 P 波走时太长的现象,首先提出了地球内部有一个速度比其外部低的地核,并预言会出现影区(图 7.18).1914 年,美国学者古登堡首先发现在距震中 11500~16000 km 的范围内存在地震波的影区,推断地下存在地震波速的低速间断面,计算出界面深约 2900 km,对应影区 $105°$~$143°$,并且在该不连续面上地震波出现极明显的反射、折射现象;后证实这是地核与地幔的分界层,并称其为古登堡面.1939 年,杰弗瑞斯用 J-B 走时表确定出地核界面的深度为(2898±4) km.古登堡和杰弗瑞斯两者的结果极为一致.迄今这个数据仍为地球物理学界所公认.古登堡面以上到莫霍面之间的部分称为地幔;古登堡面以下到地心之间的部分称为地核,其上部为液态.经过后人的大量工作,一系列与古登堡面有关的震相被识别出,并与理论模型预测的结果对上号,从而整理出了有规律的各种震相的时距曲线,包括 PcP,ScS,PcS,PcPPcP 等,反射震相尤其明显.

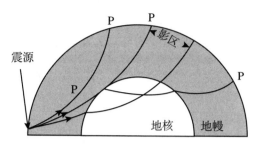

图 7.18　核-幔边界处的速度突降会造成影区

古登堡面下的地球外核不能传播横波,但不是高吸收的缘故,因为可以观测到在外核中多次反射的纵波(图7.19),如 P7KP 甚至 P11KP 等,而且由 P7KP 与 P11KP 两震相的振幅差可知在外核中弹性波的衰减很小.另外,对地球自由振荡及固体潮观测的解释也要求 E 层刚度比较小.所以现在大家认为地球外核为液态,是由铁、镍、硅等物质构成的熔融态物质组成的,没有固体地幔的黏性固态特性.由于液态外核能够流动,故地球磁场的形成可能与它有关.现在还有科学家仍在研究外核是否可能有剪切模量极小的固态物质。

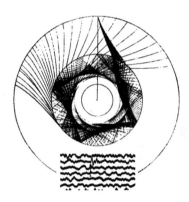

图 7.19　观测到的 P4KP 震相

2. 内外核界面

内外核之间的界面(图 7.20)把液态外核与固态内核分开,经过该界面,纵波速度由 10.33 km/s 左右增大到约 11.19 km/s;在外核中消失的横波又在内核中出现,速度约为 3.36 km/s.

1936 年,丹麦女地震学家英格·莱曼(Inge Lehmann)在研究太平洋地震的地震图时发现,在前面讨论过的影区中 P 波震相的强度相当大,不可能用绕射波来解释.她提出,在外核之内应该有一个地震波传播速度比较大的固体内核,如果该震相是从地球内核表面反射出来的,其特征就能够得到解释.她估计这个内核的半径约为 1500 km.在此模型基础上得到的理论反射波在震中距小于 142° 的地震观测台出现,预测的走时与实际观察到的十分接近.1969 年,Derr 通过对地球自由振荡的研究发现,本征频率特征也要求,在这个深度地球介质的密度要有约 2.0 g/cm³ 的增加.

布伦提出,当深度大于 1000 km 时,可以充分近似地把体积模量 K 视为压力 P 的平滑函数,当压力超过 100 万标准大气压时,普通物质的 K 主要取决于压力,而与化学组成关系不大,这称为 K-P 假设.在内外核边界,压力 $P(r)$ 和 dK/dP 都很连续,因此 K 应该也是连续的. 由 $K(r) = \rho\alpha^2 - \dfrac{4}{3}\mu$,可得 $\rho\alpha^2 = K(r) + \dfrac{4}{3}\mu$,其中 α 是纵波速度,μ 为剪切模量;根据实测的 $\alpha(r)$ 和估计的 $\rho(r)$,得出 $\rho\alpha^2$ 在内核界面有突增. 如果在核内 $\mu \equiv 0$,则这一突增全部由 $K(r)$ 的突增引起,这与 K-P 假设严重不一致. 因此,$\mu(r)$ 必然有突增,在外核中 μ 为零,现在必须大于零,即内核是固态的,可传播纵波.

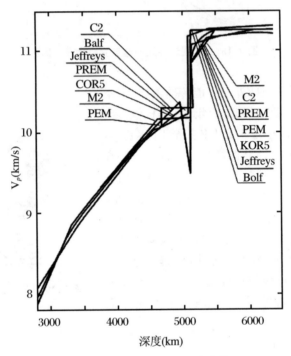

图 7.20   内外核之间的速度变化

不同的研究者给出了不同的结果,但总的趋势是一样的,细节有些差异

据此,布伦预测在 $205° < \Delta < 230°$ 能观测到 PKJKP 震相;1964 年,Bolt 和 O'Neill 根据布伦的预言计算了 PKJKP 震相的理论走时,并编制了 PKJKP 的理论走时表;Julian 等人在 1972 年采用信号处理技术提取出了 PKJKP 震相,确认了其存在. 美国蒙大拿州的大型台阵(LASA)记录到内华达州地下核实验的地震波,震中距仅为 $10°$. 这些地震仪捕捉到从地球深部很高角度入射的反射波,震相非常清楚,其到时与预期的 PcP 波和 PKiKP 波吻合,无疑它们是从外核(PcP)或内核(PKiKP)边界很陡处反射回来的,由此表明核幔界面和内外核界面都是十分清晰的.

此外,内外核也不是截然分开的,在内外核之间,还存在一个不大不小的"过渡层",深度在地下 4980~5120 km 之间,也就是"F 区".因为是液态物质与固态物质的交界区,过渡层的结构与性质都比较复杂,不同的速度模型也有一定的差异;有的认为在过渡区随着深度的增加,速度单调地增大;有的则认为速度先减小,然后再增大.可能还存在显著的横向不均匀,所以在该区域会出现地震波的散射和衍射.PKIKP 的前驱波 PKHKP 可能就是内外核过渡区引起的衍射波(图 7.21).

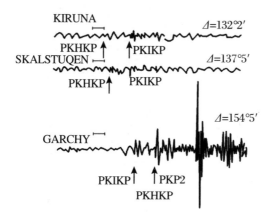

图 7.21 可能由内外核过渡区引起的 PKIKP 的前驱波 PKHKP

从总体上看,随着深度的增加在地幔中地震波传播速度逐渐增大,在核幔边界处突然减小,然后继续逐渐增大,再在内外核界面处有一个突增,然后又逐渐增加.所以走时曲线出现跳跃与两次逆进,透射波震中距可超过 $180°$,在一些震中距上出现多重震相,能量分布复杂,内外核表面均有衍射波(图 7.22).远震部分主要震相的走时曲线见图 7.23.

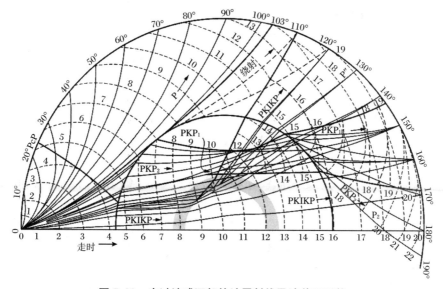

图 7.22 穿过地球深部的地震射线及波前面形状

有些震相的震中距可以超过 $180°$

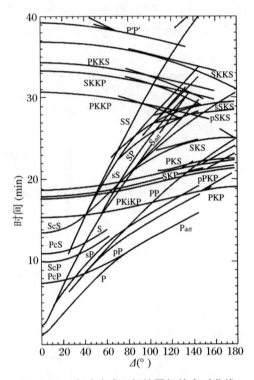

图7.23 穿过地球深部的震相的走时曲线

3. 20°间断面与不同深度处的高速层

1926年拜尔利(P. Byerly)发现,走时曲线在震中距20°处出现"角点",意味着地下存在高速层.1939年,通过计算,他得出高速层大概在地下413 km处.谷登堡的研究结果在震中距16°处.

在地表不少地区都观测到三重震相,这说明走时曲线存在打结、回绕现象,对应着地下存在的高速间断面.另外,P′dP′震相(如 P′660P′等)的发现(图7.24)也说明在地球内部不同位置存在高速层.

4. 上地幔低速区

1926年,谷登堡发现走时曲线存在空档和分叉,必须用地下浅部存在低速区来进行解释.利用拐点法求出的速度分布、面波研究等也证实了这一结果.普雷斯用蒙特卡洛法研究地球自由振荡,从500万个模型中选出27个,也都包含低速区这一结构.但至今仍令人感到困惑的是,P波和S波影区对应的低速区深度不完全一致(图7.25).

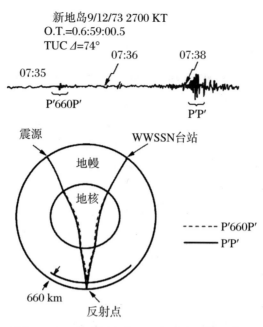

图 7.24 P′ 在 660 km 高速层内表面反射形成 P′660P′ 震相. 由其
与 P′P′ 震相的到时差可以估计该高速层的深度

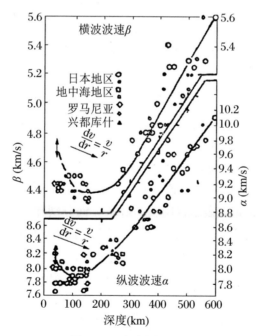

图 7.25 上地幔低速区
P 波和 S 波对应的深度有差异

7.2.4　近代有关地球内部地震波速度分布的研究

一个学科的发展常借助于其他领域的理论与方法,在利用地震波传播研究地球内部结构时也是如此.目前所用到的强有力的新技术是地震层析成像,它首先在医学上用于观察人体内部,在工程上用于研究物质内部的缺陷.在现代医学中,医生通过这个技术获得人体内部的图像,并把它命名为 CAT 扫描,即"计算机层析(CT)技术":将传感器放在人体的一侧,X 射线或其他粒子源放在另一侧,接收到的强度反映了人体内密度变化或人体组织吸收影响射线的方式.类似地,在地震学研究中地震产生机械波,这些波通过地球内部之后由地球表面的地震台接收并记录.与医生不同,医生可以把粒子源和探测仪精心布设在器官周围,但地震学家不能控制震源,他们必须利用那些发生在地球上有限地区的大地震,所以对分析和处理提出了更高的要求.

层析成像从本质上讲是根据对函数的某种积分资料(一般是沿一系列射线路径的积分资料)来反推函数分布的一种数据处理方法.地震层析成像用全球各台站天然地震记录中的各个震相的走时,用射线追踪计算震源和台站之间的理论走时,调整和修改地球的波速模型使计算走时与实际走时之均方差取极小.1984 年,安德森和杰旺斯基根据大量地震波资料通过基函数展开的成像方法得到了地球内部三维结构的图像,在地学界引起极大的反响.

我们可以借助于图 7.26 和图 7.27 做一简单说明.先做正演(图 7.26):(a)是一个最简单的基本模型,由四个正方形单元组成,具有不同的速度;(b)则给出了每个单元相对于标准速度(6.0 km/s)的偏差;(c)是沿着不同方向穿过该基本模型的地震射线对应的走时;(d)为每条地震射线走时相对标准速度结构的偏差;(e)则是用相对百分比表示的走时偏差作为反演的模拟实测.

然后再利用正演得到的数据模拟反演(图 7.27).先根据图 7.26(e)给出的水平方向上的两条射线的模拟实测值建立一个速度结构[图 7.27(a)],用相对标准速度(即 6.0 km/s)的偏差表示;(b)为沿竖直方向分别穿过左右两部分对应的射线,可以根据(a)中模型计算出理论走时,然后与正演得到的模拟实测值进行对比,得到相对偏差,也就是需要进行的修正;(c)表示的是对每一个正方形单元进行的修正;(d)为修正后的结果;(e)为沿对角线方向传播的射线根据修正后的模型(d)计算出的理论走时,以及与模拟实测值的对比;(f)和(g)则为又一次的修正和修正后的结果;最后结果(g)与图 7.26(b)的速度模型完全相符.

从上面的简单例子可以看出,要得到比较理想的反演结果,需要每一个小单元都有地震射线穿过,最好不同方向的射线都有;实际反演工作条件很难满足这一要求.当然,可以把单元划分得大一些;但这样必然会对分辨率产生很大的影响.为了检验数据质量、判断反演的实际效果以及可靠程度,就发展出了"测试板"(checkboard test)方法.因为该方法所用模型与国际象棋的棋盘类似,所以又称棋盘格测试.

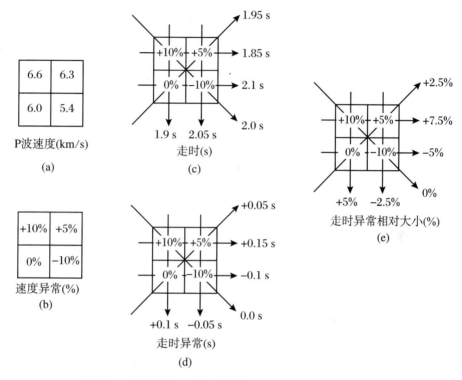

图 7.26 通过正演为反演准备模拟实测值(W. Lowrie, 1997)

地震层析成像包括 P 波、S 波和面波成像,P 波成像最真实、精确.全球层析成像主要研究岩石圈深部、全地幔的三维结构,根据层析图人们确定了陆根的存在及其深度,研究了俯冲板块的特征,给出了俯冲带延伸至上地幔底部的证据.地震层析成像最重要的任务是给出地幔对流存在的直接证据及其对流状态,但目前地震层析成像的分辨率还不够高,达不到所需要的程度.

随着观测技术的改进和研究方法的发展,人们发现,地震波传播速度除了随着深度变化外,还普遍存在着横向不均匀与各向异性.均匀性是位置的函数,各向异性是方向的函数.均匀物质不一定是各向同性的,不均匀的物质也不一定是各向异性的.对于横向不均匀与各向异性的研究,加深了人们对地球内部动力学过程的理解.

由于温度、应力环境不同,地球内部不同深度处各向异性的强弱及影响各向异性的因素也各不相同:在地壳中,微裂隙及矿物晶体的晶格优选方位是产生各向异

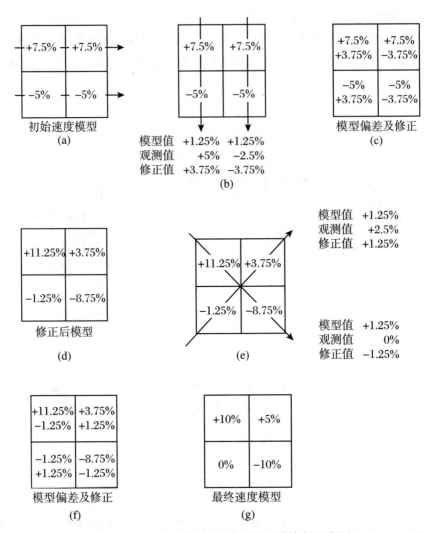

图 7.27　利用正演得到的结果作为模拟实测值进行反演的主要过程(W. Lowrie, 1997)

性的原因;在上地幔中,由于高围压的作用,岩石中微裂隙大部分已经闭合,影响各向异性的主要原因是矿物的晶格优选方位;在内核中,hcp 型铁晶体的定向排列被认为可能是内核各向异性形成的原因.

　　各向异性与地球内部的构造变形密切相关.对于稳定地区,各向异性意味着过去构造活动的"遗迹";而对于现今活动地区,各向异性反映了当前的构造活动.例如,在地球深部的高温和构造作用下,岩石发生塑性变形而产生特征性的各向异性结构;部分熔融作用也会形成各向异性的熔体分布形式,从而产生各向异性结构.通过观测地震波各向异性,我们可以对地球内部结构和动力学过程做更准确的约束,如岩石圈厚度、构造变形、动力学过程及地幔对流(图 7.28).知道了地震波速度各向异性的位置、特征方向和大小,还可以约束化学及熔融的不均匀性、流变模式中各向异性物质的取向等.通过对地球固态内核各向异性的研究,甚至可以对它的结构、运动与起源做一定的约束.

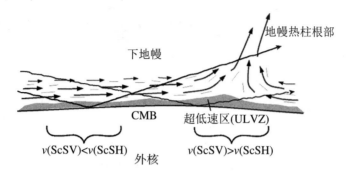

图7.28　下地幔底部的横波分裂可能与物质的流动方向改变有关

偏左的部分 $v_{SV} < v_{SH}$,可能对应着物质沿水平方向运动;偏右的部分 $v_{SV} > v_{SH}$,意味着物质的运动方向可能变为竖直向上

第 8 章　地震波的激发和震源机制

天然地震会给人类造成灾害.它是如何发生的,如何才能预报地震,自然是人们关注的重点.但是,地震学的发展表明,前期工作侧重于地震波传播的研究,这是由需要和可能决定的.

首先,人类生活生产上需要寻找地下资源,也需要了解工程地质环境的岩层性质,这些对经济、建设的意义既直接又重大.因此,在这一需要的刺激下,利用地震波传播特性了解地球结构的研究有了较大的发展.地球结构又是地球科学许多分支的基础,就获取地球结构的知识而言,地震波传播的研究比地震波激发的研究作用大许多.

其次,从学术上讲,地震波激发比地震波传播更难研究.利用地震波的运动学特征,如只是识别震相的到时、制定走时曲线、制作面波的频散曲线等,就可以探测地球的构造,这些特性不容易因仪器的特性而失真.当然,动力学特性,如地球自由振荡谱线、Q 值分布等的研究,对于更全面、更精细地刻画地球构造的特征也有很大贡献.但是,震源的研究一定要用到波动的动力学特征,这些信息要求对仪器做精确的参数测定和严格的响应计算,其要求更高.

台站接收到的信息包括来自介质和震源两部分.要从记录中提取有关震源的信息,必须先扣除传播的影响,这是先决条件.因此,先发展传播理论是顺理成章的过程.

地震学属于应用物理学.从物理学理论来看,波动理论在物理学中发展较早;而材料破裂的理论发展较晚.虽然 1910 年美国科学家雷德(H.F.Reid)已想到,地震可能是由于岩石的破裂引起的,但没有可供分析的定量理论.直到 1921 年,才由格里费斯(A.A.Grifith)首次提出脆性破裂的理论.第二次世界大战后,为探测核试验而开展的维拉计划(VELA Project)以及 20 世纪 60 年代频频发生在人口较为稠密地区的地震灾害,都刺激了对于震源的深入研究.工程上对于桥梁、轮船、飞机、建筑物、火箭事故等的关注与深入探究,促进了断裂力学的发展,也为对地震震源过程的研究提供了理论与方法.

8.1 地震断层和震源区的应力状态

8.1.1 地震的直接成因:弹性回跳假说

大多数地震发生在地壳内.在地壳受构造应力变形时,能量以弹性应变能的形式储存在岩石中,直到在某一点累积的应力超过了岩石的强度,岩石就发生破裂,或者说产生了断层.破裂后,储存在岩石中的应变能便释放出来,变形消失,应力消除,断层两侧相互对着的岩体回跳到各自的平衡位置,中间留下错开的部分即为断层的错距.释放出来的应变能一部分转化为热能,一部分用于使岩石破碎,还有一部分转化为弹性波向外辐射传播.

关于这种能量的缓慢积累以及随后的突然释放,其直接证据来自对地震现象的野外观测.雷德在对 1906 年 4 月 18 日旧金山大地震前后加利福尼亚跨圣·安德烈斯断层的大地测量数据进行分析之后,于 1911 年提出了关于地震成因的"弹性回跳假说"(图 8.1),首次把地震的发生与地球介质在构造应力作用下的断裂联系起来.

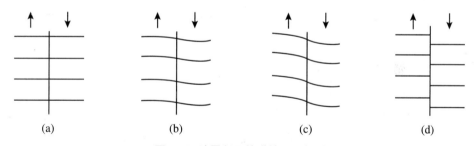

(a)	(b)	(c)	(d)

图 8.1 地震断层的弹性回跳假说

既然地震是由断层引起的,那么破裂或者说断层的取向和其他性质应当或多或少地和引起这个破裂的、作用于地球内部的应力有关.所以,通过分析记录到的地震波动,就有可能确定产生地震的断层的取向和其他有关性质,进而就有可能了解使地球介质变形的力的性质.

8.1.2 断层面解

在早期的地震学研究中人们就已经注意到,P波到达地面时的初始振动有时是向上的,有时是向下的.20世纪初,许多研究者几乎同时发现,同一次地震在不同地点的台站所记录到的P波初动方向具有四象限分布.

日本的中野广(1923)最早在《地震运动力的本性短评》一文中利用Love的经典弹性理论著作《A Treatise on the Mathematical Theory of Elasticity》中介绍的集中力基本解,发表了无限弹性体中作用在一个"点元"上各种力系引起的弹性波传播解.不过他们并未把P波初动四象限分布的波动解与地震台观测到的初动四象限分布联系起来分析,更没有把力系与断层面联系起来.

美国的拜尔利受到雷德弹性回跳假说的启发,经过直观联想,实现了概念飞跃,提出了把力源与初动四象限分布联系起来的设想.为了证实这一设想,拜尔利寻求理论支持,并呼吁解决划分实际地球上观测到的初动分布的作图方法.他本人发展了最初的震源机制求解法,并于1938年第一次利用P波初动求出完整的地震断层面解.震源的定量研究从此开始.

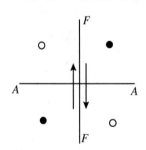

图8.2 地震断层两侧纯走滑运动引起的压缩和膨胀分布

"○"表示压缩,"●"表示膨胀

图8.2是在平面上表示一个垂直断层FF上的纯水平运动.箭头表示断层两盘彼此相对运动.直观地想象,地震波到达时,箭头前方的点最初应当是受到了推动,或者说受到了压缩,表现为离源;而箭头后方的点应当是受到了拉伸,或者说发生了膨胀,表现为向源.相应地,沿地震射线到达地表的P波初动则分别表现为向上和向下.通常以"C"或"＋"表示初动是推动、压缩、向上或离源,而以"D"或"－"表示初动是拉伸、膨胀、向下或向源.在这种情况下,震源附近的区域被断层面FF和与之正交的辅助面AA分成四个象限.FF和AA都是节平面,在这些面上,P波的初动为零.

地球内部地震波速度分布不均匀使得地震射线弯曲,导致从断层面一侧离开震源的地震射线可能到达断层面的另一侧(图8.3),在预期初动为正的地方就可能会记录到负的初动.这时就不能再用两个互相垂直的平面将压缩和膨胀区分开.为了消除射线弯曲造成的这种畸变,恢复初动四象限分布的直观形象,需引进震源球概念.图8.4中的H表示一个有一定深度h的震源,O是台站,N是北极,φ是台站相对于震中E的方位角,Ψ是震中相对于台站的方位角,i_h为射线离开震源时与地球半径的夹角,即离源角.

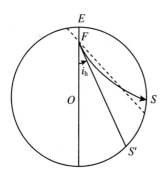

图 8.3　地球内部的波速不均匀使得
地震射线弯曲,改变了理想
的初动四象限分布

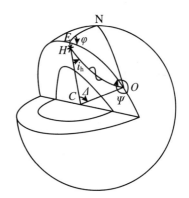

图 8.4　弯曲的地震射线在离开震源时
的方向可以用离源角表示

由图 8.5 可见,如果把 O 的观测结果逆着射线归算到以 H 为球心、以充分小的长度为半径的小球的球面上,就可以克服地球不均匀性引起的困难,球面上的初动分布恢复为均分的四个象限,从而可以在小球球面上把理论分析和观察结果加以对比.这个理想化的小球就被称作震源球(图 8.5).在震源球球面上,和台站 O 相应的点 P 的位置可以用离源角 i_h 和台站相对于震中 E 的方位角 φ 表示.

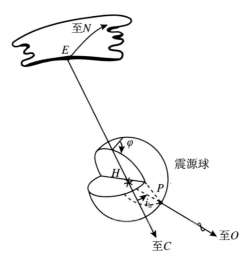

图 8.5　震源球和地震射线的"离源角"

8.1.3　利用乌尔夫网求断层面解

1. 基本原理

为了在平面上处理球面问题,在二维的纸面上求出地震的断层面解,必须先将射线在地表出射点的位置 $O(\Delta,\phi)$ 沿地震射线回推到震源球面上的点 $P(i_h,\phi)$,然后把震源球球面上的 P 点通过极射赤面投影方法投影到震源球赤道平面(即过震源球中心的水平面)上的 $P'(HP',\phi)$ 点(图 8.6),这种投影法称为乌尔夫球极平面投影,投影所得的图为马尔夫网.最后利用转动乌尔夫网的方法把符号不同的 P' 点用两条相互正交的大圆弧分割成四个象限.这样球面问题便变成了在乌尔夫网上的平面问题,就可以达到在平面上完整地表述地震断层面的三维空间形态的目的.

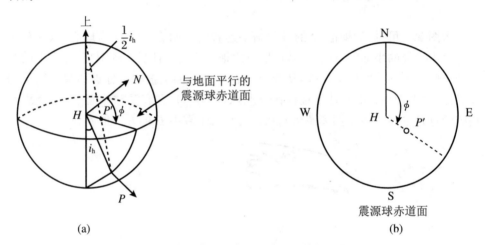

(a)　　　　　　　　　　　　　(b)

图 8.6　由三维问题变为二维问题的投影方法

2. 离源角 i_h 和初动符号的确定

由于在地球内存在各种间断面,不同的震中距 Δ 处记录到的初动震相不可能都是直达 P 波;此外,为了充分利用各种清晰的震相(不一定是初动),需要研究地面上接收到的不同震相在还原到震源球面上时的初动符号改变问题(图 8.7).

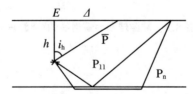

图 8.7　离源角和初动符号与射线路径

为提高求解断层面的精度,可以综合利用多种震相

由于直达 P 波离开震源时初动符号在波传播过程中不发生改变,所以地震台上观测到的符号与该波离开震源时相同.

PP 波和 pP 波是在地面上反射了一次再到达地震台的波,它们一般在反射时要改变符号,即原来离开震源时是正号,则反射后变为负号.也就是说,当地震台上观测到初动是负号时,其离源时的初动符号应当是正号.由此推知,在地震台上观测到的 PPP 波和 pPP 波的初动符号应与离开震源时的初动符号相同.PcP 波虽然在外核外表面也反射一次,但核幔界面的性质与地球表面不同,P 波不改变符号.

不同震相的离源角公式也是不同的.地震台距震源较近时,由于射线是直线或折线,离源角容易确定,例如:沿直线传播的 P 波,其离源角 $i_h = \arctan\left(\dfrac{\Delta}{h}\right)$;首波的离源角 $i_h = \arcsin\left(\dfrac{V_1}{V_2}\right)$.当地震台距震中比较远时,必须考虑地震射线的弯曲,这时沿曲线路径传播的 P 波离源角 $i_h = \arcsin\left(\dfrac{R}{R-h}\dfrac{V_h}{V_0}\sin i_0\right)$.当震源在地壳以下时,P 波射线是不对称的,必须做地壳折射的修正.对于正常深度的地震来说,已经根据地球速度分布计算出了不同深度的地震、不同震相在不同震中距出射时,对应射线的离源角,可以通过查已制好的表格确定所用具体震相的离源角 i_h.

当远近台站所观测到的地震波的离源方向(包括离源角和方位角)以及初动方向求得后,即可求解震源断层面.

3. 解的确定

在利用乌尔夫网求解震源机制时应注意:

① 网心相当于震源,也相当于震中,它是震源和震中的铅直线的投影,用 O 表示.

② 在网的外边缘沿顺时针规定方位角,由正北方向算起(图 8.8).

③ 通过网心共有两条互相垂直的直径,一个为南北方向,一个为东西方向.在其上记有度数,它代表与铅直线之间的夹角,我们称其为离源角标度尺(图 8.8).例如,图中的 S 点,其方位角为 A_z,其离源角为 S 至网心所张的角.但因乌尔夫网上在 OS 的半径方向上没有刻度,不能读数,所以就把 S 点围绕网心旋转移到离源角标度尺上,即移到 S' 点或 S'' 点上,然后读出由 S' 点或 S'' 点到网心的度数,即为 S 点的离源角.

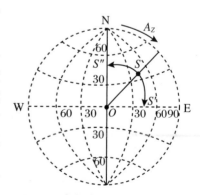

图 8.8　乌尔夫网上几个参数的标记方法

在乌尔夫网上确定某一条射线穿出参考球面的位置时,可用射线的离源角 i_h 和方位角 A_z 来表示.具体操作如下:把一张透明纸铺在乌尔夫网上,在纸上绘出网心位置和正北方向,并使其与网上的正北方向重合.然后以正北方向为方位角的起始点,沿圆周顺时针读出某一射线的方位角 A_z,并在圆周上作一点 α,如图 8.9 所示.这样,我们所要确定的那条射线穿出参考球面的点 S,其投影即在半径 $O\alpha$ 上,然后,再仿照图 8.8 中的办法,把透明纸上的半径 $O\alpha$ 绕网心旋转,直到 $O\alpha$ 与某一离源角标度尺重合,例如与向东的标度尺重合时(图 8.10),则由 O 点沿标度尺标出离源角 i_h 和点 S.然后将透明纸恢复到图 8.9 的原位上,此时纸上的正北方向与乌尔夫网的正北方向重合.这样,点 S 就是由 i_h 和 A_z 所规定的那条射线穿过参考球面的出射点 S 在乌尔夫网上的位置.我们就把该射线离开震源时的初动符号标在点 S 旁.依此方法把所有地震台记到的地震波都按其离源时的方位角和离源角标在乌尔夫网上,并记上其离源时的初动符号,比如用"○"代表"+",以及"·"代表"−".这样地球表面各地震台的相对位置及所记录到的 P 波初动符号都绘在参考球面的投影乌尔夫网上了.

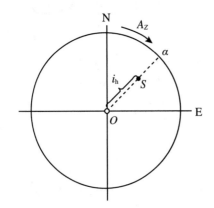

图8.9 利用乌尔夫网标出地震台站的方位

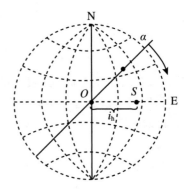

图8.10 利用乌尔夫网标出地震射线的离源角

　　但由于地震波射线有从震源上方射出的,也有从下方射出的,而乌尔夫网只是半球投影,为了充分利用各个台站的初动数据,可以综合利用由震源上方及下方射出的射线.这时,离源角 i_h 不变,但方位角差 180°,另外初动符号也不变,上、下两个半球的投影图经绕 O 旋转 π 后即可联合使用.当所有的初动符号都标在乌尔夫网上后就可画出节线.

　　① 通过乌尔夫网旋转,找出一条节线 AA'.

　　② 连接节线中点 CO,延长至 A 点,使 CA 跨 90°.

　　③ 再通过乌尔夫网找过 A 点的另一条子午线 BB'.

　　④ 类似②找出 B 点(节面 B 之极点).

　　⑤ 如 B 点已落在节线 AA' 上,则已找到解;如 B 偏离一点,则略做调整,使 B 点落在节线 AA' 上;如调整不好,则改动节线 AA',重复①~⑤的过程.

　　在画节线时要注意以下几点:

① 乌尔夫网上的节线有两条,它们必须把初动符号分开,即相邻象限符号相异,相对象限符号相同.

② 节线必须是乌尔夫网上的大圆弧,因为大圆弧所对应的是通过震源的面,而所求的断层面和辅助面都通过震源.

③ 所画出的两条节线必须是正交的.这是因为断层面和辅助面是互相垂直的.在乌尔夫网上判断两个节面正交的标准是把离源角标度尺与某一节线的中垂线重合,并由垂足沿此中垂线上加 90° 得一点,即极点,该点必须落在另一条节线上.同样的,另一条节线的极点也必须落在这一条节线上.

符合上述条件的节线确定后,即可由它们的相互位置关系求断层面的空间形态和相对错动方向.

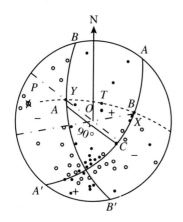

图 8.11　通过旋转乌尔夫网根据 P 波初动方向分布确定地震断层面

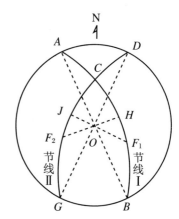

图 8.12　乌尔夫网上的节线与地震断层面

假设我们已经按上述方法在乌尔夫网上画出了两条节线,如图 8.12 所示.在图上节线Ⅰ和Ⅱ中一个是断层面,另一个是辅助面.如果节线Ⅰ为断层面,则 BOA 方向为其走向,OH 代表该断层面与铅直线方向之间的夹角,由 O 向 H 的方向为断层面的倾向.这里,节线Ⅱ为辅助面节线.由于辅助面垂直于错动方向,所以 OF_1 就是错动方向的投影.OF_1 代表错动方向与铅直线之间的夹角,OF_1 与正北方向之间的夹角就是错动方向的方位角.

如果节线Ⅱ为断层面,则 DOG 就是断层走向,OJ 为断层面与铅直线之间的夹角,由 O 向 J 的方向为断层面的倾向,在此情况下,节线Ⅰ为辅助面节线,这个辅助面的法线就是错动方向.由此可知,OF_2 为错动方向的投影,对应 OF_2 段的角度为错动方向与铅直线之间的夹角.OF_2 段的方向与正北方向之间的夹角为错动方向的方位角.

在图 8.12 中,不管节线Ⅰ对应断层面,还是节线Ⅱ对应断层面,震中所在的那个象限必为断层的下盘(因为取的是下半球投影).如果这个象限中分布着负号的纵波,则说明下盘有向上动的分量,这就是正断层.如果震中所在的象限分布着正号的纵波,则说明下盘有向下动的分量,这就是逆断层.在图 8.12 中,F_2 点和 F_1 点分别与 J 点和 H 点的距离(即相当于错动方向与断层倾斜方向之间的夹角)越大,则断层的走滑分量越大.判断走滑分量大小的另一个标志是 C 点距 O 点的远近,当 C 点距 O 点远时,断层错动的走滑分量小,当 C 点在外围圆周上时,无走滑分量,即断层为纯正断层或纯逆断层.当 C 点与 O 点重合,即两条节线的交点在网心时,则为纯走滑断层.

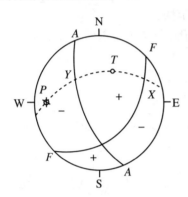

图 8.13　断层面解与应力主轴

在具体划分两个界面时,各人可根据自己的不同经验去实现最佳拟合,但一般是先划出一个节面,再找第二个节面,且要求两个节面符合正交条件,反复调整,直至满意.现在,利用 P 波初动求解断层面已经实现计算机自动处理,不再需要人工旋转乌尔夫网,但弄清其基本理论,理解求解步骤的意义,对我们真正了解发震断层仍是十分重要和必需的.

根据断层说,地震辐射弹性波所释放的主压应力轴(P)和主张应力轴(T)与断层面取向的关系如图 8.13 所示.P 轴和 T 轴可由 P 波初动分布求出.它们应当位于 XY 平面并且分别与 X 轴和 Y 轴成 $\pi/4$ 夹角.P 轴位于初动为负的象限,T 轴位于初动为正的象限.

8.1.4　震源区的应力状态

求出地震的断层面解只解决了断层的取向问题,也即几何问题;人们更希望能从地震记录中获得与震源处的物理状况有关的特性.根据发震的断层学说,断层的走向、滑动方向理应与造成断裂的应力状态有关,因此需要讨论断层面解与构造应力之间的关系.

地球内部各点一般处于三个主压应力的状态,可以用 P_1,P_2,P_3 代表岩石在破裂前一刻的主应力,并设 $P_1>P_2>P_3$.当差异应力足够大时,形成破裂面,其法向与最大主压应力的夹角为 $\frac{\pi}{2}-\theta$,两个共轭断层面在介质均匀时,出现的概率相等(图 8.14).θ 称为破裂角(或断层角),一般有 $\theta<\frac{\pi}{4}$.

由岩石破裂三轴应力实验结果可知,P 轴和 T 轴反映了地震前后震源区应力状态的变化,而不是震源区构造应力方向本身.P 和 P_1 不能互推,P_3 和 T 也不能互推.但一个地区许多地震的 P 轴、T 轴的平均取向有可能代表该地区的构造应力状态,所以如果对一个地区的 P 轴方向做统计平均就有可能获得该地区构造应力方向的图像(图 8.15).

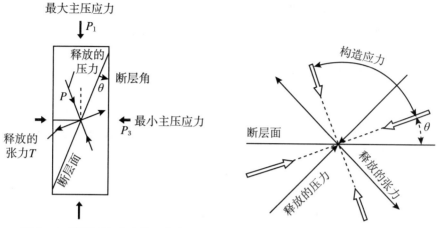

图 8.14　断层面与应力作用方向　　　图 8.15　地震释放的应力与引起地震的
　　　　　　　　　　　　　　　　　　　　　　　构造应力之间的关系

　　上面分析只适用于新断层产生的情形.在已经存在断层的情形下,因为在断层附近介质的强度可能比其他地方的强度低,存在软弱面,因此可能沿着已有的断层发生滑动.这些情况说明,无论是在完整的岩石中发生了新断裂,还是沿着已有的断层发生了滑动,我们都可以由地震波初动求得 P 轴和 T 轴,但是都不能简单地把 P 轴与 P_1 轴、T 轴与 P_3 轴等同.

　　А. В. Веденская 和 Balakina 等提出震源不是与断层面联系,而是与震源处主应力轴相联系设想,指出力源为一应力张量.但是,他们把最大剪切力平面简单地等价于断层面.Б. В. Костров 已纠正了这一误解.因此,在无断层介质中,适当的虚拟应力张量也可以产生与断层作用引起的辐射完全相同的波动场.

8.2　地震波辐射源的理论模式

　　中野(Nakano)研究了比较抽象的、高度理想化的集中力系点源模式,结果中包含对初动四象限分布的解答.

　　Steketee 改造固体物理中晶格位错(Dislocation)理论,用来表述宏观连续体的断裂,并应用于震源研究.De-Hoop 和 Knopoff 运用弹性动力学的功互等定理(也即互易定理),导出了弹性动力学边值问题的积分形式解,即著名的位移表示定理,并且将 φ 应用于含断层面的弹性体中.之后,关于断层面上各种位错分布的震源模型辐射地震波的研究广泛展开. Burridge 和 Knopoff（1964）严格论证了远场集中力系点源中双力偶点源与远场剪切位错元点源的等价性. 地震位错理论具有更物理化的基础.

8.2.1　集中力系点源

1. 集中力

弹性力学中为了分析连续体的运动, 引进了在介质内存在的体力. r 点处单位质量所受的体力为

$$X(r,t) = \lim_{\Delta V \to 0} \frac{\Delta F}{\Delta m}, \quad r \in \Delta V \tag{8.1}$$

其中, Δm 为体积微元 ΔV 中所含的质量, ΔF 为 Δm 所受到的合力. 因此, r 点处单位体积所含质量受到的体力为

$$F(r,t) = \lim_{\Delta V \to 0} \frac{\Delta F}{\Delta V} = \lim_{\Delta V \to 0} \frac{\Delta m}{\Delta V} \frac{\Delta F}{\Delta m} = \rho(r,t) X(r,t), \quad r \in \Delta V \tag{8.2}$$

即运动方程中的体力项.

如果 $F(r,t) \begin{cases} \neq 0, r \in \Delta V \\ = 0, r \notin \Delta V \end{cases}$, $\lim_{\Delta V \to 0} \int_{\Delta V} F(r',t)dV' = g(t)$, 即当 ΔV 趋于 r 点时, 积分有限, 则称 $g(t)$ 为作用在 r 点上的集中力, 用狄拉克函数 δ 表示:

$$F(r,t) = g(t)\delta(r) \tag{8.3}$$

2. 力场的势函数

由场论分析, 对矢量场做 Stocks 分解, 有

$$F(r,t) = \rho(r,t) X(r,t) = \nabla \Phi + \nabla \times \Psi, \quad (\nabla \cdot \Psi = 0) \tag{8.4}$$

对等式两边分别求散度、旋度:

$$\begin{cases} \nabla \cdot F = \nabla^2 \Phi \\ \nabla \times F = \nabla \times \nabla \times \Psi = \nabla(\nabla \cdot \Psi) - \nabla^2 \Psi = -\nabla^2 \Psi \end{cases} \tag{8.5}$$

它们都是泊松方程, 有定式解:

$$\begin{cases} \Phi(r,t) = -\int_{\infty} \frac{\nabla' \cdot F(r',t)dV'}{4\pi r^*} \\ \Psi(r,t) = \int_{\infty} \frac{\nabla' \times F(r',t)dV'}{4\pi r^*} \end{cases} \tag{8.6}$$

其中, $r = x_i e_i$ 为力势的场点, $r' = x_i' e_i$ 为力势的源点, $r^* = r - r'$, $\nabla' = e_i \frac{\partial}{\partial x_i'}$.

对方程组（8.6）的第一式求积分, 凑成复合函数, 得

$$\Phi(r',t) = -\frac{1}{4\pi}\int_{\infty} \left\{ \nabla' \cdot \left[\frac{F(r,t)}{r^*} \right] - F(r',t) \cdot \nabla'\left(\frac{1}{r^*}\right) \right\} dV$$

$$= - \frac{1}{4\pi} \int_S \frac{F(r',t)\mathrm{d}S'}{r^*} - \frac{1}{4\pi} \int_\infty F(r',t) \cdot \nabla\left(\frac{1}{r^*}\right) \mathrm{d}V'$$

$$= - \frac{1}{4\pi} \int_\infty \nabla \cdot \left[\frac{F(r',t)}{r^*} \right] \mathrm{d}V' \tag{8.7}$$

其中，$\nabla' \dfrac{1}{r^*} = - \nabla \dfrac{1}{r^*}$；$r^* \to \infty$ 时，$|F| = 0$.

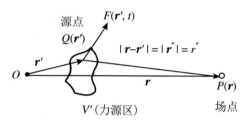

图 8.16　V' 处的作用力在 P 点引起位移

对方程组(8.6)的第二式也可以进行类似的操作.因此,力势可由给定的力场表示:

$$\begin{cases} \Phi(r,t) = - \dfrac{1}{4\pi} \nabla \cdot \int_\infty \dfrac{F(r',t)\mathrm{d}V'}{r^*} \\[4mm] \psi(r,t) = - \dfrac{1}{4\pi} \nabla \times \int_\infty \dfrac{F(r',t)\mathrm{d}V'}{r^*} \end{cases} \tag{8.8}$$

3. 几种最基本的集中力系点源的弹性波辐射场

(1) 单个集中力引起的位移场(基本解)

在均匀各向同性弹性全空间中,有运动方程

$$\rho \frac{\partial^2 u}{\partial t^2} = (\lambda + 2\mu) \nabla(\nabla \cdot u) + \mu \nabla \times \nabla \times u + F \tag{8.9}$$

前面在第 3 章中我们已经对位移矢量场进行了分解,有

$$u = \nabla \varphi + \nabla \times \psi, \quad \nabla \cdot \psi = 0 \tag{8.10}$$

对运动方程(8.9)两边分别求散度和旋度,即

$$\begin{cases} \dfrac{\partial^2 \varphi}{\partial t^2} = \alpha^2 \nabla^2 \varphi + \dfrac{\Phi}{\rho}, \quad \alpha^2 = \dfrac{\lambda + \mu}{\rho} \\[4mm] \dfrac{\partial^2 \psi}{\partial t^2} = \beta^2 \nabla^2 \psi + \dfrac{\psi}{\rho}, \quad \beta^2 = \dfrac{\mu}{\rho} \end{cases} \tag{8.11}$$

根据数学物理方程中的冲量法,该非齐次二阶偏微分方程组有定式解,即推迟势解,即

$$\begin{cases} \varphi(\boldsymbol{r},t) = \dfrac{1}{4\pi\rho\alpha^2}\displaystyle\int_V \dfrac{\varPhi\left(\boldsymbol{r}',t-\dfrac{r^*}{\alpha}\right)\mathrm{d}V'}{r^*} \\[4mm] \boldsymbol{\psi}(\boldsymbol{r},t) = \dfrac{1}{4\pi\rho\beta^2}\displaystyle\int_V \dfrac{\boldsymbol{\varPsi}\left(\boldsymbol{r}',t-\dfrac{r^*}{\beta}\right)\mathrm{d}V'}{r^*} \end{cases} \tag{8.12}$$

这样就得到了用力势函数表示的位移势的形式解. 作为特例, 当在原点作用一单个集中力时, 有

$$\begin{cases} \varPhi(\boldsymbol{r},t) = -\dfrac{1}{4\pi}\boldsymbol{g}(t)\cdot\nabla\left(\dfrac{1}{r}\right) \\[4mm] \boldsymbol{\varPsi}(\boldsymbol{r},t) = -\dfrac{1}{4\pi}\boldsymbol{g}(t)\times\nabla\left(\dfrac{1}{r}\right) \end{cases} \tag{8.13}$$

进而得出在原点作用一单个集中力的位移场势函数解:

$$\begin{cases} \varphi(\boldsymbol{r},t) = \dfrac{1}{4\pi\rho\alpha^2}\displaystyle\int_V \dfrac{-1}{4\pi r^*}\boldsymbol{g}\left(t-\dfrac{r^*}{\alpha}\right)\cdot\nabla'\left(\dfrac{1}{r'}\right)\mathrm{d}V' \\[4mm] \boldsymbol{\psi}(\boldsymbol{r},t) = \dfrac{1}{4\pi\rho\beta^2}\displaystyle\int_V \dfrac{-1}{4\pi r^*}\boldsymbol{g}\left(t-\dfrac{r^*}{\beta}\right)\times\nabla'\left(\dfrac{1}{r'}\right)\mathrm{d}V' \end{cases} \tag{8.14}$$

经过变量代换等数学处理后, 上式的体积分可求出:

$$\begin{cases} \varphi(\boldsymbol{r},t) = -\dfrac{1}{4\pi\rho\alpha^2}\nabla\left(\dfrac{1}{r}\right)\cdot\displaystyle\int_0^{\tau_\alpha}\alpha^2\boldsymbol{g}(t-\tau)\tau\mathrm{d}\tau = -\dfrac{1}{4\pi\rho}\nabla\left(\dfrac{1}{r}\right)\cdot\displaystyle\int_0^{\tau_\alpha}\boldsymbol{g}(t-\tau)\tau\mathrm{d}\tau \\[4mm] \boldsymbol{\psi}(\boldsymbol{r},t) = \dfrac{1}{4\pi\rho}\nabla\left(\dfrac{1}{r}\right)\times\displaystyle\int_0^{\tau_\beta}\boldsymbol{g}(t-\tau)\tau\mathrm{d}\tau \end{cases} \tag{8.15}$$

其中, $\tau_\alpha = r/\alpha$, $\tau_\beta = r/\beta$. 将式 (8.15) 代入式 (8.10), 即得均匀各向同性弹性全空间中作用于原点的单个集中力引起的位移响应:

$$\begin{aligned} 4\pi\rho\boldsymbol{u}(\boldsymbol{r},t) &= \nabla\times\left[\nabla\left(\dfrac{1}{r}\right)\times\int_0^{\tau_\beta}\boldsymbol{g}(t-\tau)\tau\mathrm{d}\tau\right] - \nabla\cdot\left[\nabla\left(\dfrac{1}{r}\right)\cdot\int_0^{\tau_\alpha}\boldsymbol{g}(t-\tau)\tau\mathrm{d}\tau\right] \\[2mm] &= \nabla^2\left(\dfrac{1}{r}\right)\int_{\tau_\alpha}^{\tau_\beta}\boldsymbol{g}(t-\tau)\tau\mathrm{d}\tau + \dfrac{1}{r}(\nabla r)(\nabla r)\cdot\left[\dfrac{1}{\alpha^2}\boldsymbol{g}(t-\tau_\alpha) - \dfrac{1}{\beta^2}\boldsymbol{g}(t-\tau_\beta)\right] \\[2mm] &\quad + \dfrac{1}{\beta^2 r}\boldsymbol{g}\left(t-\dfrac{r}{\beta}\right) \end{aligned} \tag{8.16}$$

$\boldsymbol{r}$ 为原点, 即力点到观测点 $P(\boldsymbol{r})$ 的距离.

如果单个集中力的作用点不是坐标原点, 而是 $Q(\boldsymbol{r}')$ 点 (图 8.17), 则相应的数学表达式为

$$\boldsymbol{F}(\boldsymbol{r},t) = \boldsymbol{g}(t)\delta(\boldsymbol{r}-\boldsymbol{r}') \quad \begin{cases} \boldsymbol{r} = (x_1,x_2,x_3) \\ \boldsymbol{r}' = (x_1',x_2',x_3') \end{cases} \tag{8.17}$$

$$\boldsymbol{R} = \boldsymbol{r}' - \boldsymbol{r}'$$

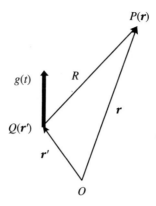

图 8.17　作用在 Q 点的集中力在 P 点引起位移

$$R = |\boldsymbol{R}| = \sqrt{(x_1 - x'_1)^2 + (x_2 - x'_2)^2 + (x_3 - x'_3)^2} \tag{8.18}$$

$$4\pi\rho\boldsymbol{u}(\boldsymbol{r}',t) = \nabla^2\left(\frac{1}{R}\right)\cdot\int_{\frac{R}{\alpha}}^{\frac{R}{\beta}}\boldsymbol{g}(t-\tau)\tau\mathrm{d}\tau + \frac{1}{R}(\nabla R)(\nabla R)$$

$$\cdot\left[\frac{1}{\alpha^2}\boldsymbol{g}\left(t-\frac{R}{\alpha}\right) - \frac{1}{\beta^2}\boldsymbol{g}\left(t-\frac{R}{\beta}\right)\right] + \frac{1}{\beta^2 R}\boldsymbol{g}\left(t-\frac{R}{\beta}\right) \tag{8.19}$$

经整理,可得

$$\boldsymbol{u}(\boldsymbol{r},t) = \boldsymbol{u}_P(\boldsymbol{r},t) + \boldsymbol{u}_S(\boldsymbol{r},t) + \boldsymbol{u}_L(\boldsymbol{r},t) \tag{8.20}$$

$$\begin{cases} \boldsymbol{u}_P(\boldsymbol{r},t) = \dfrac{\boldsymbol{R}\cdot\boldsymbol{g}\left(t-\dfrac{R}{\alpha}\right)}{4\pi\rho\alpha^2 R^3}\boldsymbol{r} = \dfrac{\boldsymbol{P}\left(t-\dfrac{R}{\alpha}\right)}{4\pi\rho\alpha^2 R} \\[4mm] \boldsymbol{u}_S(\boldsymbol{r},t) = \dfrac{1}{4\pi\rho\beta^2 R}\left[\boldsymbol{g}\left(t-\dfrac{R}{\beta}\right) - \dfrac{\boldsymbol{R}\cdot\boldsymbol{g}\left(t-\dfrac{R}{\beta}\right)}{R^2}\boldsymbol{R}\right] = \dfrac{\boldsymbol{S}\left(t-\dfrac{R}{\beta}\right)}{4\pi\rho\beta^2 R} \\[4mm] \boldsymbol{u}_L(\boldsymbol{r},t) = \dfrac{1}{R^2}\int_{\frac{R}{\alpha}}^{\frac{R}{\beta}}\left[2\alpha^2\boldsymbol{u}_P(t-\tau) - \beta^2\boldsymbol{u}_S(t-\tau)\right]\tau\mathrm{d}\tau \\[4mm] \qquad\quad = \dfrac{1}{4\pi\rho R^3}\int_{\frac{R}{\alpha}}^{\frac{R}{\beta}}\left[2\boldsymbol{P}(t-\tau) - \boldsymbol{S}(t-\tau)\right]\tau\mathrm{d}\tau \end{cases} \tag{8.21}$$

可见,集中力在无限弹性体中引起三种扰动,在远场主要是 P 波和 S 波(图 8.18),拉普拉斯波分布在 P 波波前与 S 波波前之间,很快衰减了;P 波的振幅与集中力在 $\boldsymbol{r}$ 方向上的分量有关,因此辐射强度具有方位分布(图 8.19);S 波的偏振面与 $\boldsymbol{r}$,$\boldsymbol{g}$ 共面,S 波的振幅也随 $\boldsymbol{r}$ 的方向变化而变化.

特别地,当 $\boldsymbol{g}(t)$ 沿球坐标极轴方向作用于原点 $(0,0,0)$,且是时间上的脉冲力,即

$$\boldsymbol{g}(t) = g_0\delta(t)\boldsymbol{i}(z) \quad [\boldsymbol{i}(z)\text{ 为极轴方向的单位矢量}]$$

时,有

$$
\begin{cases}
\boldsymbol{u}_{\mathrm{P}} = \dfrac{g_0\delta\left(t - \dfrac{R}{\alpha}\right)}{4\pi\rho R}\dfrac{\cos\theta}{\alpha^2}\boldsymbol{i}(r) \\[3mm]
\boldsymbol{u}_{\mathrm{S}} = -\dfrac{g_0\delta\left(t - \dfrac{R}{\beta}\right)}{4\pi\rho R}\dfrac{\sin\theta}{\beta^2}\boldsymbol{i}(\theta) \\[3mm]
\boldsymbol{u}_{\mathrm{L}} = \begin{cases} \dfrac{t}{4\pi\rho R^3}g_0[2\cos\theta\boldsymbol{i}(r) + \sin\theta\boldsymbol{i}(\theta)], & \dfrac{R}{\alpha} < t < \dfrac{R}{\beta} \\[3mm] 0, & t < \dfrac{R}{\alpha},\, t > \dfrac{R}{\beta} \end{cases}
\end{cases}
\tag{8.22}
$$

即 P 波在 $\theta = 0$ 时(力的方向)最强;在 $\theta = \pi/2$ 时为零.因此,过$(0,0,0)$点,$\theta = \pi/2$ 的平面是个节平面;节平面的前侧[$\boldsymbol{i}(z)$正侧]为离源运动;节平面的后侧[$\boldsymbol{i}(z)$负侧]为向源运动.S 波在 $\theta = 0$ 和 π 时为零;在 $\theta = \pi/2$ 时最强;偏振面为 $\boldsymbol{i}(z)$ 与 $\boldsymbol{i}(\theta)$ 决定的平面;每一点的粒子运动方向均为 $-\boldsymbol{i}(\theta)$.

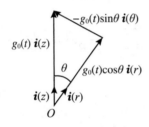

图 8.18　作用在 O 点的集中力在
不同方向上引起的位移
可以分解为纵波和横波

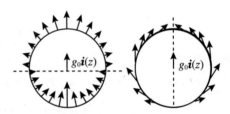

图 8.19　单个集中力引起的纵波和横波
强度随方位的分布

　　实际观测中不存在强度随方位的这种分布,因为单个集中力只是基本理论的探讨,实际地震不可能在介质内出现这类单力,因为它不满足动量守恒.但是,它是"基本解",是我们后面讨论的基础.

　　(2) 集中力偶在均匀各向同性弹性体中激发的弹性波

　　动量守恒要求介质中的内力必须大小相等、方向相反.假设在介质中存在这样的两个力 $\boldsymbol{F}_+$ 和 $\boldsymbol{F}_-$,分别作用在(x_1', x_2', x_3')和$(x_1' - \varepsilon, x_2', x_3')$点,前者沿 X_3 轴正向,后者沿 X_3 轴负向(图 8.20).

　　由上一节已知 $\boldsymbol{F}_+$ 和 $\boldsymbol{F}_-$ 单独作用时的辐射场,因为是线性问题,可以把两者叠加,只考虑远场位移,略去 Laplace 波后有

$$
\boldsymbol{u}(\boldsymbol{R},t) = \boldsymbol{u}_{\mathrm{P}}(\boldsymbol{R},t) + \boldsymbol{u}_{\mathrm{S}}(\boldsymbol{R},t) = (\boldsymbol{u}_{\mathrm{P+}} + \boldsymbol{u}_{\mathrm{P-}}) + (\boldsymbol{u}_{\mathrm{s+}} + \boldsymbol{u}_{\mathrm{s-}}) \tag{8.23}
$$

　　进行适当的数学变换和处理后,在场点 $\boldsymbol{r} = (x_1, x_2, x_3)$处有

$$u_{\mathrm{P}}(\boldsymbol{R},t)=\frac{1}{4\pi\rho\alpha^2}\Big[\boldsymbol{R}\cdot\boldsymbol{i}(z)g\Big(t-\frac{R}{\alpha}\Big)\Big]\frac{\boldsymbol{R}}{R^3}-\frac{1}{4\pi\rho\alpha^2}\Big[\boldsymbol{R}'\cdot\boldsymbol{i}(z)g\Big(t-\frac{R'}{\alpha}\Big)\Big]\frac{\boldsymbol{R}'}{R'^3}$$

$$=\frac{1}{4\pi\rho\alpha^2}\frac{\Delta\Big\{\Big[\boldsymbol{R}\cdot\boldsymbol{i}(z)g\Big(t-\frac{R}{\alpha}\Big)\Big]\frac{\boldsymbol{R}}{R^3}\Big\}}{\Delta x'_1}\cdot\Delta x'_1$$

$$=\frac{1}{4\pi\rho\alpha^2}\frac{\partial}{\partial x'_1}\Big\{\Big[\boldsymbol{R}\cdot\boldsymbol{i}(z)g\Big(t-\frac{R}{\alpha}\Big)\Big]\frac{\boldsymbol{R}}{R^3}\Big\}\cdot\Delta x'_1$$

$$=-\frac{1}{4\pi\rho\alpha^2}\frac{\partial}{\partial x'_1}\Big\{\Big[\boldsymbol{R}\cdot\boldsymbol{i}(z)m\Big(t-\frac{R}{\alpha}\Big)\Big]\frac{\boldsymbol{R}}{R^3}\Big\}$$

$$\approx\frac{1}{4\pi\rho\alpha^3}\Big[\boldsymbol{R}\cdot\boldsymbol{i}(z)\Big(\frac{\mathrm{d}m(t)}{\mathrm{d}t}\Big)(x_1-x'_1)\Big]\frac{\boldsymbol{R}}{R^4} \tag{8.24}$$

其中, $\Delta x'_1=\varepsilon$, $m(t)=g(t)\cdot\Delta x'_1$ 为力偶 $\boldsymbol{F}_+$ 和 $\boldsymbol{F}_-$ 对应的力矩. 同理也可以得到

$$u_{\mathrm{S}}(\boldsymbol{R},t)\approx\frac{1}{4\pi\rho\beta^3}\Big[\boldsymbol{i}(z)-(x_3-x'_3)\frac{\boldsymbol{R}}{R^3}\Big]\frac{\mathrm{d}m(t)}{\mathrm{d}t}\frac{(x_1-x'_1)}{R} \tag{8.25}$$

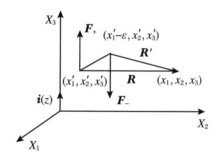

图 8.20 由大小相等、方向相反的两个力组成的力偶

特别地, 取 $x'_1=x'_2=x'_3=0$, 即集中力偶作用在原点时, $\boldsymbol{R}\cdot\boldsymbol{i}(z)=x_3$ (图 8.21), 这时,

$$\begin{cases} u_{\mathrm{P}}(\boldsymbol{R},t)\approx\dfrac{1}{4\pi\rho\alpha^3}\dfrac{\mathrm{d}m(t)}{\mathrm{d}t}\dfrac{x_1 x_3}{R^3}\dfrac{\boldsymbol{R}}{R} \\[3mm] u_{\mathrm{S}}(\boldsymbol{R},t)\approx\dfrac{1}{4\pi\rho\beta^3}\dfrac{\mathrm{d}m(t)}{\mathrm{d}t}\dfrac{x_1}{R^2}\Big[\boldsymbol{i}(z)-\dfrac{x_3}{R}\dfrac{\boldsymbol{R}}{R}\Big] \end{cases} \tag{8.26}$$

将其换成球坐标系下的表达式, 可得

$$\begin{cases} u_{\mathrm{P}}(\boldsymbol{R},t)\approx\dfrac{1}{4\pi\rho\alpha^3}\dfrac{\mathrm{d}m(t)}{\mathrm{d}t}\dfrac{1}{R}\cos\theta\sin\theta\cos\varphi e_r \\[3mm] u_{\mathrm{S}}(\boldsymbol{R},t)\approx\dfrac{1}{4\pi\rho\beta^3}\dfrac{\mathrm{d}m(t)}{\mathrm{d}t}\dfrac{1}{R}\sin^2\theta\cos\varphi e_\theta \end{cases} \tag{8.27}$$

可见: u_{P} 由 $x_1=0$ 和 $x_3=0$ 的两个平面划分成位移方向相反的四象限(图 8.22), 但由 u_{P} 的初动符号不能区分断层面和辅助面; u_{S} 的初动由 $x_1=0$ 的平面(即断层面)分成符号相反的两部分, 理论上可用于判定断层面(图 8.23); S 波是偏振的, 偏

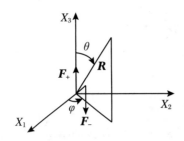

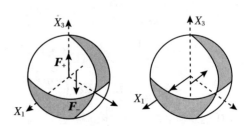

振面由力的作用方向和波传播方向决定;u_P 和 u_S 在 X_1-X_3 平面(力偶所在平面)内的振幅随波传播方向变化(一般称辐射图案或辐射花样)(8.24);振幅强度与力偶的变化速度成正比,可见即使作用力很大但若变化非常缓慢,即蠕变,是不可能激发地震波的.

图 8.21　作用在原点的力偶引起的波动
　　　　　场强度受到传播方向的调制

图 8.22　力偶引起的 P 波强度符合四象
　　　　　限分布

实际地震观测表明,P 波初动为四象限分布,与理论预测的结果相符合;但是 S 波除了在 $\varphi=0$ 或 π 时达到极大外,在 $\theta=0$ 或 π 时也极大,而不是为零,与理论预测明显不一致((图 8.23,图 8.24).其原因是,力偶虽然比单个集中力合理,是一对平衡的内力,但是其力矩并不平衡.这一力系常称为有矩单力偶点源.它虽然满足内力作用动量守恒的要求,但不满足动量矩守恒,仍需要加以改进.

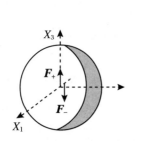

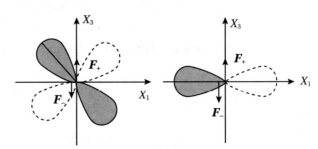

图 8.23　力偶引起的 S 波强度
　　　　　不是四象限分布

图 8.24　力偶引起的 P 波和 S 波辐射花样

(3) 无矩双力偶点源和双无矩力偶点源

容易证明,无矩双力偶点源和双无矩力偶点源在远场时的辐射图案在数学上完全相同,可以看成是大小相同、方向相反的两个力偶的叠加(图 8.25).通过与前面相似的数学处理,有

$$\begin{cases} u_P(R,t) \approx \dfrac{1}{4\pi\rho\alpha^3 R}\dfrac{\mathrm{d}m(t)}{\mathrm{d}t}\sin 2\theta\cos\varphi e_r \\ u_S(R,t) \approx \dfrac{1}{4\pi\rho\beta^3 R}\dfrac{\mathrm{d}m(t)}{\mathrm{d}t}(\cos 2\theta\cos\varphi e_\theta - \cos\theta\sin\varphi e_\varphi) \end{cases} \tag{8.28}$$

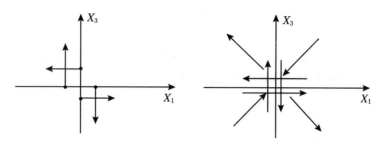

图 8.25　无矩双力偶和双无矩力偶及其等价

u_P 的辐射强度随波传播方向的分布与单力偶时完全一样,若每个单力偶强度均为 M_0,则无矩双力偶的辐射强度为单力偶的两倍;这时 u_S 在叠加后辐射强度也具有两条对称的节线($X_1 = \pm X_3$),辐射图案因子 $f = \sin 2\theta \cos \varphi e_r + \cos 2\theta \cos \varphi e_\varphi - \cos \theta \sin \varphi e_\varphi$,无法利用其初动区分断层面和辅助面,与实际观测完全一致(图 8.26).注意到以上辐射图案因子是在特定的震源坐标(以互相垂直的作用力方向和断层面法向为坐标基矢)下导出的,所以辐射图案因子公式中的三项之比就是P 波、SH 波、SV 波辐射强度之比.

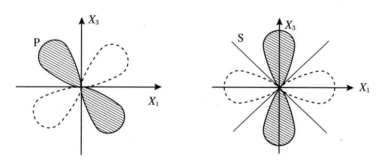

图 8.26　无距双力偶引起的 P 波和 S 波辐射花样

8.2.2　利用 S 波偏振确定断层面

1. S 波偏振角 ε 的定义

对于在地表台站接收到的 S 波,在转换到上述特定的震源坐标系后,可以根据前面讨论过的方法将其分解为 SV 和 SH 两个分量.定义粒子在空间的实际偏振方向与地震波入射面的夹角为 S 波的偏振角.可以由台站记录计算出实际入射 S 波的两个分量 SV 和 SH 的位移大小,进而得到偏振角(图 8.27)

$$\varepsilon = \arctan \frac{u_{SH}}{u_{SV}} \tag{8.29}$$

2. 在乌尔夫网上确定台站位置及实测 ε

与前面讨论的利用 P 波初动求解断层面类似,在乌尔夫网上可以确定地震台站的位置.这时 S 波的偏振方向可以用一个过该点的大圆弧 BC 表示,在该点大圆弧与一和半径方向夹角为 ε 的直线相切(图 8.28).

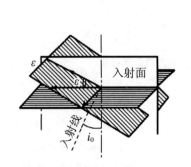

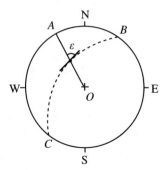

图 8.27　S 波偏振角的定义　　　图 8.28　在乌尔夫网上表示台站位置及 S 波偏振方向

3. 由无矩双力偶模型求出偏振方向

先任意选定无矩双力偶的空间取向,根据式(8.28)可以求出以一定方位角出射的 S 波的理论偏振角

$$\varepsilon' = \arctan\frac{\mathrm{d}u_\varphi}{\mathrm{d}u_\theta} = \arctan\left(-\frac{\cos\theta\sin\varphi}{\cos2\theta\cos\varphi}\right) \tag{8.30}$$

同样也可以将其在乌尔夫网上绘出(8.29).通过不断调整无矩双力偶的空间取向,可以使实测偏振角 ε 分布和理论偏振角 ε' 分布尽可能地重合或平行,这时无矩双力偶的空间取向就对应着最可能的断层状态.因为一样存在两条节线,也是四象限对称分布,所以与通过 P 波初动求解断层面一样,利用 S 波偏振也无法区分断层面和辅助面.

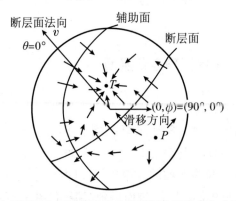

图 8.29　由无距双力偶计算出的 S 波偏振方向在乌尔夫网上的表示

8.3　震源破裂过程

实际地震的破裂过程是十分复杂的,它既不是空间的一个点,也不是时间上的一个脉冲.地震是一个过程,破裂在空间有一定的展布;断层面上各点同时破裂也不符合物理实际,比较合理的模型应是破裂随着时间在空间不断发展(图 8.30).

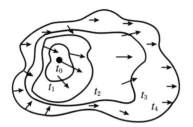

图 8.30　简化后的震源破裂过程

8.3.1　有限移动源

为了得到实际中震源辐射出的弹性波场,应当对移动着的点源激发出的位移场进行时间和空间上的连续叠加.这种由移动着的点源构成的震源称为有限移动源.

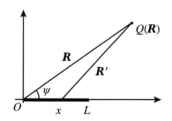

图 8.31　单侧破裂一维有限移动源模型

根据破裂扩展的方式不同可将有限移动源分成不同的类型,如单侧破裂的一维有限移动源、双侧破裂的一维有限移动源等.

最简单的移动源是单侧破裂的一维移动源,即破裂从地震断层的一端开始,以有限的速度传播到断层的另一端.设断层面的长为 L,破裂沿 X 方向传播;同时假定点源的强度不变,破裂传播速度 v_f 不变.不失一般性,考虑单色球面波,在远场时有 $R \gg L$ 以及 $R \gg \lambda$(λ 为地震波的波长)(图 8.31).在时刻 t,破裂点位于位置

x 处,该点源辐射出的地震波在场点 $\boldsymbol{R}$ 处引起的位移大小为

$$u \propto \frac{\boldsymbol{R}}{R'}\mathrm{e}^{\mathrm{i}\left[\omega\left(t-\frac{x}{v_f}\right)-kR'\right]} \tag{8.31}$$

对整个破裂过程进行累加,相当于对破裂长度进行空间积分,则总的辐射场引起的位移大小为

$$u \propto \int_0^L \frac{\boldsymbol{R}}{R'}\mathrm{e}^{\mathrm{i}\left[\omega\left(t-\frac{x}{v_f}\right)-kR'\right]}\mathrm{d}x \tag{8.32}$$

因为 $R\gg L$,所以 $R'\approx R-x\cos\psi$,且在 $0<x<L$ 范围内变化不大. 由于振幅部分随 x 变化缓慢,而相位部分随 x 变化迅速,取近似,R/R' 可提出积分号,剩下的积分为

$$\int_0^L \mathrm{e}^{\mathrm{i}\left[\omega\left(t-\frac{x}{v_f}\right)-kR'\right]}\mathrm{d}x \approx \int_0^L \mathrm{e}^{\mathrm{i}\left[(\omega t-kR)-\omega\left(\frac{x}{v_f}-\frac{x\cos\psi}{c}\right)\right]}\mathrm{d}x \quad (R'=R-x\cos\psi, k=\omega/c)$$

$$= \mathrm{e}^{\mathrm{i}(\omega t-kR)}\left[\frac{\mathrm{e}^{-\mathrm{i}\omega L\left(\frac{1}{v_f}-\frac{\cos\psi}{c}\right)}-1}{-\mathrm{i}\omega\left(\frac{1}{v_f}-\frac{\cos\psi}{c}\right)}\right] \quad (积分)$$

$$= \mathrm{e}^{\mathrm{i}(\omega t-kR-X)}L\left(\frac{\mathrm{e}^{-\mathrm{i}X}-\mathrm{e}^{\mathrm{i}X}}{-2\mathrm{i}X}\right) \quad \left(令\ X=\frac{\omega L}{2}\left(\frac{1}{v_f}-\frac{\cos\psi}{c}\right)\right)$$

$$= L\mathrm{e}^{\mathrm{i}(\omega t-kR-X)}\left(\frac{\sin X}{X}\right) \quad (欧拉公式)$$

$$= L\mathrm{e}^{\mathrm{i}(\omega t-kR-X)}\mathrm{sinc}(X)$$

因此

$$u \propto \frac{\boldsymbol{R}}{R'}\mathrm{e}^{\mathrm{i}(\omega t-kR-X)}L\frac{\sin X}{X} \tag{8.33}$$

即存在相位移动和振幅的方位(ψ)调制(图 8.32). 称 $\mathrm{sinc}(X)=(\sin X)/X$ 为有限性因子.

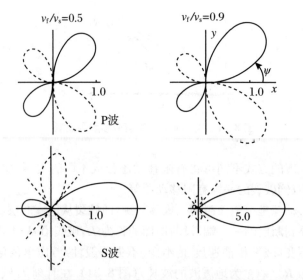

图 8.32 破裂传播速度不同时,P 波、S 波振幅随波传播方向的分布

因为有限性因子 $\operatorname{sinc}(X)$ 中的

$$X = \frac{\omega L}{2}\left(\frac{1}{v_{\mathrm{f}}} - \frac{\cos\psi}{c}\right) = \frac{\pi L}{T}\left(\frac{1}{v_{\mathrm{f}}} - \frac{\cos\psi}{c}\right) \tag{8.34}$$

受到 ψ 的调制,当 ω, L 给定,在 ψ 不同的观测点上振幅的强弱不同,有

$$\psi = 0 \to \left[\operatorname{sinc}(X)\right]_{\max}, \quad \psi = \pi \to \left[\operatorname{sinc}(X)\right]_{\min}$$

如果 ψ, L 给定,因为 $X = n\pi$ 时,$\sin X \equiv 0$,例如

$$n = 1, \frac{\omega_1 L}{2}\left(\frac{1}{v_{\mathrm{f}}} - \frac{\cos\psi}{c}\right) = \pi$$

即

$$T_1 = L\left(\frac{1}{v_{\mathrm{f}}} - \frac{\cos\psi}{c}\right)$$

可以证明,T_1 即 ψ 方向上台站接收到的初动半周期.可见在破裂传播方向上地震波初动半周期缩短,在反方向上变长,明显表现出多普勒效应.

多普勒效应对波列长度也有类似的影响.利用这种关系,可以获得发震断层的破裂传播方向、破裂传播速度和断层长度.图 8.33 即为倪四道等人通过这种方法获得 2004 年 12 月 26 日印尼苏门答腊岛亚奇大地震发震断层相关参数时所用到的部分信息,左图为断层的空间展布,右图表示的就是波列时间与地震波传播方向之间的关系.

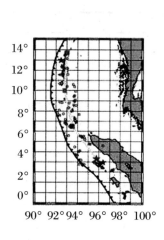 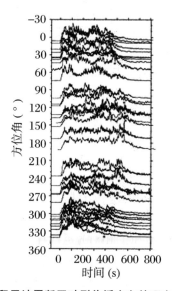

图 8.33　关于 2004 年 12 月 26 日印尼地震断层破裂传播方向的研究

由右图可以看出,沿大约 150°方向传播出的地震波列最长,沿大约 330°方向传播的波列最短,根据多普勒效应可以得出破裂大概是沿 330°方向传播的(引自 Ni 等,2004)

8.3.2　震源过程与理论地震图

大量研究表明,实际地震的破裂过程更加复杂,破裂的传播速度是变化的,破裂面上不同点处的错动可以有不同的方向和大小等,有限移动源模型只能在一定程度上对地震破裂过程进行描述.

随着破裂理论和数字模拟方法的飞速发展,现在人们可以用各种震源辐射地震波的公式计算理论地震图(又叫合成地震图).例如,图 8.34 的模型指定断层的长度及宽度,并将这一区域分成很多子破裂单元,每个子单元可以有不同的起破时间、时间函数、错动方向、滑移大小等;然后计算每一个子单元在破裂时辐射出的地震波场,并对全部断层上所有的单元进行时间和空间上的叠加,以合成一个地震记录.

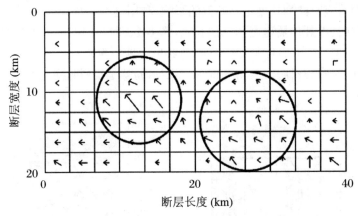

图 8.34　可以将复杂的震源过程看成是多个简单破裂的叠加
把断层面划分为多个子单元,每个子单元都可以看作是一个小的破裂源,然后进行时间和空间积分,得到总的辐射场

图 8.35 为利用这一方法对 2008 年 5 月 12 日汶川震源过程的反演结果.每一正方形单元的颜色表示错动的大小,箭头指示的是错动的方向,等值线是以秒为单位表示的错动发生的相对先后顺序.

在合成理论地震图时,可用尝试法先假定一些震源过程和相关参数,并选定地球结构模型,然后计算出观测点的理论地震图,同该点的实际观测地震图对比,根据二者是否符合再不断调整参数,最后确定实际的震源模型(图 8.36、图 8.37).

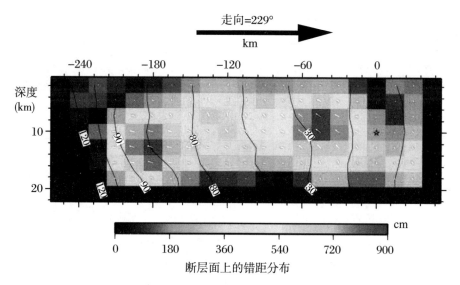

图 8.35　2008 年 5 月 12 日汶川地震的震源过程

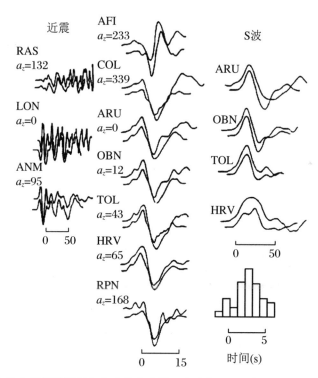

图8.36　在选定震源模型后多个台站合成的理论地震图(下)与实测地震图(上)的比对

右下方给出的是震源破裂的时间函数,即错动量随着时间的分段变化

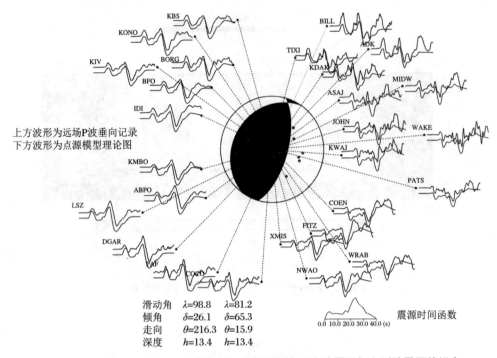

上方波形为远场P波垂向记录
下方波形为点源模型理论图

滑动角	$\lambda=98.8$	$\lambda=81.2$
倾角	$\delta=26.1$	$\delta=65.3$
走向	$\theta=216.3$	$\theta=15.9$
深度	$h=13.4$	$h=13.4$

震源时间函数

0.0 10.0 20.0 30.0 40.0 (s)

图 8.37　2008 年 5 月 12 日汶川震源机制解及合成理论地震图与实测地震图的拟合

第9章　地震活动的主要特点及成因假说

在上一章中我们对单次地震的震源过程以及辐射出的地震波的形态进行了讨论,其中部分涉及地震发生的可能成因,如弹性回跳假说.但要真正深入了解地震的成因,还需要对大量地震的活动特征,包括空间分布和随时间变化规律等,加以分析和研究.有关地震成因的理论或模型应该能够解释地震活动的这些特征,而且对地震活动时空变化规律性的研究也可以为地震预测预报提供依据和帮助.前面一章是对单个地震进行的研究.现在把记录到的地震按不同目的分成子集合进行研究,实质上是对地震活动规律的探索.

9.1　地震活动的主要特点

因为地震能在很短的时间内就给人类造成巨大的灾害,了解其活动特征一直都是地球科学研究的重要内容之一.经过长期的观测研究,可以把地震活动的特点简单归纳为如下几点.

9.1.1　宏观特点

地震一般都伴有明显的断层活动,特别是大的浅震,在地表可以看到绵延数百千米甚至超过 1000 千米的断层.

9.1.2　地震动的特点

记录到的天然地震其强度相差甚远,到目前为止,震级－3～9 级,折算成辐射的弹性波能量,其差别可以达到 18 个数量级.另外,地震强度存在极限,所有观测到的古今强震震级均未超过 9.5 级.

从台站记录的地震图分析,远场地震波频谱具有共同的特征,周期一般在 $10^{-2}\sim10^{3}$ s,细节各有特点,上限与地球的大小、弹性性质有关,下限则与介质的吸收与散射特性有关.

9.1.3 震级-频度关系

地震的次数比大多数人所了解的要多得多,全球地震的总数每年约 100 万次,相当于每分钟发生两次地震,其中较强的地震每年有数千次,超过 8 级的地震全球平均每年发生 1～2 次.随着震级的减小,地震数目呈指数式增加(表 9.1).

谷登堡和理查德对南加州和全球地震进行了统计研究,得出

$$\lg N(M) = a - bM \tag{9.1}$$

其中,$N(M)$称地震频度(单位时间内发生地震的次数).

表 9.1　全球统计的地震频度与释放能量

震　级	地震频度 N(每 10 年)	释放能量 $E(10^{16}\text{J}/10\ \text{年})$
8.5～8.9	3	156
8.0～8.4	11	113
7.5～7.9	31	80
7.0～7.4	149	58
6.5～6.9	560	41
6.0～6.4	2100	30

Uppsala 地震研究所利用 1918～1964 年共 47 年的地震资料统计得出全球地震频度关系(图 9.1):

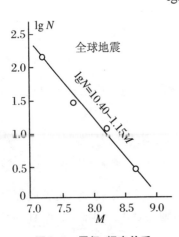

$$\lg N = 10.40 - 1.15M \tag{9.2}$$

N 为每 10 年、震级在 $M \sim M + 0.5$ 的地震次数的平均值.也可以换一种统计方式得出

$$\lg N = 8.73 - 1.15M \tag{9.3}$$

N 为每年、震级间隔取 $\Delta M = 0.1$,即震级在 $M \pm 0.05$ 之间的地震次数.

日本的宇津德治对 1965～1974 年间日本附近一定范围内的地震资料进行统计分析,给出关系

$$\lg N(M) = 7.78 - 1.15M \tag{9.4}$$

其中,$N(M) = \int_M^\infty n(M)\mathrm{d}M$.

可见,对于指定地区(包括全球)均有类似公式,只是 a,b 的值因地区和时段而不同.a 和 b 分

图 9.1　震级-频度关系

别反映所统计时段和区域内地震活动的水平和大、小地震数目的比例. b 小,大震相对多; b 大,小震相对多.

根据第 2 章介绍的谷登堡和理查德的统计公式

$$\lg E = 12.24 + 1.5M \tag{9.5}$$

知,震级差一级,地震释放的能量差 32 倍左右.因此,每年释放的地震波能量取决于少数大震.

$$\lg NE = 20.97 + 0.29M$$

表 9.2　震级与释放的能量

地震震级 M	≥8	≥7	≥6
释放的能量比例	50%	75%	90%

谷登堡和理查德估计,每年全球地震释放的能量大约为 10^{20} J,相当于地球内以热的形式所释放能量的千分之一.

岩石力学实验发现,岩石受压产生微破裂的过程服从 $G\text{-}R$ 关系,其 b 值与围压、介质性质有关.月球上石块和陨石坑的尺寸、冲击月球的陨石尺寸、小行星的大小、地质断层的长度、震后建筑物上的裂纹长度、两球对撞后碎片的尺寸等的频度分布也有类似的性质,目前有人采用分形理论进行探讨.

9.1.4　地震的时间分布

地震活动是时起时伏的,具有明显的轮回性,但又不是简单的重复(图 9.2).研究表明,大多数区域的地震活动都可划分成几个活动期,而每个活动期又大致可以分为四个阶段(图 9.3):

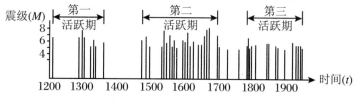

图 9.2　地震活动的轮回性——山西地震的时间顺序

① 应力积累阶段.这时只发生少量小震,或不发生地震,相对比较平静.

② 孕震阶段.在继续积累应力的同时,地震开始活跃,震级逐渐增大,但整体仍比较微弱.

③ 能量大释放阶段.长期积累的应变能在短时间内大量释放出来,发生 8~8.5 级大震或发生多次 7~7.5 级大震,活动强烈,但持续时间相对较短.

④ 剩余能量释放阶段.是活动期的尾声,活动由强到弱,逐渐平静下来,过渡

到下一个活动期.

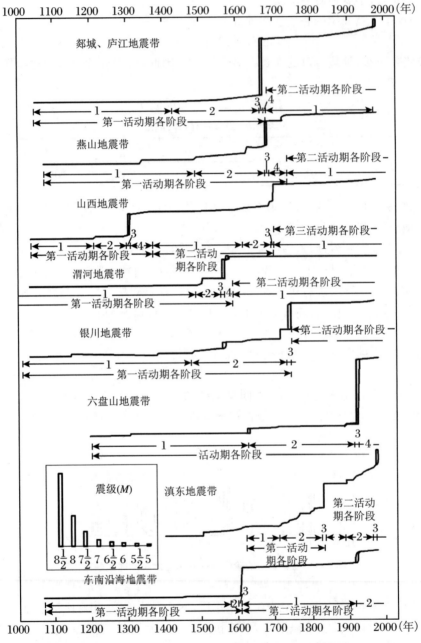

图9.3 几个地震带地震活动的轮回性与四个阶段

根据地震活动在时间上的丛集性,还可以将其分为四种类型:前震主震型、主震余震型、震群型、多发型.前震主震型的一般特征为,大地震前有较多而且明显的前震活动.主震余震型则表现为,大地震发生后有一系列持续一定时间的余震,其活动性随着时间指数降低,可以用频度-时间关系表示为

$$n(t) = \frac{k}{(t+c)^p} \tag{9.6}$$

其中,$n(t)$ 为单位时间内震级超过某一数值的余震数(图 9.4). k, c, p 为常量.震群型一般是时间上比较集中,又不好区分前震、主震、余震的系列地震.多发型则是时间上有一定间隔,强度又比较大的一系列地震活动.

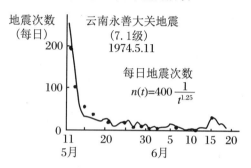

图 9.4　余震的时间分布特征

9.1.5　地震的空间分布

地震的空间分布存在明显的规律性.较小区域上呈条带分布,称为地震带.全球地震的空间分布可以划分为三个地震带,即环太平洋地震带、欧亚地震带、海岭地震带(图 9.5).

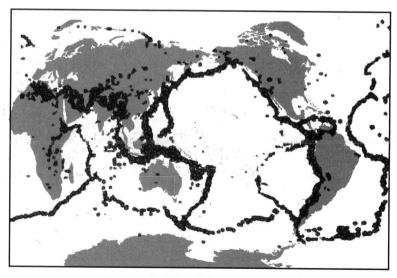

图 9.5　全球震中分布(1963～1995)

　　环太平洋地震带自太平洋东岸开始,沿着绵长高峻的安第斯山脉和落基山脉,经过阿拉斯加和阿留申群岛,再由太平洋西岸从堪察加半岛开始,向南经千岛群岛、日本群岛、琉球群岛、台湾岛、菲律宾群岛直至印度尼西亚所构成的大岛弧,然后由新几内亚往东连接南太平洋中的诸岛屿,包括了全球 80%左右的浅震($h \leqslant 60$ km)和许多中深震(60 km$\leqslant h \leqslant 300$ km).每年释放的地震能量约占全球的 77%.

　　欧亚地震带又称喜马拉雅地中海地震带,从青藏高原向西,经帕米尔高原、伊朗高原、小亚细亚和高加索山,到欧洲南部阿尔卑斯山系和地中海沿岸.其东面分支从青藏高原东部的横断山脉向南,经缅甸、印尼的苏门答腊呈弧形分布,在新几内亚与环太平洋地震带交汇.欧亚地震带的条带性不鲜明,情况复杂.

　　东非大裂谷附近和太平洋、大西洋的大洋中脊,也是地震较多的地带,称为海岭地震带,比较狭窄,延展最长,但强度弱,震源浅,每年释放的地震能量仅占全球的 6.1%.

　　地震震源除了在平面上存在一定的分布规律外,随着深度也表现出一定的分布特征.深度有极限,最深不超过 720 km;在约 500 km 处地震活动明显较弱(图 9.6).

　　1954 年,Benioff 用谷登堡-理查德的资料画出岛弧带震源的空间分布,它们的形状是不厚的斜层.Benioff 将其解释成洋、陆之间的逆冲断层.这一发现即为著名的 Beneoff 带(图 9.7)。精确的定位表明震源在平行的两个层面上,有的地方厚度仅约 20 km,斜面长 600～700 km.

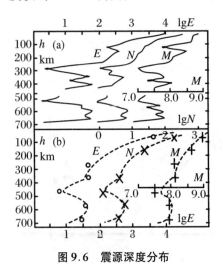

图 9.6　震源深度分布

(a) 深度间隔取 25 km;(b) 深度间隔取 100 km.N 为 7 级以上的地震数目;M 为最大震级;E 为释放的总能量

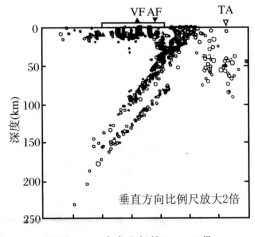

图 9.7　日本东北部的 Benioff 带

9.1.6　震源的时空变化图像

对于主震余震型地震活动,跟随主震先后发生的余震在空间往往扩展成片状,主震常在一端(图 9.8).

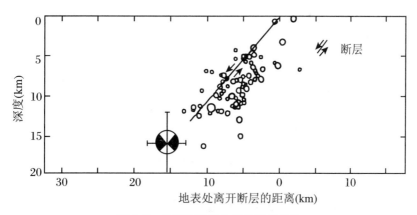

图 9.8　余震相对于主震的空间分布

强震往往发生在地震带上历史强震震中的空白区;而且,在强震发生前若干年,该处也往往是较小地震的空白区,在其周围较小地震则很活跃.1975 年 2 月的海城 7.3 级大震之前和 1974 年 4 月的溧阳 5.5 级地震之前都有这种现象.地震活动的这种特性称为"填空性",前面所说的空白区称为"地震空区".

在一个地震带上,往往有在一处发生强震之后隔一定时间在另一处也发生强震的现象,而且历史上多次重复出现,这就是震中的"迁移性"(图 9.9).

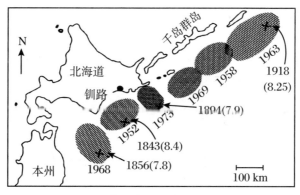

图 9.9　千岛群岛地区的震中迁移现象

括号中为震级

9.2 地震的成因介绍

地震成因研究首先必须解释地震时释放的巨大能量是从什么形式的能量转化而来的,又是怎样集中到非常有限的震源区的.据统计,每年地震释放的总能量约为 10^{20} J,包括弹性波动能量、热能、介质破裂能以及克服重力所做的功.

9.2.1 地震的基本分类

大多数破坏性地震——诸如 1906 年的旧金山地震、1988 年的亚美尼亚地震、1992 年的加利福尼亚兰德斯地震和 2008 年 5 月 12 日的中国四川汶川地震,都是因断层受应力作用,能量大量积累到超过岩石强度时岩石的承受力突然破裂而发生的.通常谈到的地震指的就是这种所谓的构造地震,它占地震总数的 90%以上.

第二种熟知的地震类型是伴随火山的喷发而发生的地震.许多人都会像早期希腊哲学家那样,想象地震是与火山活动相联系的.的确,在世界许多地区地震与火山相伴发生,令人印象深刻.现在我们知道,虽然火山喷发和地震都是岩石中构造力作用的结果,但它们并不一定同时发生.Aki 的研究证实,存在岩浆喷射时与岩壁摩擦辐射地震波的震源机制.今天我们称与火山活动相关的地震为火山地震.这类地震数量不多,只占地震总数量的 7%左右.

另外一种类型的地震称为塌陷地震,当地下洞穴或矿坑崩陷时会造成一次小的地震.塌陷地震都是重力作用的结果,规模小,次数更少,只占地震总数的 3%左右.

这三种关于地震成因的简单分类是 1878 年由 Hoernese 提出的,一直沿用到今天.此外还有人工地震、诱发地震等.

9.2.2 地震的成因假说

地震成因一直是一个有争论的问题.比较重要的地震成因假说有断层成因说、岩浆冲击成因说和相变成因说.其中断层成因说最为人们所重视.

1. 断层成因说

地球内部活动(物理的、化学的等过程)造成缓慢的大地构造运动,使岩石层发生变形,积累了应变能.当积累的应变能超过一定限度时,地下岩层突然破裂,形成断层;或者是沿已有的断层发生突然的滑动,释放出很大的能量,其中小部分以地震波的形式传播出去,形成地震.关于地震成因的这种认识,是雷德研究 1906 年旧金山大地震后提出来的,并据此提出了地震成因的弹性回跳假说.

多数大地震发生在板块边缘的断层上,各板块间的相对运动是造成大地震的主要原因.但也有不少地震发生在板块内部,叫作板内地震.由于陆地人口稠密,板内地震造成的人员伤亡和财产损失往往十分巨大.1556 年中国陕西关中大地震、1976 年唐山大地震和 2008 年四川的汶川地震,均属于板内地震.

2. 岩浆冲击说

这一假说在火山地区比较受到重视,因为那些地区的岩浆活动相当普遍.火山地震就是岩浆冲击的结果.火山地震一般不大,涉及区域也不广.中国除东北地区和台湾省外,陆地上绝大部分地震都与火山无关.

3. 相变成因说

当地下的温度和压力达到一定临界值时,岩石所含矿物的结晶状态可能发生突然的变化,即"相变",从而使岩石体积发生变化,这样就会产生破裂扩展,形成地震.自从板块构造学说提出后,地震的相变成因说已逐渐退出舞台.

4. 地震成因的研究

关于地震成因的研究主要包括两方面:一是以断层成因说为主,主要研究地震波辐射的力学模式(其他如锥形四象限、中心线性矢量偶极子等),统称为震源机制研究;二是着重于研究地震发生前,局部地区应力应变的发展及地球介质物理、化学、地质等变化过程(孕震过程),统称为震源物理研究,广义的震源物理研究包括对孕震、发震和震后调整的研究.

9.2.3 地震成因的断层假说与地震活动特征

经过长期的认真研究,地震成因的断层说比较合理地说明了地震活动的很多特点,因而目前被大家普遍接受.

① 宏观地震考察广泛地收集到大量地震断层的资料;大地测量也得到伴随地震的断层活动的证据;大地震的余震分布也展示了呈片状展布的空间分布特点,说明了与断层之间的联系.

② 地震的强度悬殊,与断层大小、介质强度、应力场差异有关;强度存在极限则与地球的岩石层厚度及介质的强度有关,完全可以用断层说加以说明.

③ 初动的四象限分布与地震断层的错动模式相吻合,支持了地震成因的断层学说.

④ 以断层破裂作为震源机制的理论计算出的地震波频谱与实际观测到的地震波频谱相当接近,主要特征相符.

⑤ 断层学说对地震活动的时间分布可以从物理机理上进行合理的解释说明:

a. 轮回性是大范围构造应力场的相对稳定以及地震后大地破裂情况和局部

应力场变化的结果；地震不是简单地呈周期性重复发生的，而是准周期性地发生的.

b. 阶段性与断层学说的应变能积累、局部薄弱面破裂、失稳大破裂、应力场调整四个阶段相对应.

c. 丛集性与断层学说中介质的均匀程度密切相关.

⑥ 无论是震源的几何位置（包括震中位置与震源深度、深度极限），还是震源强度的空间分布、震源机制解的空间分布，均与板块学说中的大断层十分一致.发生在海岭地震带的地震，震源深度浅、强度弱、条带窄；发生在岛弧地震带的地震，震源深、强度大、条带宽，规律性明显；发生在转换断层处的地震，震源浅、条带窄，但强度与海岭处的地震相比要大；发生在缝合带处的地震，震源一般较深、强度较大、展布较宽，情况比较复杂.

由震源机制解可以看出，发生在海岭地震带的地震均为张裂性质的；岛弧地震带则为挤压俯冲；转换断层上表现为走滑剪切.沿着海岭地震带，张裂、剪切型震源机制交替出现（图 9.10）.

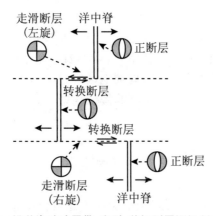

图 9.10　沿着海岭地震带，张裂、剪切型震源机制交替出现

"大陆漂移、海底扩张和板块构造是一个问题的三部曲，虽然具体内容有所不同，但科学思路是密切联系的.海底扩张是古老的大陆漂移假说的新形式，板块构造是海底扩张的具体引申"（傅承义）.板块-断层学说是综合了许多学科的结果得出的.地震学有力地支持了这一学说，给出了许多定量的证据；反过来，该学说不仅对地震研究中已经注意到的许多现象做出了合理的解释，也强烈地刺激了地震学的发展，取得了大量有意义的成果.

第 10 章　地 震 预 测

10.1　概　　说

大地震伴随着强烈的地面变形和断层错动,可以在一瞬间给人类带来巨大的灾害.地震灾害的猝发性和惨重性给人类以极大威胁,地震所造成的巨大灾害和损失,遥居各种自然灾害之首.1995 年 1 月 17 日,日本兵库县南部地震($M_w=7.2$),发生在大阪-神户地区,大阪为工业发达、人口密集的现代化大都市.这次地震造成人员死亡 5413 人、受伤 2.7 万人;直接经济损失超过 1000 亿美元.陆地是人类主要活动地区,发生在陆地的地震虽只占全球地震的 15%,但大地震给人类造成的损失却占全球地震损失的 85%.中国是世界陆地区地震分布最广的国家,据 1970～1980 年的统计,地震造成的伤亡和损失超过了其他国家和地区的总和.2008 年 5 月 12 日 14:28 在四川汶川地区发生了 8.0 级地震,截至 6 月 11 日中午 12 时,确认死亡 69159 人,失踪 17469 人,受伤 374141 人,累计受灾人数 4624.9 万人.所以,地震预报就成为关系到国民经济、国防建设、人民生命财产的重要问题,也是广大人民群众十分关注的科学问题.

地震发生于地下,不能直接观察,而且大地震发生的频度比较小,实践的机会不多;因此,预报地震是比较困难的.但是,大地震的发生并非偶然,而是有一个孕育、发生和发展的过程.研究这个过程,认识它发生的内因、外因,人们就能逐步掌握地震活动的规律,最终解决地震的预测和预报问题.

10.1.1　地震预测的基本目标

成功的地震预测必须包括地震发生的时间、地点、强度三项要素(简称"时空强"三要素).地震的预测、预防和预报是有区别的三件事情.特别需要弄清地震预测和地震预报的差别,前者是要解决如何预先估测未来地震的"时空强"三要素,后者则要解决如何向公众发布未来地震的"时空强"三要素.地震预报不是一个单纯的自然科学问题,它涉及立法、社会心理、交通治安等与如何减轻地震灾害有关的一系列问题,远比单纯的地震预测复杂得多.由于不可能也不必要时时、处处设防,所以以预测为依据的预防和预报才能最合理地减轻灾害.同时,预防和预报对预测提出了明确了要求,例如,根据国情划出一些重点监视区域,规定多大的地震需要预测,等等.

10.1.2　地震预测发展概况

人们很早就开始关心地震预测了,但直到 20 世纪 50 年代才真正将其提到日程上开展相关研究.在此之前,有案可查并具有科学意义的思路是伽利津在其经典著作《测震学讲义》中阐述的:用地震仪记录、研究地震活动性和震源的物理过程;测量缓慢的地面运动,并加以研究;进行大震前震源区弹性特性变化的观测研究;进行震源区附近水井的间歇变化、水温、水化学成分、地下气体放射研究等.

俄罗斯(苏联)、日本、美国和中国是世界上进行地震预报研究最重要的国家. 1948 年 10 月 5 日土库曼共和国首府阿什哈巴德发生大地震,1949 年斯大林指示设立地震工作委员会,正式提出地震预报的研究任务.1953 年苏联科学院院士、地震学家甘布尔采夫提出在加尔姆和杜尚别地区建立地震预报试验场,拟订了系统的地震预报研究计划,他亲自领导了该计划的实施.1966 年里兹尼钦柯制订了详细计划,对地震区域划分、地震活动性和地倾斜做了比较详细的研究.同一时期,费道托夫领导的远东小组以堪察加地区为基地,研究了西北太平洋边缘、堪察加北海道地震带的活动规律,提出了"地震周期"的概念,后来由美国地震学家 Sykes 命名为"地震空区".凯利斯鲍洛克领导的第三小组研究了地震活动性的图像,为后来的苏美合作项目"地震图像识别法"打下了基础.萨道夫斯基和涅尔希索夫领导的、作为协调单位的莫斯科地球物理研究所,在土库曼、乌兹别克、塔吉克、哈萨克、堪察加等地震多发地区广泛、系统地收集了多种前兆资料,并对地震前兆有了重要的发现(氢气、波速比等),经过深入的研究,1972 年得出简称 IPE 的孕震模式.

日本是一个多地震国家,经受过许多大的地震灾害.地球物理学家力武常次在 1976 年出版的《地震预报》一书中介绍:"在二三十年前,还很少有专业地震人员谈论地震预报的问题,那个时候,地震预报完全是算命先生、占星学家这类人物所干的事……对地震专家来说,谈论地震预报乃是一种忌讳."正因此,在防灾和减轻地震灾害方面,日本成为世界最早成立专门机构的国家.1891 年美浓-尾张 7.9 级大地震发生后,就成立了"震灾预防调查会",其主要职责是调查地震和火山现象,并寻找减轻地震灾害的方法.1923 年关东大地震在社会上引起强烈反响,致使日本政府于 1925 年在东京帝国大学(现在的东京大学)内设立地震研究所,专门从事地震预测研究.到了 20 世纪 60 年代,随着经济的振兴和科学技术的进步,地震学家一反以往"只搞些抱负小一些的课题"的常态,形成了地震预报研究小组.1962 年坪井忠二、和达清夫、秋原尊礼提出了被称为"地震预报计划蓝图"的《地震预报：今日的进展及未来的发展规划》.蓝图提出进行八种手段的观测,强调收集有可能用于地震预报的基础资料,不急于进行预报.但这一规划并未付诸实施.1964 年工业化程度很高的新潟地区发生 $M=7.5$ 的大地震,公众强烈要求推进地震预报工作.日本政府决定长期拨款资助,随即出台了《地震预报的五年计划》,以后连续实施.1995 年兵库县南部发生阪神大地震,对于运行了 30 多年的日本防灾体制和防灾减灾科学技术都是一次严峻的考验.关于这次地震的应对与研究,不仅在地震科学、地震防御、地震预报、地震救援方面,而且在城市规划建设、建筑物设计、医学救护、灾害信息通信、危险管理和应急反应等许多领域,为全人类提供了宝贵经验和教训.

美国从 1964 年开始与日本协作,举行"地震预报问题的联合讨论会".当年发生阿拉斯加大地震,总统府科技办公厅成立了专家小组,组长为总统科学顾问、地震学家普雷斯.他于第二年提出"地震预报与地震工程研究的十年计划",可惜由于一些学者的消极心态,未能实施;但他在 1965 年设立了"国家地震研究中心"并于 1973 年制订了《震害减轻研究计划》,进行地震预警系统的研究,提出膨胀-扩散孕震模式(简称"D-D 模式"),在此理论指导下,对 1973 年 8 月 3 日兰山湖 $M=2.6$ 地震进行了预报.特别是在经过仔细研究,发现了 Parkfeild 地区地震活动的周期性规律之后,在美国地质研究所的带领下投入大量设备及研究人员开展了"Parkfeild 地震预报实验",利用最先进技术,地震学家们设置了高分辨率监测仪器测量种种特征量,例如当地小震图像的细微变化、地倾斜等地形变的变化以及电磁性质等;但在预期再次发生地震的时间段,地震并没有发生.

在我国,陈国达在 1938 年《地质论评》第 3 卷第 4 期中对 1936 年 4 月 1 日广东灵山 6.8 级地震的震感区域、地声、震中和震源深度以及前震、余震和当地历史地震活动都进行了研究,并且对发震原因和地震未来趋势进行了研究.王竹泉在 1947 年《地质论评》第 12 卷第 1 期中也对 1945 年 9 月 23 日河北滦县 6 级地震的成因和未来地震趋势进行了研究.幼雄在 1923 年《东方杂志》第 20 卷第 16 号中谈到地震的成因、地震的强度和感震区域、前震和余震等 11 个问题,其中第 11 个问题就是地震的预知和预防,讨论了水位观测、倾斜观测、潮汐和气压变化触发地震等问题.

1953 年第一个五年计划时期,依照苏联厂矿设计的程序,必须预先获得建设地点的地震烈度;11 月 28 日中国科学院常务会议决定成立"中国科学院地震工作委员会",由李四光、竺可桢分别兼正副主任,下设综合组、地质组、历史组.1956 年 6 月,在《中华人民共和国科学技术长远规划》中,将"中国地震活动性及其灾害防御的研究"列为第 33 项中心课题,内容包括:地震台网与观测仪器、地震活动性与地震区划、地震对建筑物影响与抗震、地震预报方法.1957~1958 年利用建立的 12 个台站组成国家地震基本台网,开展地震的速报业务,同时利用测定的地震资料开始了区域地震活动性的研究.1963 年傅承义撰写了《有关地震预告的几个问题》,文章指出:"预告的最直接标志就是前兆,寻找前兆一直是研究地震预告的一条重要途径."文中列举了一些可能前兆,如前震和地下微弱震动、地倾斜和地形变、地磁要素、地震波速度、地下水位、地温、地电、生物,以及月相、气象要素等的变化,并指出"地震预告是一个极复杂的科学问题".1966 年初,中国科学院地球物理研究所召开了由昆明和兰州地球物理研究所参加的地震预报讨论和规划会议,论证了开展地震预报的必要性和现实性,研究起草了地震预报规划.1966 年 3 月 8 日,发生邢台大震,国家十分重视防震救灾工作,成立了中央地震工作小组,周恩来总理任组长、地质部部长李四光为副组长.1972 年的全国地震工作会议和在山西临汾召开的地震科学讨论会上,以 7 级左右地震的预报为目标提出了长期(几年以上)、中期(几个月至几年)、短期(几天至几个月)和临震(几天以内)的预报分期方案,同时把震时和震后也列为两个必要的阶段,并整理了当时所知各阶段可能出现的主要前兆表现;建立了一年一度的全国地震形势会商会制度,对近一两年地震形势进行估计,并指导和协调近期的监测预报工作.这一措施推动了全国地震预报工作进一步科学化与制度化.

20 世纪六七十年代,政府广泛发动群众,大力普及地震知识,大规模探索寻找地震前兆,地震预报事业发展迅猛.1975 年 2 月 4 日辽宁海城地震预报成功,震动了全世界,使人们以为地震预报即将突破.1976 年 7 月 28 日发生的唐山大地震顷刻之间又把人们拉回悲观的低潮,使人们清醒地认识到,地震预报是十分复杂的科学问题,对其须踏踏实实地做更多的研究与探索.

在 1967 年国际大地测量学与地球物理学协会(IUGG)第 14 届大会(瑞士苏黎世)期间,召开了一次国际地震预报讨论会.会后,在国际地震学与地球内部物理学协会(IASPEI)下面增设了一个地震预报工作组,负责协调各国有关地震预报的研究工作.从 20 世纪 60 年代开始,世界上许多国家积极开展地震预测的研究,做了很多工作,也取得了一批成果.但是,地震预测仍然是公认的科学难题.

10.2　主要预测方法

一方面,地震是地球内部物质运动(主要是大地构造运动)的表现,因此必然与一定的构造环境有关.急需预测的大地震所释放的能量虽然极大,但也只是整个构造活动中的一种表现.与发震构造活动有关的其他现象,有些可以作为前兆,用于预测地震.但是,地球物质的运动相当复杂,受许多不确定因素的控制.例如:触发现象可能是"压断骆驼背脊的最后一根稻草",要准确判定十分困难.另一方面,大地震很可能是大量事件的宏观协同行为,具有随机涨落的特性.可以认为,地震的发生具有一定的随机性.据此,预测方法大致可分为如下几种.

10.2.1 地震地质方法

利用历史地震资料、地质资料进行类比研究.一般得出的地震危险性区域划分图,可对地震发生的地点和强度做出较可信的预测.当今也结合潜在震源发震概率、衰减规律等做出概率划分.

10.2.2 地震统计方法

① 极值预报:估计未来一定时间内发生某级地震的危险性或概率.
② 震中迁移预报:地震带内地震序列的预测.
③ 周期图法:如地震活动高、低潮的估计等.

10.2.3 地震空区法

费道托夫经过多年的研究,在 1965 年发表了关于"地震空区"的第一篇论文.他考察了西北太平洋边缘一段地震带 $M > 7.75$ 的地震序列(图 10.1),发现:首先,发生巨震的地区至少有几十年,甚至更长的时间没有发生过巨震;其次,各巨震的余震区可以相互紧接但不重叠.由此推论:在地震带中,近期巨震的余震区之间的空隙,是今后最可能发生巨震的区域,并称为地震空区.费道托夫还在这段地震带上明确地划分出几个地震空区,其中四个"空区"后来的确相继发生了 $M \geqslant 7.7$ 的巨震;而且它们的余震区只是填充了各自的空区,并没有和相邻巨震的余震区重叠.费道托夫开创性的研究开展于板块学说形成之前.但是,板块构造模型对于巨震中应变能的积累和释放,以及"空区"在预报巨震时的作用,为我们提供了理解的基础.

1965 年以后,许多地震学家对地震空区现象进行了研究.1978 年,美国哥伦比亚大学拉蒙特地震观测台的科学家们,系统地考察了全球板块边界上的地震空区,勾画了一幅完整的预测图,还列出了 1965 年以来,各国地震学家曾经用"空区"方法预测过并确实已经发生了的 7 次巨震.这篇文章的投稿时间是 1978 年 5 月,1978 年 5 月以后发生的 5 次地震当初并未列在表中,是作者在审查校样时追补在文末的.也就是说,自从 1965 年提出"地震空区"假说以来,截至 1979 年已经在划出的空区中发生了 12 次巨震.根据 1985 年的报道,用"空区"方法预测成功的震次已增加到 17 次.

地震空区法对于预测板块边界上大地震发生的位置和可能发生的最大震级比

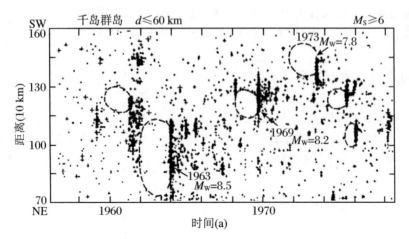

图 10.1　地震活动的时间-空间分布图

某个地区在平静一段时间以后就会出现明显的地震活动.其相对于其他地区平静阶段即对应着地震空区

较成功.但是,对于发震时刻的估计范围太大,一般是几十年,还达不到实用预报的要求.例如,1985 年 9 月 19 日墨西哥发生 8.2 级巨震的前 5 年,科学文献就已经确认该地为发生未来巨震的"空区".由于发震时间预测不准,依然有近万人死于震灾! 此外,破坏性地震的数量和分布范围远比巨震大得多.因此,地震空区法还不是完美的地震预报法.

10.2.4　地震前兆方法

以上介绍的三类方法,属于趋势性、概率性的方法.预测地震总要归结为寻找某种前兆.寻的方法不外乎两方面:一是根据某种地震成因模式来推测可能有什么样的前兆;二是选取某些现象,用经验来验证它们有无预测的效果.两种方法都是要经过实践检验的.有人认为地震模式是理论家凭空想象出来的,那完全是误解.模式的提出首先要以一定的经验为前提,然后再通过实践来甄别或逐步完善.地震前的异常现象也必须反复地用实践来检验,才能确定它是否有前兆的效能

1. 确定性的地震前兆

近年来,在许多地震之前都观测到了地震前兆,有些国家在不同程度上曾成功地预报过一些地震,如我国在 1975 年 2 月 4 日辽宁省海城 7.3 级地震发生前就曾做过长期和短期预报.这些情况表明,地震是有前兆的,不但可以预报地震,而且可以对它做出确定性的而不是概率性的预报.但是地震发生前的各种异常现象众多、复杂,并无简单的对应关系,给通过前兆预测地震带来了极大的困难,尤其是我们目前对孕震的物理过程还缺乏足够的认识.

2. 各种地震前兆的常见反应形式

（1）地壳变形

震前有长期（多年）的趋势性的（一般是地面隆起）变化；发震前几个月形变加速，发生转折. 日本地震学家今村明恒是地震预报的先驱者，他曾指出日本可能发生一次灾害性地震，后来确实发生了. 他的根据是在所研究的灾害性地震发生之前海岸线的高度或海平面发生变化. 以后在许多大地震前都曾观测到海平面变化等地壳形变. 例如，在 1964 年日本新潟 7.5 级地震发生前，震中区的重复大地测量表明，从 1898 年至 1955 年，地壳缓慢地、稳定地上升；但从 1955 年开始到 1959 年，震中区出现近 5 cm 的急剧隆起；从 1959 年至地震前变化很小，最后发生地震；新潟附近鼠关潮汐站观测到的平均海平面下降，证实地壳前兆性隆起是存在的（图10.2）. 地壳前兆性隆起的幅度沿着离开震中的两个方向随距离逐渐减小，距离大于 100 km 时就观测不到什么变化.

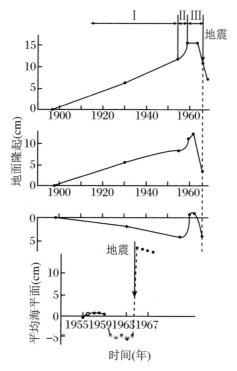

图 10.2　1964 年日本新潟 7.5 级地震前的地壳形变

在我国，震前的地壳形变也屡见不鲜. 1966 年 3 月 22 日河北省邢台 7.2 级地震发生前，震中附近的第 449 号水准点从 1920 年以来以 5 mm/年的速率下沉，然后在一段时间内呈现相对稳定的状态，在 1966 年 3 月 8 日 6.8 级地震发生前回升，在 3 月 22 日 7.2 级地震发生后继续下沉.

随着科学技术的发展，现在可以利用 GPS 直接观测地表的变形. 图 10.3 是琼中台在 2004 年 12 月 26 日印尼地震发生前后的 GPS 东西向观测记录. 由图 10.3 可以看出, 自 12 月 13 日起, 在以往西向运动的趋势上出现反向变化, 12 月 26 日地震后 (同震阶变约 10.0 mm) 恢复到正常水平, 变化十分明显. 可是在 2008 年 5 月 12 日汶川地震发生时没有观测到类似的现象.

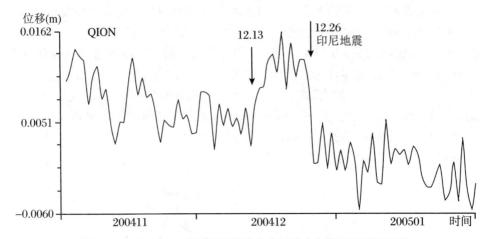

图 10.3　2004 年 12 月印尼地震发生前后琼中台的 GPS 观测记录

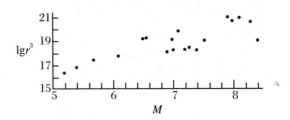

图 10.4　地壳形变区平均半径 (cm) 与震级的关系

　　震级越大, 和地震有关的地形变面积越大. 檀原毅 1966 年得到了震级 M 和地壳形变区平均半径 r 的经验公式 (图 10.4):

$$\lg r^3 = 8.18 + 1.53M \tag{10.1}$$

其中, r 以 cm 为单位. 这个公式可以改写为

$$M = 1.96\lg r + 4.45 \tag{10.2}$$

其中, r 现在以 km 为单位. 这个公式与宇津德治得到的主震震级 M 和余震区面积 A (单位: km^2) 的经验关系

$$M = \lg A + 3.7 \tag{10.3}$$

相近. 由式 (10.2) 可知, 如果测得了水准异常变化的地区, 就可以估计未来地震的大致位置和震级.

　　尽管在日本、中国和苏联等国家的地震发生前都曾观测到地面形变的前兆异常,但许多地方在类似的地壳形变情形下并没有观测到地震.相反地,地震也会发生在海岸线位置相对稳定的地方.这些情况表明,地壳形变是一种重要的地震前兆,但还不能把它当作预报地震的一种普遍的指标.

(2) 地应力

在地震危险区钻深井,然后把应力测量仪器放在井壁的支撑上,这就是所谓的探头.放入 3 个探头支撑在 3 个不同的方向上,就可以测量 3 个方向上的应力.当地下应力有变化时,井壁就会或多或少有所变形,而地应力仪就会把这些变形转变为电信号输送出来.通过 3 个方向的读数变化可以推断出应力变化场的主应力方向.当测量仪器的弹性模量远超过周围岩石的弹性模量时,井壁变形很小,直接测得的是应力的变化.当岩石的弹性模量远超过仪器时,测得的是井壁的变形,要得到应力还要通过一定的换算.在许多地震发生前都观测到了地应力的变化,但如何用来预报地震仍存在问题.

(3) 波速与波速比

震前几周或几个月纵、横波速比值下降,然后转折上升,甚至上升到比正常均值还大,此时发生地震.一个时期以来,用波速或波速比预报地震的工作在国内外十分引人注目,甚而有人乐观地认为地震预报已因找到了波速或波速比这个前兆而处于即将实现的阶段.

1950 年,日本地震学家早川正巳第一个发现地震前纵波和横波速度比有变化.可能是因为当时的测量精度不高的缘故,他的发现没有引起充分的注意.但这以后,苏联在其地震试验场开展了波速比预报地震的研究工作.1969 年,涅尔谢索夫和赛蒙诺夫报道了他们在中亚细亚塔吉克共和国的加尔姆地区观测到中强地震前波速比有变化.在每次地震前数周或数月,横波走时和纵波走时之比 $\xi = t_S/t_P = V_P/V_S$ 从较长时期(数年)所具有的稳定的正常值开始下降,然后逐渐增加,在临震前达到甚至超过其正常值,紧接着就发生一次地震.比值 ξ 减少的量与震级无关,但是 ξ 从什么时候开始下降是和震级有关的,震级越大,越早出现波速比异常.

苏联地震学家在加尔姆的工作引起了各国地震学家的广泛注意,在那以后,越来越多的例了证实了震前波速比确有异常.例如,在 1962 年 4 月 30 日日本东北部的宫城县北部的 6.5 级地震发生前,ξ 的异常持续了一年.在 1973 年 8 月 3 日纽约兰山湖 2.6 级地震发生前,阿加维尔发现 ξ 在 7 月 31 日至 8 月 2 日出现异常低值($\xi=1.5$).据此,阿加维尔在 8 月 1 日做出了兰山湖地区几天内将有一次 2.5~3.0 级地震的预报,并取得了成功.

但是,1966 年 6 月 28 日美国 Parkfeild6.4 级地震,1968 年 5 月 16 日日本十胜近海 7.9 级地震,1973 年 3 月 27 日南非约翰内斯堡 3.75 级地震,都没有观测到震前波速比的异常变化.这种反面的例子已有数十个.有些地震,不同作者得到的结论也不尽相同;即使是正面的例子,有些也是需要重新审查的.

在震前有波速比异常的地震中,前兆异常时间 T 和震级 M 的关系(图10.5)为

$$\lg T = 0.68M - 1.31 \tag{10.4}$$

根据波速比异常的范围可以预告地点,利用异常区范围大小和震级的关系可以预告震级,而利用上式可以预告发震时间.所以波速比是一种自身就提供了未来地震的"时、空、强"三要素信息.

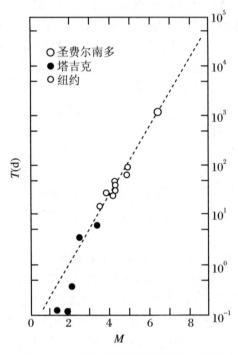

图 10.5　波速比异常时间与震级的关系

（4）地震活动的时空图像

越来越多的例子说明,在大地震发生前,一定范围内的地震活动具有一定的特征.识别这种地震活动图的特征对于地震预报很有帮助.图10.6是一个实际例子,说明在1976年2月22日阿留申群岛中部一次5级地震发生前地震活动性的变化,左上图表示这次地震(叉号)发生之前的一般地震活动水平;右上图表示在三个半月左右(1975年10月5日至1976年1月16日)间,在50 km宽的范围内地震活动性出奇地低;左下图表示在震前5个星期,在震源体积内发生了6次小震,这些小震朝着未来主震的方向趋近,呈线状排列,排列方向大体上与主震的滑动方向一致;右下图表示主震后地震活动又恢复到原有水平.总体上可以说,震源区的小震符合"正常分布→平静→排齐→发震→正常"的特征.

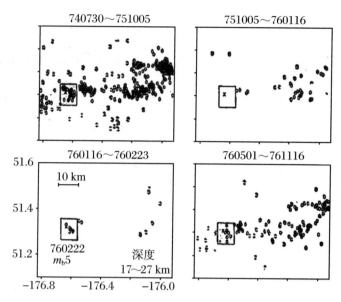

图 10.6　1976 年 2 月 22 日阿留申群岛 5 级地震发生前地震活动性的变化

（5）前震活动

　　大地震发生之前,小地震在时间、空间、强度方面的异常变化,小震震源参数的异常变化等,作为前兆现象在中短期和临震预报中起着重要作用.1975 年海城 7.3 级大震发生之前,原来很少有小地震活动的辽南半岛,从 2 月 1 日起却在后来的主震震中附近突然出现许多地震,大震发生前大约 3 天时间内,就一共发生中小地震 527 次(图 10.7).当时能成功地发出临震预报,这种异常现象是重要的根据之一.但在实际应用中发现,具体什么是"前震",定义上仍有一定的含混;另外,据统计大概只有 20%的强震有前震.

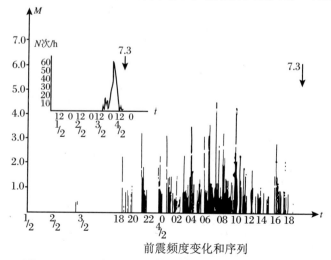

图 10.7　1975 年 2 月 4 日海城地震发生前的地震活动性

（6）b 值变化

大地震发生之前,根据一系列小地震统计得出的 b 值往往下降.1962 年 3 月新丰江水库 6.0 级地震发生之前,小震 b 值下降.邢台 $M=6.3$ 地震和 1971 年新疆乌什 $M=6.0$ 地震发生之前都有这种现象.1976 年 7 月 28 日唐山 $M=7.8$ 大震发生之前,从 1971 年下半年开始,震中区附近的弱震 b 值先上升,后来从 1973 年年底开始下降,持续到 1975 年年底.1976 年年初开始回升,7 月底大震发生（图 10.8）.渤海、海城等大震发生之前也有类似情况.而且,在空间分布上,震中区附近是低 b 值区,外围地区的值较高.总之,大震之前小震 b 值的时空变化是值得注意的.

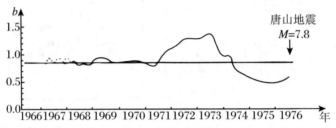

图 10.8　1976 年 7 月 28 日唐山地震发生前 b 值随时间的变化曲线

（7）水氡

地下水中溶解了各种气体及其他化学成分,通过研究溶解于地下水的这些化学成分的变化与地震之间的关系,发现氧、氟、亚硝酸根等在震前都有反映,特别是氡（氡是一种放射性气体,半衰期很短,只有 3.825 天）的含量作为前兆手段用得最普遍.1966 年 4 月 26 日苏联塔什干 5.3 级地震发生以前,在塔什干盆地的深井矿泉水中水氡的含量自 1961 年至 1965 年间由 5 eman 增加到 15 eman（1 eman = 3.7×10^3 Bq/m^3）,在主震前半年一直保持高值,主震后迅速减少.在中国、美国和日本,后来也发现了类似的现象.中国河北大清河台的氡含量记录曲线,在 1970 年丰南 5.2 级地震发生前出现过正异常.海城地震发生前也观测到了明显的水氡异常（图 10.9）.

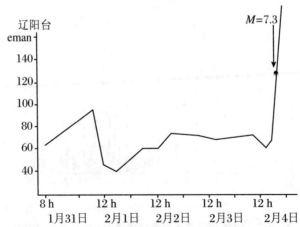

图 10.9　1976 年 2 月 4 日海城地震发生前水氡的变化曲线

（8）地磁和地电

观测发现地磁场异常区与地震活动区有某些相关性.1946 年 12 月 21 日,在日本西南部南海道发生了 8.1 级大地震,地震发生前后震中区有明显的地表变形和相当大的地磁场局部异常(图 10.10).据报道,有些大震发生前磁偏角可能有异常变化.压磁效应、热磁效应等方面的研究也受到重视.

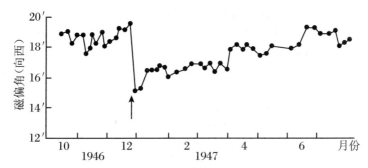

图 10.10　伴随 1946 年 12 月 21 日南海道地震发生前后的磁偏角变化曲线

地电阻率对应变的反应很灵敏,特别是在低应变值时.在许多地震前都曾观测到地电阻率异常,通常视电阻率在震前下降 10%～15%;震级越大,前兆时间越长.1974 年 5 月 9 日日本伊豆 6.9 级地震发生前,地电阻率有一个"阶跃",并出现了 4 个小时的前兆性变化(下降)(图 10.11).在 1970 年 12 月 3 日宁夏西吉地震发生前,在震中南面约 140 km 的天水台记录到电阻率下降 14%,异常持续了 80 多天.震中西面约 150 km 的兰州台也有类似的变化,电阻率下降了 16%,异常时间约 60 天.这些例子说明,地电阻率不但有长期异常,而且有短期异常,可以成为一种短期前兆手段.

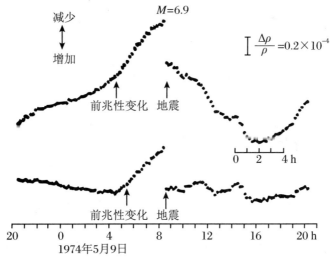

图 10.11　1974 年 5 月 9 日日本伊豆 6.9 级地震前后电导率的"阶跃"和震前 4 h 的前兆性变化
上部的曲线为原始记录,下部的为经过滤波处理的

（9）重力

根据多次震次分析,在大地震前若干天内,重力值有持续增大或减小的趋势,开始反映的时间、递增总幅值与震级和震中距有关.1969 年 7 月 18 日渤海地震（7.4 级）,北京台从地震发生前 10 天开始观测到重力递增,9 天内重力值上升 720 μgal.1969 年 8 月 12 日日本 8.0 级地震,北京台从地震发生前 4 天开始观测到重力值变大,在 4 天内共增加 320 μgal,地震后逐渐恢复原状.而 1970 年 12 月 3 日宁夏西吉 5.7 级地震,天水重力台记录的重力值从 11 月初开始以每天 40 μgal 的速率减小,一个月内共减小 800 μgal,地震后虽略有恢复,但总的重力基值仍有系统的减小.

（10）其他

大震发生之前气象的异常现象也受到了人们的重视.据统计,我国近百年以来和更早期的大地震发生之前一年至三年半的时间内,往往在震中区曾发生过特大干旱.临震之前,有些震中区的气温、气压、降水量等也有很大异常.临震前天空发光、出现地震云等现象多有报道.地震区的广大群众也经常反映,家畜、家禽及老鼠等在临震前都有异常活动.在这方面一个比较典型的例子是 1969 年 7 月 18 日渤海 7.4 级地震发生前,除了 10 天内海上鳖鱼、海鸥等有异常现象外,天津动物园的工人在地震当天上午发现东北虎、大熊猫、牦牛、鹿、天鹅等动物有精神不振、呆痴、惊恐等现象,乃至天鹅双脚朝天仰卧不起,而乌龟、蚂蟥、泥鳅等则在震前 5 小时多在水中翻滚、游动不停.动物园于当天上午 11 时向天津地震队提出了预报意见,而下午 13 时 24 分渤海发生 7.4 级地震.这些都是值得注意和研究的重要现象.

固体地球物理学的任务是通过地面观测来收集和解释地下所发出的信息.它们可能是地球物质本身所产生的各种物理场,也可能是地球演化或物质带来的信息,其中,有些可能还不为我们所认识和利用.例如,许多动物对地震异常的反应,显然是地震前由地球内部发生的某种变化造成的,但究竟是什么,现在还不清楚.地球从内部发出各种辐射已为实验所证实,地震前兆可以认为是地下物质运动引起的,但有的信息必须透过地面与低空大气甚至电离层发生耦合后才能显现出来.

3. 前兆资料的处理

（1）单项地震前兆观测数据的处理

① 对于大部分非地震观测,如地形变、重力、地电、水氡等,主要寻找标志性的变化（如突跳等）与发震时刻的直观对应关系.

② 按欲提取的标志性物理量（如 b 值、频谱、震源机制、应力轴取向等）收集相应的观测数据,然后做相应的计算.

③ 前兆量变化过程与地震参数之间关系的探索,常用统计等方法进行.例如,前兆量起始、转折、恢复的时间过程与震级、震中距的关系,如式（10.1）、式（10.4）所示.

（2）多项地震前兆观测数据的处理

在单项分析的基础上汇总、分析、判断，形成了综合预测法.它是在地震预测过程中自然形成的，多种前兆联合使用，增强前兆信息，以期比较合理、可靠地做出预测，这是由地震过程的复杂性决定的.

4．对地震前兆异常的一些认识

1983～1985 年国家地震局组织了 2200 余人，利用前 20 年的资料，对地震前兆与地震预报方法进行了全面清理，对当时使用的 48 种共 1800 多台观测仪器进行了评估和筛选，在此基础上，分别对 9 个学科手段（测震、地形变、地倾斜、水位、重力、水化、地电、地磁、地应力）以及综合预报方法的理论基础、观测技术、预报方法及效能等进行了系统研究与全面评估，并出版了《地震监测与预报方法清理成果汇编》丛书.

清理的内容具体包括：观测仪器（各种仪器对比、精度、稳定性）；观测条件（地质、岩性、干扰源……）；信息处理（提取信息的各种方法、判据）；预报能力（理论依据、思路、震例、评价）.清理的重点是观测资料及台网监测能力、前兆特征及异常判别方法、震例及预报情况总结.提出的进一步研究重点主要是物理基础、判据和指标.

经过认真分析、总结，清理工作结果认为，震前异常可以分为两类：长期缓慢变化的趋势性前兆和短期快速的突跳性前兆；7 级以上的大震前兆具有变化的同步性（时域上）和由源向外扩展的趋势（空间域—时间域）；异常持续时间与震级有一定关系；异常发生的空间范围总体上与震级正相关，给出了地壳形变区平均半径与震级的统计关系.发现对于大震，60%的前兆异常发生在源区和近源区；而对于中强震，82%的前兆异常发生在远源区.异常分布具有离散性，即"异常点"出现在"无异常区"中.长、短异常往往不是在同一台站出现的，可见，其情况相当复杂.异常的特征与地震的类型有关，如炉霍、道浮地震发生在老断层上，以走滑为主；唐山、松潘、龙陵地震震前源区倾滑分量较大：前者异常弱，异常范围也小；后者则异常强，分布较广.曾经发生过大地震的地区，重复发生大地震时，前兆现象也较小、较弱.

清理工作发现存在的困惑和问题也不少：存在出现地震前兆，但结果并未发生地震的情况；还发现在同一构造带上，强震前兆异常有很大差异.反映了各种异常在"时、空、强"分布上的复杂性，规律尚不清楚，还需要更加深入地进行地震机理的研究.

10.3　触发问题及其在预报上的应用

地震的触发机制一直是短临预报必须解决的一个重要问题.地球介质应变能量积累到一定程度会有发震的危险;但何时会发生破裂,是什么因素触发了地震,到目前为止仍不清楚.经过调查统计发现,天体运动、太阳黑子、磁暴、地球自转、极移、旱灾、涝灾等,都与地震发生存在一定的统计相关性;但由于机理不清楚、资料处理方法不同,其间是不是真正存在因果关系仍不能确定.

人们发现不少地区地震的主震或强余震都发生在朔望期,1966 年 3 月 8 日和 3 月 22 日邢台 6.8 级和 7.2 级地震、1967 年 3 月 2 日河间地震等都发生在朔望期,1971 年 2 月 9 日美国洛杉矶 6.5 级地震发生时,太阳、地球、月球三者正好在一条直线上.由于日月引力在地球上引起的固体潮汐作用可能使原有地震危险区的岩石中应力进一步增加而诱发了地震,因而朔望期的地震危险性可能特别大.

地球自转速度变化,会使地球内部应力重新分布;同时,地壳与地幔物质的弹性系数并不一样,从而使应力进一步集中.这种影响,如果正好和正在孕育并即将要发生地震的地方的构造应力方向一致,就有可能触发地震.地球自转速度变化的原因及自转速度的变化与大地构造、地震的关系,目前仍是重要的研究课题.

地球自转轴的位置相对于地球本体并不是固定不变的,观测表明,极点在地球表面是不断移动的,这就是所谓"地极移动".地极移动可引起地球表面各点的离心力的变化,从而导致某些地区岩石内应力的积累或应力的松弛,其中使应力积累的地区可能使原有应力增加超过临界值而发生地震.因此有人认为系统地研究地极移动及其与地震的关系应是地震预报的一个方向.

10.4　政府机构发布地震预报的实例

10.4.1　中国海城地震预测预报简介

中华人民共和国成立后的 17 年里,总共发生了 20 次 $M \geqslant 7$ 的大地震.其中 10 次发生在众所周知的地震活动十分强烈的台湾省.另外 10 次大地震全部发生在人口稀少的偏远地区.但是,1966 年之后的 4 年里所发生的 3 次大地震,则伤亡惨重、震惊全国,引起了政府的高度重视.

1970 年初,在时任国务院总理周恩来亲自指导下,首届全国地震工作会议召开.在总结邢台、渤海、通海地震工作的基础上,会议对全国地震活动的大趋势做了初步估计;遵照以"预防为主"的方针,部署了全国的地震工作;根据 1966 年以来全国地震活动加剧的事实,划分了几个全国重点地震监视地区.随着华北地震活动的加剧,历史上地震活动较弱的东北地区相继发生一组 4~5 级的地震,十分引人注目.又因为该地区的人口和工业相当集中,辽宁省被划为全国重点地震监视地区之一.在 1970 年至 1974 年上半年主要开展了三项工作:① 整理历史地震资料、调查地质构造,根据 19 世纪的资料,查到 7 次破坏性地震,在将它们与华北的地震活动期进行对照分析后,发现存在某种对应关系;② 进行大地测量,并做了多次复测,发现辽东半岛当期发生东南上升、西北下降的现象,营口相对大连每年降低3~5 mm,存在强烈的差异运动;③ 建立了一批观测台站,并记录到了 1971 年 11 月内蒙古巴林左旗 $M = 4.1$ 地震.

通过第一阶段的工作,得出了对东北地区地震危险性的初步估计,即辽宁境内存在发生破坏性地震的背景,而辽南地区较其他地区危险性更大些.

在第二阶段则加强了中期地震趋势的研究.自 1973 年下半年开始采取了增设地震前兆观测手段,加密地壳形变、重力、地磁等手段的流动观测网,缩短这些手段的观测周期.加强群众业余地震测报和地震知识宣传工作,以及地震异常的验证工作.这一阶段获得许多重要的信息,主要有:① 从 1974 年开始,辽宁地区的小震活动明显增加,有些地带增加 3~4 倍.② 在跨金州断裂的短水准测线(金县台)发现急剧的垂直形变.1973 年 9 月到 1974 年 6 月记录到累计的垂直形变达到 2.5 mm,其年变化率是前两年的 20 多倍! ③ 在大连的地磁观测发现,1974 年 5 月 22 日的地磁垂直分量比 1973 年 10 月 17 日增加了 21.5 γ($1 \gamma = 10^{-5} \, O_e$).

据此,国家地震局在 1974 年 6 月召开的华北及渤海地区地震趋势会商会提出:辽宁南部或渤海地区在不长的时间内可能发生强震.会上,海洋部门根据渤海北部 6 个潮汐观测站的记录,发现 1973 年渤海海面明显上升,最大变化达十几厘米,这种情况是近十几年所没有的.有些单位还揭出一些其他的异常现象.经过综合分析,提出了渤海北部地区在今后一两年内可能发生 5~6 级地震的预报意见,并部署安排了地震监视和地震预防工作.国务院批转了中国科学院《关于华北及渤海地区地震形势的报告》,有关地区贯彻国务院文件精神,有力地促进了辽宁省的地震预测、预报和预防工作.1974 年下半年,辽南地区已建立群众测报点 2273 个,参加测报的人数约 4000 余人,放映地震教育电影 600 多场、幻灯 1000 多场,散发有关地震知识和防震常识的宣传材料 15 万册.专业地震监测队伍则在密切监视震情的同时,对已有的异常进行了验证,并与周围地区的有关部门及时交换资料、定期会商.

1974 年 11 月,东北三省召开的地震趋势会商会分析研究了近四五个月辽南地区一些异常的发展情况,主要有:

① 从 1974 年 9 月开始,金县台短水准观测值加速上升.这与为了验证先前发现的金县台短水准观测异常,专门设置在辽东半岛的 4 条短水准观测线的记录一致.

② 大连地磁点经验证、复测,1974 年 9 月 25 日仍有 13.5 γ 的正异常.

③ 熊岳、辽东湾南部小震活动继续增加.

④ 已发现的水氡、地应力等异常有的还在发展,有的似乎趋向结束.

因此,会议纪要再次肯定先前的预报意见,更明确地提出:"营口、大连等地是近期发生破坏性大地震危险性较大的地区,是今后工作的重点地区,需要立即采取措施,加强监视,充分做好捕捉大震的准备."

这一阶段在多次正式的会议和文件中都有提到:"在不长的时间内""在今后一两年内"或"近期"渤海地区将发生强震.这可算作中期地震趋势的估计.

第三阶段:短期地震趋势的判断.通过第二阶段的工作已形成这样的认识:辽南危险;发震时刻迫近! 1974 年 11 月东北三省地震趋势会商会后,工作的重心自然集中到监测短期的地震异常.就当时的实际情况,基本想法是依靠大量的各类测报点。因为那时从国内几次震例分析,曾做过一个设想,在未来的发震区震前短期阶段可能出现宏观异常;而宏观异常较多的地点,则可能是发震的地段.但以后更进一步的观测表明这种看法有很大问题.

1974 年 12 月中旬,在辽南地区发现前所未有的异常情况:辽南地区井水、蛇、鼠、家禽异常;台站上的地倾斜提前转折、打结、加速;水氡突跳;全年记到 600 次地震,猛增 8 倍;12 月 22 日辽阳-本溪发生 4.8 级地震,被认为是由构造活动加剧产生的,可能是更大地震的前震.

1975 年 1 月中旬,全国地震会商会提出:辽东半岛及附近海域,1975 年上半年甚至一二月份,可能发生 6 级地震.

第四阶段:临震预报.1975 年 1 月底,辽南各地各种异常有增无减,异常变化十分剧烈.动物惊恐,井水无法饮用;地电、水氡突跳(图 10.9);小震大量发生:2 月 1 日 1 次;2 日 7 次;3 日达几百次;4 日上午发生 2 次有感地震(4.2 级和 4.7 级);4 日下午急降、平静(图 10.7).2 月 3 日深夜辽宁省地震办公室写出震情简报:营口海域在小震活动后将发生一次较大地震.2 月 4 日 0 点 30 分,将意见急告辽宁省最高行政管理部门,并派人赴海城协助地方开展工作.2 月 4 日 8 点,辽宁省最高行政管理部门派专人赴海城、营口,召开有关方面和军方负责人参加的防震会议,上午 10 点向各市、地发出电话通知,明确防震要求:划出戒备区,安排急救,昼夜巡逻,不坚固的房子不住宿,工厂、矿山、水库、桥梁、高压线的保卫,等等.救护车、救护队均做好准备.有些电影院告示停演,营口驻军取消 2 月 4 日晚在礼堂举办的春节慰问演出……晚上 7 点 36 分 $M=7.3$ 大地震发生!

由于预报及时,措施得力,海城 $M=7.3$ 大地震仅死亡 1328 人.

谈到"成功的"地震预报,经常会有人提到唐山地震发生时的"青龙奇迹"."青龙"指的是离唐山市区东北方向一百多千米远的青龙满族自治县,为海拔超过 400 m 的山区.从图 10.12 可以看出,唐山地震发生时市区的地震烈度达到了Ⅺ度,青龙县的烈度为Ⅵ,与北京市区一样,比天津市区的烈度Ⅷ还要低,所以破坏程度比唐山市区低很多是有科学道理的.

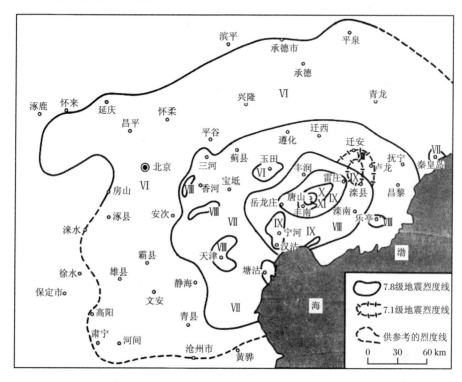

图 10.12　1976 年 7 月 28 日唐山地震的烈度分布示意图

10.4.2　美国 Parkfeild 地震预测预报简介

地震预测预报作为一个重大的科学课题,全世界在经历了 20 世纪六七十年代的高潮迭起和紧接着跌入低谷的严峻挑战之后,逐步转入了更加扎实的探索阶段.

1979 年 8 月,加州圣安德烈斯断层系统的圣·费尔南多(San Fernando)发生 $M=5.7$ 地震.它恰好发生在具有世界先进水平的观测台网中,但几乎没有出现前兆(包括地震活动性、波速比变化等).1983 年 5 月,加州科林加 $M=6.5$ 地震既不在所划定的地震空区中,也不在任何已知的断层带上.美国地震学家感到地震预测复杂,并认为:无论是抽象地震预测的理论模式,还是建立纯经验性的地震预报方法,缺乏足够的观测数据是当前的主要障碍.为此他们采取两条措施:① 广泛地开展国际合作,搜集国外资料;② 建立地震预报实验场,进行广泛的观测和有目的地搜寻前兆异常.

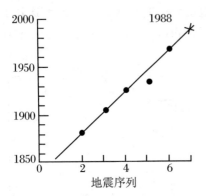

图 10.13 直到 1966 年 Parkfeild 地区非常有规律地出现 6 级左右的地震,按以往的时间间隔,应该在 1988 年前后再次发生 6 级左右的地震

美国科学家提出,在 Parkfield 地区设立地震预报实验场最合适. Parkfeild 是横跨圣安德烈斯断层的一个小镇.这段断层上的地震活动具有明显的规律性.在 1857 年、1881 年、1901 年、1922 年、1934 年和 1966 年分别发生过中强地震,大约每 22 年破裂一次(图 10.13).最近 3 次地震都发生 20～30 km 的断层破裂,而且都是从同一点开始,又沿圣安德烈斯断层向东南方向破裂的.最近的两次地震,又分别在震前 17 分 25 秒和 17 分 17 秒发生过 $M = 5.1$ 前震.

美国科学家 Back 提出,如果断层仍然按每年 2.8 cm 运动,则 1988 年 1 月可能发生 6 级左右的地震,时间误差为 ±4.3 年.一开始,美国全国地震预报评定委员会认为该推断作为预报还太含糊,因此不予审理.不过科学家们一致认为,作为检验认识地震成因和地震短期预报的实验场,Parkfield 是最为理想的地区.1985 年 4 月 5 日美国地质调查局门洛帕克分部公众事务办公室正式宣布:《Parkfeild 地震预报实验的预报依据和预报意见》,经美国地震预报委员会和加州地震预报委员会的审定,已获正式批准.这一官方认可,开创了美国地震预报首次获得政府有关部门批准的先例.预报意见是:在 1985～1993 年间,Parkfield 地区将发生一次 5.5～6 级地震.1993 年以前的发震概率高达 95%,最大可能的地震时间是 1988 年 1 月.

该地区从 1985 年开始布置多种地震前兆观测手段,其中有:地震、全球定位系统(GPS)、激光测距地形变观测、地倾斜、地震波速变化,等等.截至 1992 年已累计拨款 1900 万美元,以后每年拨款 200 万美元.1992 年 10 月 19 日 22 点 28 分在 Parkfeild 北方 5 km 处发生 $M-4.3$ 的中强震;且在震前两三周记录到了频繁的小震活动.美国地质调查局(USGS)下属的国家地震研究中心(NCER)的科学家们认为,这是类似前两次大地震前发生过的前震.据此,Parkfeild 官方发布 A 级地震警报:预测未来 72 h 内,在 Parkfeild 周围 50 km 范围内,以 0.37 的概率发生一次 6 级地震或以 0.037 的概率发生一次 7 级地震.美国地质调查局发布的地震警告分为 A,B,C,D 四个等级,A 级为最高等级.同年 3 月,对 Parkfeild 地区也曾发布过预测未来 72 h 内,以 0.11～0.37 的概率发生一次 6 级地震的 B 级地震警报.

但是,除了微震,预期的地震并未发生.按美国科学家的估算,24 h 后,大震概率降为 0.15;48 h 后,概率降为 0.05;72 h 后,降到基值 0.0025.实际情况是,经过平静的 66 h 后,只在最后的 6 h 里发生了 8 次 0.9~1.4 级的微震,警报撤销.

　　在此之后,该地于 1993 年 11 月和 1994 年 12 月又发生了两次中强震,震级分别为 $M=4.6$ 和 $M=4.7$.因此有人认为,前期由于构造运动积累起来的应变能可能已经通过这 3 次地震释放了.幸运的是,对预报中的 Parkfeild 地震的监测工作并没有停止,设置在 Parkfeild 地震预测试验场的台网继续坚持地震前兆的监测工作.2004 年 9 月 28 日 17 时 15 分 24 秒,Parkfeild 地区发生了等待已久的 $M_W=6.0$ 地震.虽然比预测的时间晚了整整 11 年,但是无论如何还是来了.然而,在震前并未检测到、至今也仍未分析出有地震前兆.尽管如此,由多种仪器设备构成的复杂前兆台网,有史以来最为翔实地记录下了一次从震前至发震时乃至震后的地震全过程,取得了地震活动性、地应力、地磁场、地电场、地下水、地震引起的强烈地面运动等等的完整记录.这些记录对于了解地震破裂是如何开始、如何传播、又是如何停止的,增进对断层、地形变、震源物理过程、地震预测、预防和减轻地震灾害的认识,均提供了很有价值的资料.

10.5　孕震模型研究

　　"知其所以然"才算真正了解事物,才能合理有效地处理与该事物有关的事情.震源物理研究地震孕育和发生的物理过程,它是地震前兆预测方法的物理基础,是地震预测的核心问题.这一领域的研究相当活跃,应用了许多学科的理论与知识,头绪很多;已发表的模型也不少,但是还没有公认的权威.本节希望通过引用少数模型说明,地震预测的实践(包括相关的实验)是抽象孕震模型的基础,以及孕震模型描述的多种地震前兆变化趋势在地震预测中的作用.

　　地震预测需要孕震模型.虽然大地震发生的频率很小,中小地震却大量发生.整理中小地震及其伴生的前兆现象得到的经验关系是许多地震预测方法的基础.经验关系一般都有其相应的适用范围,外推到大地震及其伴生的前兆现象,就必须有模型.此外,各种前兆往往一起出现,这就需要综合处理多个物理量.根据已有的知识推测这些物理量之间的关系,也即模型,一般来说是相当复杂的.为了最有效地综合分析,也需要建立恰当的模型.当前,还没有完全符合实际情况的孕震模型.在进行地震预测研究时,既要积极发展孕震理论,也不能人为地夸大还不成熟又相当简单的理论公式,更不要僵硬地认定,在没有比较符合实际的孕震理论之前,就不需要进行预测的实践.

　　能够比较正确地反映地震孕育和发生过程的模型,不是凭空想象出来的,而是通过大量野外和实验室的观测以及对观测数据的深入分析产生的.孕震的理论模型已有不少,主要有两类:一类是基于物理机理的模型;另一类是基于地震活动规律性的唯象理论.

10.5.1 震源物理理论模型

不少实例说明,尽管许多前兆可能是确定性的前兆,但它们和地震的简单对应关系迄今还没有得到过.这使人们认识到,只有设法认识地震孕育和发生的物理过程才能实现地震预测;虽然不知道地震的物理过程也可能做一些地震预测,但只有完全了解了震源的物理过程,才能真正实现地震预测.基于这种思想,许多人都倾向于通过地震前兆的野外观测、实验室实验与实地可控试验以及理论研究三个方面探讨各种可能的地震发生机制,弄清楚震源过程,以达到地震预测.

人们对震源物理的研究是和地震学的诞生同时的.1910 年,雷德提出的关于地震直接成因的弹性回跳理论,实际上就是一个把地震和地球介质内的破裂过程联系起来的理论.自从拜尔利发现了节平面后,对震源物理的研究就逐渐展开,并且取得了很大的进展.到了 20 世纪 60 年代中期,在地震学研究(包括震源机制研究)成就和破裂物理(特别是断裂力学)成就的基础上,开始了以探索地震预报为目标的地震孕育物理过程的研究,即震源物理的研究.

10.5.1.1 震源物理实验研究

自 20 世纪 60 年代以来,为了寻找地震预报的物理基础,许多国家的地震学家开始做实验模拟地震.当然,在实验室中能够处理的仅仅是大小很有限的岩石样品,所以将实验室中得到的结果应用于地壳中的实际现象时有一定的局限性,必须注意尺度效应.尽管如此,从实验中还是得到了许多很有用的结果,为地震预测理论提供了很好的物理基础.

地震是由突然的应力降产生的,所以自然要在实验室里研究,在地壳内的温度和压力条件下岩石产生突然的应力降的机制.现已知道有两种情况可以产生突然的应力降.一种是完整岩石的脆性破裂,另一种是在已有断层上的黏滑.这两种情况统称为破裂.在实际断层上,这两种情况是密切联系在一起的,但为方便起见,常将它们分开研究.它们的区别仅在于在围压下脆性破裂开始时物质是完整的,而发生黏滑时物质中已有裂纹或其他间断面.

日本的茂木清夫(Kiyoo Mogi)是最早注意到在应力作用下脆性物质的微破裂对地震研究的重要意义的人.在 20 世纪 60 年代初,他就做了岩石破裂试验,研究微破裂和主破裂的关系.当岩石样品的应变超过弹性限度进入塑性状态时就开始产生微破裂,所产生的微破裂引起了小震动.当应力速率恒定时,如果样品不均匀

（如花岗岩），则在主破裂前有许多微破裂发生；如果样品很均匀（如松香），则在主破裂前没有微破裂发生；如果样品极不均匀（如泡沫岩），则发生许多微破裂而不发生大的破裂．茂木的实验为解释三种类型的地震（前震-主震-余震型、主震-余震型和震群型）提供了物理基础．

10.5.1.2　震源物理理论

在野外观测和实验室研究的基础上，许多人提出了地震发生的理论模式．1971年，苏联大地物理研究所提出了"膨胀-失稳模型"，以解释观测到的地震前兆．这个模型也叫作 IPE（Institute of Physics of the Earth）模型．1972 年，美国的努尔（A. Nur）、肖尔茨（C. Scholz）、惠特柯姆（J. H. Whitcomb）、赛克斯（L. R. Sykes）和阿加维尔（Y. P. Aggarwal）推广了另一个模型，叫"膨胀-扩散模型"，简称 D-D（Dilatancy-Diffusion）模型．后者是许多美国地震学家支持的模型．在美国，还有布雷迪（Brady）提出的"包体模型"；在日本，有茂木提出的模型．布雷迪等人的模型在许多方面与 IPE 模型很类似．以下简单介绍 D-D 模型和 IPE 模型．

1. 膨胀-扩散（D-D）模型

膨胀-扩散模型认为，地震前，在断层附近，当岩石中的应力达到其极限强度的 1/2～2/3 时，那些与最大主压应力轴平行的裂纹就开始张开，从而造成了体积非弹性地增加，这就是膨胀．膨胀是土力学中早在 30 年前就已熟知的现象，但在 1949 年布雷季曼（P. W. Bridgman）才第一个注意到岩石也有此种现象．不过，土壤中的膨胀与颗粒间的孔隙形状有关，而岩石的膨胀则是与晶粒间及切穿晶粒的新裂纹的张开有关．按照 D-D 模型，地震孕育和发生过程有如下四个阶段（图 10.14）：

第 I 阶段．构造应力逐渐增加，但岩石中的旧裂纹还没有张开，新裂纹也还没有形成．

第 II 阶段（岩石膨胀阶段）．在断层附近，当岩石中的应力达到其极限

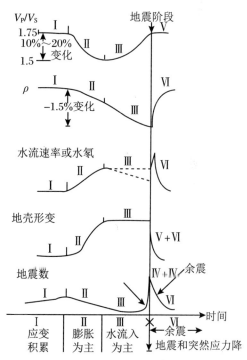

图 10.14　地震孕育和发生的膨胀-扩散（D-D）模型

强度的 1/2～2/3 时，就发生膨胀，岩石中的旧裂纹张开、新裂纹形成．岩石体积的

增加使得其中的孔隙压力减小. 由于孔隙压力减小,岩石的破裂强度增高,这种现象叫作"膨胀-硬化". 膨胀-硬化推迟了地震的发生,这种情况一直持续到有足够的水流入这一区域并使压力恢复到原先的数值为止. 在这个阶段,若岩石膨胀足够快,以致岩石来不及被水所饱和,则其弹性模量将大大减小,从而纵波速度 V_P 将急剧下降,横波速度 V_S 相对受影响较小,因而 V_P/V_S 也将和 V_P 类似地急剧下降.

第Ⅲ阶段(液体流动、扩散阶段). 邻近区域的水逐渐流入膨胀区域,扩散到裂纹中,使孔隙压增加、岩石的破裂强度下降;与此同时,构造应力继续增加.

第Ⅳ阶段(主震阶段). 当应力达到了剪切破裂强度时,便发生地震,断层面上的应力突然释放.

第Ⅴ阶段(震后调整阶段). 主震导致应力场重新分布,并使处于震源机制解的压缩区中的水逐渐扩散入膨胀区,结果膨胀区的孔隙压逐渐增高、剪切破裂强度逐渐下降,从而发生余震.

按照 D-D 模型,波速比应当有如图 10.14 所示发生变化. 在膨胀期间,由于体积增大,可使地面高程变化达数厘米. 岩石的电阻率主要和岩石含水量有关,因此,在扩散阶段,电阻率应当会大幅度地下降. 此外,裂纹增加了岩石与水的接触面积,致使较多的放射性物质流入孔隙中,从而水中便会含有较多的氡等放射性气体. 膨胀-硬化使得破裂更不容易发生,所以在地震之前地震活动性减弱. 地震活动经历了"活跃—平静—前震—主震"的过程.

2. 膨胀-失稳(IPE)模型

膨胀-失稳模式是在断裂力学和岩石力学实验的基础上发展起来的. IPE 模式也认为在地震之前岩石要经历膨胀,但它认为地震并不一定要沿已有的断层发生. 这个模型的要点是:

① 统计上均匀的物质,在长期荷载下,由于裂纹类缺陷的数目和大小的增长而发生破坏.

② 在近于不变的应力条件下,缺陷会随时间而生长;缺陷形成速率随着应力的增高而加快.

③ 总形变包括岩石固有的弹性形变和由裂纹两边相对移动所造成的形变.

④ 宏观破裂(主断层形成)是总形变失稳的结果,它发生于裂纹雪崩式地增长到某一临界密度时.

⑤ 主断层的形成导致其周围应力水平降低,从而使新的缺陷停止生长,并使活动的裂纹的数目减少.

⑥ 破裂过程与尺度的关系不大.

根据这些观点,IPE 模型把地震的孕育和发生过程分为以下五个阶段(图 10.15):

第Ⅰ阶段(均匀破裂阶段). 在实际岩石中总是存在着随机分布的缺陷(微裂纹). 在剪切构造应力作用下,方向合适的微裂纹的大小和数目会缓慢地增加,并且还会有新的裂纹产生. 在统计均匀的介质中,这种情形发生于整个体积中,所以这个阶段叫作均匀破裂阶段.在这个阶段中,介质的性质会发生变化,例如有效弹性模量、介质的各向异性等,但都很缓慢,所以没有出现前兆现象.当大部分体积中的裂纹平均密度达到某一临界值时,就过渡到第Ⅱ阶段.

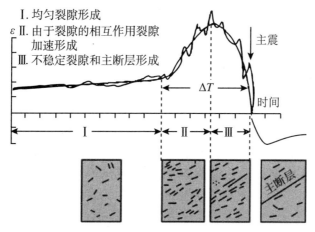

图 10.15　地震孕育和发生过程的膨胀-失稳(IPE)模型

第Ⅱ阶段(雪崩式破裂阶段).由于裂纹的相互作用,裂纹开始加速增长,或者形象地说,叫作雪崩式地增长.这个加速阶段发生在微裂纹达到临界密度时,与荷载速率无关.在这个阶段,由于在大部分体积中,微裂纹的数目急剧增加、尺寸急剧加大,所以总形变速率急剧增加,介质总体的物理性质也发生变化.

第Ⅲ阶段.由于介质的不均匀性,裂纹逐渐集中于少数狭窄地带("局部化").在每一条狭窄地带内,在相近的平面上形成了若干个较大的裂纹.在这些狭窄地带中发生失稳形变,即形变增加,应力下降;在周围区域,应力也下降.应力的下降使得该区域的小裂纹停止发展,甚而部分愈合.在这个阶段,整个体积的形变速率总的来说是减小的,岩石总体的许多性质逐渐恢复原状.

宏观破裂(主断层、地震)是由裂纹(小断层)之间的阻断物遭到大规模破坏所造成的.在这些阻断物遭到大规模破坏之前,其中的一两个或若干个陆续遭到破坏.定性地说,每一个阻断物的破坏过程和大规模破坏的全过程是类似的,所以在它发生破坏之前也会发生形变速率的变化,不过周期要短些、幅度要小些.单是一个阻断物的破坏还不足以造成整个主断层的切穿,因此这样一种短期形变速率的变化可能会有若干次.我们可以把形变速率变化的这种波动视为较大前震的一种短期前兆.

第Ⅳ阶段(主震).当裂纹(小断层)之间的阻断物遭到大规模破坏时,便造成了宏观破裂,也就是形成了主断层,发生了地震.

第Ⅴ阶段(震后调整阶段).在主震之后,断层面附近地区卸载,应力转移到新的断层边缘.由于卸载,许多小破裂可能反向运动,形变速度可能为负.

膨胀-失稳模型有两个重要的特点:① 在第Ⅱ阶段,由于裂纹相互作用,裂纹雪崩式地增长,总形变加速;② 在第Ⅲ阶段,当裂纹逐渐集中于少数狭窄地带("局部化")时,断层附近区域的形变速率和应力均越来越小.

地震波速度主要取决于介质的有效弹性模量.因为微裂纹形成时,有效弹性模量下降,所以在第Ⅱ阶段弹性波速度急剧下降.在第Ⅲ阶段,大多数较小的裂纹闭合,而为数不多的较大的裂纹对有效弹性模量的影响不大,所以有效弹性模量将恢复正常,从而波速也将恢复正常.类似地,波速比也将按同样方式变化.

地震活动 b 值由于在第Ⅱ阶段强前震数目增加而应有较大幅度的下降,到了第Ⅲ阶段则由于前震之间的相互作用逐渐减弱,b 值下降的速度变慢.

氡和其他放射性蜕变物质在水中含量的增加,以及地下水流量的增加与岩石中裂纹生成的数量有关,因此,在第Ⅱ阶段,它们明显地增加,而在第Ⅲ阶段则趋于平缓.因为在紧邻地震发生前,许多小裂纹闭合,所以可以预料此时这种前兆的曲线将会下降.

干燥岩石的电阻率在第Ⅱ阶段应当增加,在第Ⅲ阶段则应减小.与此相反,在饱含水的岩石中,如果水来得及扩散到已形成或张开的裂纹中,则在第Ⅱ阶段电阻率应当明显地减小.在第Ⅲ阶段,则应仍然继续下降,只是下降得慢了些.显然,大地电流也应有类似的变化.

以上分析适用于裂纹雪崩式增长和随后形成断层面的区域中的前兆的时间进程.在上述区域以外,这些物理量主要取决于应力场,而不是取决于裂纹.

3. 膨胀-扩散模型和膨胀-失稳模型的比较

根据前面的分析,我们可以看到,两种模型有以下几个主要差别:

① 按照膨胀-失稳模型,断层形成就是发生地震,它既包括原先是完整的岩石的新破裂,也包括老断层向新断层的扩展,还包括已胶结了的断层的重新破裂.按照膨胀-扩散模型,地震是老断层的滑动.所以 IPE 模型要求地震时一定出现尺度与主震相当的破裂;而 D-D 模型则不要求地震时一定出现大尺度的破裂.

② IPE 模型认为地震发生于应力过了应力-应变曲线的峰值之后.应力的峰值是出现在第Ⅱ阶段向第Ⅲ阶段过渡时,也就是在全部异常时间的一半时.此外,主震发生时的应力应当明显地小于地震前的最大应力(应力应变曲线的峰值).相反地,D-D 模型预言地震应当发生于峰值应力附近.

③ 两种模型都认为裂纹起先是在岩石体积中均匀地发展的,但按照 IPE 模型,在临震前,裂纹会逐渐集中于未来断层附近区域,并且定向地排列;而 D-D 模型则认为不会出现这样的区域.D-D 模型认为地震前裂纹可能扩展和张开,但其方向在整个孕震过程中都保持不变.

④ 孔隙流体在 D-D 模型中起主要作用,而在 IPE 模型中却并不需要水.

⑤ 按照 IPE 模型,地震孕育过程中由应力所引起的裂纹方向和未来的主断层方向平行,而按照 D-D 模型,裂纹方向与最大主压应力平行,因此与主断层是斜

交的.

根据上述情况,我们知道,如果设法测量震源附近的应力,就可以辨别这两种模型.因为按 IPE 模型,主震前应力应明显地减小;与未来主断层平行的裂纹朝未来主断层方向集中会导致主应力方向随时间而变化.

D-D 模型要求孔隙压在震前有明显的变化,其延续时间与震级成正比,并且孔隙压的变化还得大到足以造成可观测到的前兆异常.IPE 模型对孔隙压的变化却无此要求,固然孔隙压如果有变化的话也会引起裂纹的几何形状的变化.

按照 IPE 模型,形变失稳区内地震波速度、电阻率和其他物理性质的变化与其外围的卸载区的相应量的变化应当有所差别;因此,测量异常期间与未来的断层相垂直方向上的上述物理量,可以作为 IPE 模型的一种检验.

两种模型所预言的裂纹的取向是不同的.裂纹方向不同应当表现为物理性质的各向异性.所以异常期间最大电导率增加的方向在 IPE 模型中应当是与未来的断层平行的方向,而在 D-D 模型中该方向则是与最大主压应力平行,也就是与未来断层斜交的方向.波速和波速比也应有类似的情况.

D-D 模型原则上适用于美国加利福尼亚州的地壳中的浅源地震,即发生于已有断层上的地震;IPE 模型则可适用于板块内部、原先未破损的岩石破裂.但是,不论是哪一个模型,早前都只是定性地或半定量地解释了一些观测到的前兆现象,它们都要在今后的实践中接受进一步的检验.现在还没有充足的证据说明哪一种模型更切合实际,将来可能会出现能更好地反映震源物理过程的新模型.

10.5.2　唯象孕震模型

地震现象具有一定的规律性(如:G-R 公式,地震的时、空丛集性,余震频度衰减规律……).若找到一个动力学模型,即使物理图像完全不同,只要它的模型参量可与描述地震活动规律的参量类比,而模型的运动结果又与地震活动的规律类似,就可将该模型视为唯象孕震模型.

地震是一个复杂过程.有人认为它是一个大量事件(众多微裂隙扩展、贯通)表现出来的宏观协同行为.这类过程的物理机制,有可能利用现代统计力学发展起来的技术和方法进行研究.大量研究表明,统计力学中经常遇到的物理体系,它们中的许多现象(如相变、临界现象)和处理方法(如重整化群技术)都可以用来对地震、摩擦滑动、破裂等进行类比性研究.地震现象的许多规律具有非线性科学所研究的一系列特征.因此,许多原来用于研究其他学科的动力学系统也可以唯象地用于研究地震的孕育过程.常见的唯象模型有弹簧滑块模型、细胞自动机模型和渝渗模型等.

以弹簧滑块模型为例(图 10.16).当 O 点移动一定距离后,滑块系发生滑动(或一系列滑动),先是小的滑动,到了一定程度会出现大的滑动,用它可以模拟地震的发生,还可以统计震级频度公式,在适当调节参数后与实际观测很相符,与余震的活动规律也符合得很好.

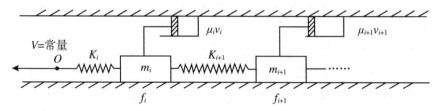

图 10.16　地震孕育唯象理论的弹簧滑块模型

10.6　地震预测的难点

地震预测是科学难题,几十年来成绩和进步不小,但问题和困难更多,做出较好预报的地震只占少数.现在的进步是局部性的,现有的认识是现象的而非本质的.准确的地震预报有赖于对地震孕育发生规律的科学揭示,而当前的科学水平离这一目标尚有很大距离.

地震预测的难点在于孕震过程的复杂性、地球内部的不可入性、强震事件的小概率性.地球内部始终发生着大量的各种现象,这些现象既在整体上改变着地球的性质,也改变着其某些部分的性质.地震发生在地壳内部一二十千米之下,当前只能在地球表面及浅层利用数量有限、分布相当稀疏的台网开展地震活动和前兆观测.利用这些在地表获取的很不完善、很不充足、有时还是很不精确的资料去探测和反演地壳深部的震源过程显然困难重重.在目前情况下,无论是资料、方法、技术还是理论都还极不成熟.进行地震预测研究需要获取孕震过程中高分辨的地壳应力应变场、地球物理场的动态变化,由于大地震是小概率事件,使得捕获孕震过程中高分辨动态场信息十分困难.

地震预测努力的目标和方向应该是:对地震过程的观测与模拟,包括对地震孕育发生的全过程(即震前、震时、震后)的观测和对该过程及过程中所观测到的各种现象、事件的物理与数值模拟的科学探索,也就是在实际观测的基础上探索地震的物理过程.陆地强震成因的动力学研究由板块边界向大陆内部延伸,包括陆地地震弥散型广泛分布的构造成因理论和动力学背景,板块边界动力作用和板块边界变形机制研究向板块内部发展和延伸,陆地强震孕育发生的深浅部构造环境等.震源区的研究由地球物理反演向震源实体勘测发展,如美国圣安德烈斯断层地震深钻、日本阪神地震深钻,以直接勘测震源体、断层、岩芯、震源区精细结构、物性、温度、应力场、含水层流体、孔隙压等,开展震源的综合研究.经验性预测向强化物理基础发展,主要包括地震前兆观测和分析其与地震物理过程(即地震孕育发生过程)内在联系的探索,以及地震前兆方法手段自身监测和反映孕震信息的前兆物理研究等.地震观测要强化科学基础,注重科学质量,对地震过程(震前、震时、震后)的观测是地震预测研究最基本、最重要的基础,而其核心则是观测质量,强化各学科地震观测技术和观测台网的科学基础,注重和提高其观测质量是地震预测科学探索的关键.

玉树地震后,我国开始在不放弃研究地震预报的同时,不断加密地震多发区域的地震台网建设,逐步建立地震早期预警系统,在地震危害到来之前向人们发出警报,减少地震带来的各种灾害.地震预警是在地震发生时,利用距离震中最近的台站快速确定基本信息,通过传播速度远大于破坏性地震波传播速度的电磁波,提前告知可能会受到影响的地区的人员。在很多重大工程中地震预警系统起到了不可估量的作用,如核电站,高速铁路等.据统计,若预警时间为 3 s,可减少 14% 的死亡人数,若为 10 s,则可减少 39%,若预警时间为 30 s,则可使死亡人数减少 78%.

附录 A　与地震烈度有关的参数

附表 A1　地震动峰值加速度分区与地震基本烈度对照表

地震动峰值加速度 g	<0.05	0.05	0.1	0.15	0.2	0.3	≥0.4
地震基本烈度	<Ⅵ	Ⅵ	Ⅶ	Ⅶ	Ⅷ	Ⅷ	≥Ⅸ

2008 年汶川地震烈度分布图见节末插页.

附录 B　笛卡儿张量

　　一个独立的学科必然有一些独特的概念和内容.为了清晰、方便地对这些概念进行思考、讨论和传播,会引进一些新的量来称呼和定量地描述它们.在质点和刚体力学中,用标量和矢量描述涉及的物理量就足够了.弹性力学是牛顿质点力学对于弹性体的推广,除了要用到标量和矢量,还要用到二阶张量和四阶张量.用张量表述弹性力学中的物理量和物理规律,不仅简化了弹性力学公式的书写,也有助于深刻理解弹性力学的内容.

　　下面介绍的张量知识,只限于讨论建立在笛卡儿直角坐标系中的笛卡儿张量,以下简称"张量",并令坐标基矢量为 e_1, e_2, e_3.通过坐标变换公式很容易把笛卡儿张量转换成其他坐标系下的张量;另外,按照推导笛卡儿张量的方法也可以在别的坐标系下独立地导出相应的张量表示.弹性力学问题与物体的几何形状有很大关系,所以坐标变换也很重要.

1. 张量理论中常用的符号和约定

　　下面通过牛顿第二定律的表达式来说明自由标、哑标和求和约定.

　　(1) 自由标

$$F = ma$$

其中

$$F = (F_1, F_2, F_3) = F_1 e_1 + F_2 e_2 + F_3 e_3 = \sum_{i=1}^{3} F_i e_i$$

$$a = (a_1, a_2, a_3) = a_1 e_1 + a_2 e_2 + a_3 e_3 = \sum_{i=1}^{3} a_i e_i$$

因此,可用等价的三个标量方程

$$F_i = ma_i \quad (i = 1, 2, 3)$$

来表示原来矢量形式的牛顿第二定律.

　　自由标,就是在方程的每一项中只出现一次,并且在 1~3 中取值的指标.对于 n 维空间中的 n 维矢量,自由标的值域为 1~n.我们只在三维的笛卡儿直角坐标系中讨论问题,为了进一步简化书写,约定把自由标的值域 $i = 1, 2, 3$ 略去不写.所以,以后看到出现自由标的方程,就理解为方程中的每个自由标分别取 1, 2, 3 的方程组.上式中的 i 就是自由标,方程中只有一个自由标,因此它代表的方程组共有三个方程:

$$F_1 = ma_1, \quad F_2 = ma_2, \quad F_3 = ma_3$$

注意,一个方程中的自由标个数并未限定.例如:方程

$$\frac{\partial^2 e_{ij}}{\partial x_k \partial x_l} + \frac{\partial^2 e_{kl}}{\partial x_i \partial x_j} = \frac{\partial^2 e_{jk}}{\partial x_i \partial x_l} + \frac{\partial^2 e_{il}}{\partial x_j \partial x_k} \tag{B1}$$

中,每项二阶偏导数含有四个出现一次的指标 i,j,k,l.如果 $e_{ij}(x_1,x_2,x_3)$ 是个三元函数,$x_i(i=1,2,3)$ 是三个独立自变量,显然 $\dfrac{\partial^2 e_{ij}}{\partial x_k \partial x_l} = \dfrac{\partial^2 e_{ij}}{\partial x_l \partial x_k}$;如果 $e_{ij} = e_{ji}$,上述方程表示六个独立的方程.式(B1)即线性弹性力学中的应变协调方程,根据前面的分析,可以很容易地写出这六个方程.

(2) 求和约定、哑标

牛顿第二定律也可以写成矢量方程:

$$\boldsymbol{F} = \sum_{i=1}^{3} ma_i \boldsymbol{e}_i = ma_i \boldsymbol{e}_i$$

也就是说,为了简化书写可以略去求和号.

这就是求和约定:方程中任何一项,只要有一个指标出现两次,就表示该项对该重复指标从 1 到 3 连续求和(对于 n 维空间的量,则是从 1 到 n 连续求和).可见,并非随便什么求和号都能略去,约定略去的只是对重复指标从 1 到 3 连续求和的求和号.

这就是 Einstein 求和约定,其中重复出现两次的指标称为哑标.容易看出,哑标的一个特点是:用任意符号代换这个指标,该项不变.即

$$\boldsymbol{F} = ma_i \boldsymbol{e}_i = ma_j \boldsymbol{e}_j = ma_s \boldsymbol{e}_s = \cdots$$

但是应该特别注意,替代的哑指标不能与该项中已有的指标重复.普遍地,一项中不允许一个指标出现两次以上,以免无法唯一地执行求和约定.例如:$a_i b_i c_i$ 就无法按求和约定确定等于下面的哪一项:$(a_1 b_1 + a_2 b_2 + a_3 b_3) c_i$,$a_i(b_1 c_1 + b_2 c_2 + b_3 c_3), b_i(a_1 c_1 + a_2 c_2 + a_3 c_3)$.此外,一项中重复指标的对数却不受限制.例如:

$$\begin{aligned} A_{ij}B_{ij} &= \sum_{i,j=1}^{3} A_{ij}B_{ij} = \sum_{j=1}^{3} (A_{1j}B_{1j} + A_{2j}B_{2j} + A_{3j}B_{3j}) \\ &= A_{11}B_{11} + A_{12}B_{12} + A_{13}B_{13} + A_{21}B_{21} + A_{22}B_{22} \\ &\quad + A_{23}B_{23} + A_{31}B_{31} + A_{32}B_{32} + A_{33}B_{33} \end{aligned}$$

共有九项求和.依此类推,可以得知:$\dfrac{\partial^2 w}{\partial e_{ij} \partial e_{kl}} e_{ij} e_{kl}$ 共有 81 项参加求和.$w = w(e_{ij})$ 是个九元函数,自变量 e_{ij} 共有九个.

由此可见,利用自由标、哑标和求和约定可以大大简化书写.

(3) Kronecker 符号

Kronecker 符号常用 δ_{ij} 表示,它的定义是

$$\delta_{ij} = \begin{cases} 1, & i = j \\ 0, & i \neq j \end{cases} \tag{B2}$$

在三维空间中，δ_{ij} 构成九个元素，其中三个是 $i = j$，取值为 1；其余六个是 $i \neq j$，取值为 0.

这个符号很有用，结合求和约定可以进一步简化书写. 例如：

$$\sigma_{ij} = \lambda \Theta \delta_{ij} + 2\mu e_{ij} \tag{B3}$$

表示方程组

$$\sigma_{11} = \lambda\Theta + 2\mu e_{11}, \quad \sigma_{22} = \lambda\Theta + 2\mu e_{22}, \quad \sigma_{33} = \lambda\Theta + 2\mu e_{33}$$

$$\sigma_{12} = 2\mu e_{12}, \quad \sigma_{23} = 2\mu e_{23}, \quad \sigma_{31} = 2\mu e_{31}$$

$$\sigma_{21} = 2\mu e_{21}, \quad \sigma_{32} = 2\mu e_{32}, \quad \sigma_{13} = 2\mu e_{13}$$

按照矢量运算的法则，正交的坐标基矢显然有

$$\boldsymbol{e}_i \cdot \boldsymbol{e}_j = \delta_{ij} \tag{B4}$$

又如：

$$\delta_{ij}A_{ik}B_j = A_{ik}B_i = A_{jk}B_j \tag{B5}$$

上式实际上证明了 δ_{ij} 的一个重要运算法则：在某一项中 δ 的一个指标如果与该项中其他量的一个指标相同，则相当于把 δ 删去而把该量的重复指标改成 δ 中不重复的指标.

(4) Ricci 符号

Ricci 符号常用 ε_{ijk} 表示，它的定义是

$$\varepsilon_{ijk} = \begin{cases} +1, & ijk \text{ 为 123 的顺序循环} \\ -1, & ijk \text{ 为 321 的顺序循环} \\ 0, & ijk \text{ 中有两个以上指标相同} \end{cases} \tag{B6}$$

在三维空间中，Ricci 符号可以构成 27 个元素，其中除了 +1 和 -1 各三个外，其余都是 0.

容易看出，ε_{ijk} 中任意相邻指标的次序交换一次的话，其值与原值差一个负号. 例如：

$$\varepsilon_{ijk} = -\varepsilon_{jik} = -\varepsilon_{ikj} \tag{B7}$$

可以证明：Kronecker 符号和 Ricci 符号之间有如下的关系式：

$$\varepsilon_{ijk}\varepsilon_{ist} = \delta_{js}\delta_{kt} - \delta_{jt}\delta_{sk} \tag{B8}$$

Ricci 符号也为简化方程的书写带来很大便利. 矢量 $\boldsymbol{A}$ 和 $\boldsymbol{B}$ 的叉乘积一共有相当复杂的六项，但用 ε_{ijk} 符号和求和约定可以写成一项：

$$\boldsymbol{A} \times \boldsymbol{B} = \begin{vmatrix} \boldsymbol{e}_1 & \boldsymbol{e}_2 & \boldsymbol{e}_3 \\ A_1 & A_2 & A_3 \\ B_1 & B_2 & B_3 \end{vmatrix}$$

$$= (A_2 B_3 - A_3 B_2)\boldsymbol{e}_1 + (A_3 B_1 - A_1 B_3)\boldsymbol{e}_2 + (A_1 B_2 - A_2 B_1)\boldsymbol{e}_3$$

$$= \varepsilon_{ijk}A_j B_k \boldsymbol{e}_i \tag{B9}$$

还可以用它证明一系列矢量运算的公式,如

$$A \times (B \times C) = A \times \varepsilon_{ijk}B_jC_ke_i = \varepsilon_{rsi}A_s\varepsilon_{ijk}B_jC_ke_r = (\delta_{rj}\delta_{sk} - \delta_{rk}\delta_{js})A_sB_jC_ke_r$$
$$= A_kB_rC_ke_r - A_jB_jC_re_r = (A \cdot C)B - (A \cdot B)C \qquad (B10)$$

2. 张量的定义

张量的概念可以从不同的角度引入.我们这里从笛卡儿直角坐标变换的角度引入张量的概念.

大家已经熟悉描述空间一点上物理状态的物理量,有的是数学中的标量,有的是矢量.例如,一点上的密度、温度等,只要用一个带单位的数值就完全表示清楚了,这种量称为标量;一点上的速度、力等,除了大小还有方向,这种量称为矢量.矢量常常用形象的箭头表示,它的长度和方向就是这个物理量的大小和方向.

大家知道,为了解决具体问题,既需要确定考察点在空间的位置,也需要进行各种物理量的运算.因此,先要建立一个参考系,对于空间而言就是坐标系.坐标是数学和物理学中最常用的工具之一,一个点的位置可以用坐标表示,一点上的标量和矢量也可以用坐标表示.在坐标系里,一点上的标量用一个数值描述;一点上的矢量用一组(三个)数值描述,其中每个数值称为分量.在不同的坐标系(原点不同,坐标轴取向不同)中,空间指定点上的标量是同一个数值;而空间指定点上的矢量却是不同的一组数值(三个数值),也就是说,同一矢量在不同坐标系中的分量是不同的;当然,各个坐标系的分量所合成的矢量还是同一个矢量.用标量、矢量表述的自然规律,如物理定律,应该与人为选择的坐标无关,应该是"客观的".由此可见,坐标系中用来表示矢量的三个数值分量,在做坐标变换时必须服从一定的法则.从数学的观点看,满足这一法则的,由三个数值组成的一组数,可以定义为矢量.现在来导出矢量的三个分量在坐标变换中必须服从的法则.

笛卡儿直角坐标系的任意一个变换总可以分解为一个平移和一个绕原点的转动.坐标系平移时,矢量的三个分量不变,所以只需要讨论坐标系绕原点转动的情况.设转动前后坐标系的基矢量分别为 e_i 和 e_k'. e_i 和 e_k' 之间夹角的余弦为 $\alpha_{ik} = \cos(e_i, e_k')$(注意,这里定义的九个方向余弦,$\alpha_{ik}$ 的第一项和第二项指标分别表示坐标转动前和后的基矢量的自由标),则有

$$e_i = \alpha_{ik}e_k'$$
$$e_k' = \alpha_{ik}e_i$$

再设 t 为空间任一矢量,它在变换前后的两个坐标系里的表达式分别为

$$t = t_ie_i$$
$$t = t_k'e_k'$$

就是说,同一个矢量 t,在变换前的坐标系 e_i 中用 t_i 三个数值表示;在变换后的坐标系 e_k' 中用 t_k' 三个数值表示.

将 $e_i = \alpha_{ik}e_k'$ 代入 $t = t_ie_i$、将 $e_k' = \alpha_{ik}e_i$ 代入 $t = t_k'e_k'$,得

$$t = t_ie_i = t_i\alpha_{ik}e_k' = t_k'e_k' = t_k'\alpha_{ik}e_i$$

利用 a_{ik} 可以找出 t_i 和 t'_k 之间的关系,即有

$$\begin{cases} t_i = \alpha_{ik}t'_k \\ t'_k = \alpha_{ik}t_i \end{cases} \tag{B11}$$

这就是笛卡儿直角坐标下,描述矢量的三个数值在坐标变换时必须服从的法则.

从坐标的角度看,法则给出了矢量的准确数学定义.推广这个定义,可以引入张量的概念:在笛卡儿直角坐标系中,若有 3^n 个数 $T_{ij\cdots q}$,其中 $ij\cdots q$ 共含 n 个指标;在坐标变换时服从

$$T_{kl\cdots q} = \alpha_{ik}\alpha_{jl}\cdots\alpha_{pq}T_{ij\cdots p} \tag{B12}$$

其中,$kl\cdots q$ 也含 n 个指标,则称这一组数为 n 阶笛卡儿张量,记为 $\underline{T} = \{T_{ij\cdots p}\}$,而 $T_{ij\cdots p}$ 称为张量的分量.

张量比标量和矢量的概念更为普遍.容易看出,零阶张量 $n=0$,只有 $3^0 = 1$ 个数值,它就是标量;一阶张量 $n=1$,有 $3^1 = 3$ 个数值,即带一个自由标的三个分量,如 t,在坐标变换时服从 $t'_k = \alpha_{ij}t_i$,它就是矢量.

弹性力学中要用到九个分量的二阶张量,如 e_{ij},它服从

$$e'_{kl} = \alpha_{ik}\alpha_{jl}e_{ij} \tag{B13}$$

的坐标变换法则.

迄今为止,物理学中只有极少的物理量需要用大于二阶的张量来表示,弹性力学中将要用到四阶张量,$n=4$,共有 $3^4 = 81$ 个分量,所服从的坐标变换法则为

$$C_{ijkl} = \alpha_{ir}\alpha_{js}\alpha_{kt}\alpha_{lv}C'_{rstv} \tag{B14}$$

用张量(包括矢量、标量)表示的物理定律与坐标的选择无关,称为直接记法. 例如:牛顿第二定律

$$F = ma$$

但是,直接形式不便于运算.张量之间的关系也可以作为纯量 α_{ij},把矢量的分量 A_i,B_i,$\cdots$ 和张量的分量 σ_{ij},e_{ij},$\cdots$ 之间的关系间接地表示出来,称为间接记法.用分量记法也可以写出在坐标变换下仍能保持形式不变的方程式,如牛顿第二定律可写成

$$F_i = ma_i$$

而分量形式与求和约定结合使用,常常可以方便地进行代数运算.例如,两个矢量相加,在直接记法中很抽象,间接记法很具体.如已知 $A = A_ie_i$,$B = B_ie_i$,则它们的和为

$$A + B = C$$
$$A_i + B_i = C_i, \quad C = C_ie_i, \quad C_i = (A_i + B_i)e_i$$

3. 张量的代数运算

由于张量的分量只对确定的坐标才有意义,所以张量的运算都是在同一坐标系中进行的.

（1）张量的加法

张量的加法规定为同阶张量之间对应分量相加,结果还是一个同阶张量.

例如:已知两个二阶张量$\underline{\boldsymbol{T}}$和$\underline{\boldsymbol{T}}'$,则有

$$\underline{\boldsymbol{T}} + \underline{\boldsymbol{T}}' = \underline{\boldsymbol{T}}'' = \begin{bmatrix} T_{11} + T'_{11} & T_{12} + T'_{12} & T_{13} + T'_{13} \\ T_{21} + T'_{21} & T_{22} + T'_{22} & T_{23} + T'_{23} \\ T_{31} + T'_{31} & T_{32} + T'_{32} & T_{33} + T'_{33} \end{bmatrix} = T''_{ij} \qquad (B15)$$

其中,$T''_{ij} = T_{ij} + T'_{ij}$.

容易证明,张量的加法满足交换律和结合律,即对于三个同阶张量$\underline{\boldsymbol{T}}, \underline{\boldsymbol{T}}', \underline{\boldsymbol{T}}''$有

$$\underline{\boldsymbol{T}} + \underline{\boldsymbol{T}}' = \underline{\boldsymbol{T}}' + \underline{\boldsymbol{T}}$$
$$(\underline{\boldsymbol{T}} + \underline{\boldsymbol{T}}') + \underline{\boldsymbol{T}}'' = \underline{\boldsymbol{T}} + (\underline{\boldsymbol{T}}' + \underline{\boldsymbol{T}}'') \qquad (B16)$$

（2）张量与标量相乘

张量与标量相乘规定为标量与张量的每个分量相乘,因此,得到的是一个同阶的张量.

例如:一阶张量(即矢量)$\boldsymbol{A}$与标量λ相乘,则

$$\lambda \boldsymbol{A} = \underline{\boldsymbol{A}}' = \{ A'_i \}$$

其中

$$A'_i = \lambda A_i$$

又如:二阶张量$\underline{\boldsymbol{T}}$与标量$\lambda$相乘,则有

$$\lambda \underline{\boldsymbol{T}} = \underline{\boldsymbol{T}}' = \{ T'_{ij} \}$$

其中

$$T'_{ij} = \lambda T_{ij} \qquad (B17)$$

（3）张量的外乘

张量的外乘规定为一个张量的分量与另一个张量的每一个分量相乘,因此得到的结果是阶数为相乘的张量阶数之和的一个新张量,称为外积.外乘的记法规定为两个张量并列写在一起,注意,中间既无"·"号也无"×"号.

例如,两个零阶张量(即标量)相乘仍是一个零阶张量,新张量的分量为两个标量的乘积.

又如,两个一阶张量(即矢量)$\boldsymbol{A}$和$\boldsymbol{B}$外乘按运算规定则得到一个二阶张量:

$$\begin{aligned} \boldsymbol{AB} &= (A_1 \boldsymbol{e}_1 + A_2 \boldsymbol{e}_2 + A_3 \boldsymbol{e}_3)(B_1 \boldsymbol{e}_1 + B_2 \boldsymbol{e}_2 + B_3 \boldsymbol{e}_3) \\ &= A_1 B_1 \boldsymbol{e}_1 \boldsymbol{e}_1 + A_1 B_2 \boldsymbol{e}_1 \boldsymbol{e}_2 + A_1 B_3 \boldsymbol{e}_1 \boldsymbol{e}_3 + A_2 B_1 \boldsymbol{e}_2 \boldsymbol{e}_1 + A_2 B_2 \boldsymbol{e}_2 \boldsymbol{e}_2 \\ &\quad + A_2 B_3 \boldsymbol{e}_2 \boldsymbol{e}_3 + A_3 B_1 \boldsymbol{e}_3 \boldsymbol{e}_1 + A_3 B_2 \boldsymbol{e}_3 \boldsymbol{e}_2 + A_3 B_3 \boldsymbol{e}_3 \boldsymbol{e}_3 \\ &= A_i B_j \boldsymbol{e}_i \boldsymbol{e}_j \end{aligned} \qquad (B18)$$

$$\boldsymbol{AB} = \{ A_i \} \{ B_j \} = \{ A_i B_j \} = \{ E_{ij} \} = \underline{\boldsymbol{E}}, \text{其中 } E_{ij} = A_i B_j \qquad (B19)$$

又如,二阶张量$\{ T_{ij} \}$和三阶张量$\{ S_{klm} \}$外乘,得到一个五阶张量$\{ W_{ijklm} \}$:

$$T_{ij} S_{klm} = W_{ijklm}$$

总之,张量的外乘结果为一新张量,它的自由标是两个张量的自由标简单地并

列在一起.两个张量进行外乘的运算过程,在数学上称为并矢.类似于任一矢量 A 可以表示为三个基矢量 e_i 的线性组合 $A_i e_i$;任一二阶张量 $\underline{E}$ 可以表示为九个基并矢量 $e_i e_j$ 的线性组合.由此也可以体会到,张量也可以从外乘来定义.可以证明,由外乘定义的张量和坐标变换定义的张量是等价的.

容易证明,张量的外乘满足结合律,张量之间的外乘和加法的混合运算满足分配律,即对于任意三个张量 $\underline{T},\underline{T}',\underline{T}''$,有

$$(\underline{T}\,\underline{T}')\underline{T}'' = \underline{T}(\underline{T}'\,\underline{T}'') \tag{B20}$$

其中,$\underline{T}'$ 和 $\underline{T}''$ 为同阶的张量时,则有

$$\underline{T}(\underline{T}' + \underline{T}'') = \underline{T}\,\underline{T}' + \underline{T}\,\underline{T}'' \tag{B21}$$

但是,应当特别注意,张量外乘一般不满足交换律.这点很容易验证.

(4) 张量的内乘

张量的内乘规定为两张量先作外乘运算;再从外积的自由标并列处开始成对地把它们依次变为哑标(即按求和约定对它们求和),经过这样复合的运算,就得到降了阶的一个新的张量,称为内积.内乘的符号为"·",因此内乘又称点乘.

例如,三阶张量 $\underline{S} = \{S_{ijk}\}$ 和五阶张量 $\underline{W} = \{W_{lmnpq}\}$ 点乘.第一步先求它们的外积,得到一八阶张量

$$\underline{S}\,\underline{W} = \underline{B} = \{B_{ijklmnpq}\}$$

再从外积自由标并列处 kl 开始为第一对、jm 为第二对、in 为第三对.把第一对自由标改变成哑标(即把这两个自由标取为相同的指标),称为一次点乘;依此类推,连续将第一、第二对自由标都变为哑标称为二次点乘,两次点乘的符号为":".张量每点乘一次得到比其外积低二阶的新张量,所以,$\underline{S}$ 和 $\underline{W}$ 一次点乘后得到一个六阶张量 $\underline{L}$,二次点乘后得到一个四阶张量 $\underline{C}$,它们分别为

$$\underline{L} = \{L_{ijmnpq}\} = \{S_{ijk}W_{kmnpq}\} \quad \text{和} \quad \underline{C} = \{C_{inpq}\} = \{S_{ijk}W_{kjnpq}\} \tag{B22}$$

按照求和约定这些分量容易求出.

又如,两个一阶张量(即矢量)A 和 B 点乘得到一个标量,这是大家熟悉的.

$$A \cdot B = A_i B_i = A_1 B_1 + A_2 B_2 + A_3 B_3 = AB\cos\vartheta$$

其中,ϑ 是 A 和 B 之间的夹角.

特例.前面已经提到两个基矢点乘,两正交基矢点乘 $\cos\vartheta = 0$;两平行基矢点乘 $\cos\vartheta = 1$,即

$$e_i \cdot e_j = \delta_{ij} = \begin{cases} 1, & i = j \\ 0, & i \neq j \end{cases}$$

经常用到两个二阶张量 $\underline{T}$ 和 $\underline{E}$ 之间的一次点乘得到二阶张量,二次点乘得到一标量:

$\underline{T} \cdot \underline{E} = \{T_{ij}E_{jk}\}$

$$= \begin{pmatrix} T_{11}E_{11} + T_{12}E_{21} + T_{13}E_{31} & T_{11}E_{12} + T_{12}E_{22} + T_{13}E_{32} & T_{11}E_{13} + T_{12}E_{23} + T_{13}E_{33} \\ T_{21}E_{11} + T_{22}E_{21} + T_{23}E_{31} & T_{21}E_{12} + T_{22}E_{22} + T_{23}E_{32} & T_{21}E_{13} + T_{22}E_{23} + T_{23}E_{33} \\ T_{31}E_{11} + T_{32}E_{21} + T_{33}E_{31} & T_{31}E_{12} + T_{32}E_{22} + T_{33}E_{32} & T_{31}E_{13} + T_{32}E_{23} + T_{33}E_{33} \end{pmatrix}$$

$$\underline{\pmb{T}} : \underline{\pmb{E}} = \{T_{ij}E_{ji}\}$$
$$= (T_{11}E_{11} + T_{12}E_{21} + T_{13}E_{31}) + (T_{21}E_{12} + T_{22}E_{22} + T_{23}E_{32})$$
$$+ (T_{31}E_{13} + T_{32}E_{23} + T_{33}E_{33}) \tag{B23}$$

特别地,任一高于二阶的张量与 Kronecker 符号内乘称为张量的缩并.例如:

$$\{C_{ijkl}\} \cdot \{\delta_{ij}\} = \{C_{ijkl}\delta_{ij}\} = \{C_{iikl}\}$$

$$= \begin{vmatrix} C_{1111} + C_{2211} + C_{3311} & C_{1112} + C_{2212} + C_{3312} & C_{1113} + C_{2213} + C_{3313} \\ C_{1121} + C_{2221} + C_{3321} & C_{1122} + C_{2222} + C_{3322} & C_{1123} + C_{2223} + C_{3323} \\ C_{1131} + C_{2231} + C_{3331} & C_{1132} + C_{2232} + C_{3332} & C_{1133} + C_{2233} + C_{3333} \end{vmatrix}$$

$$\tag{B24}$$

缩并也可以看成一个张量本身的两个自由标变为一哑标后阶数降低二阶的运算过程.

张量的代数运算有以上三种基本类型.当然,也可以把缩并看成基本运算,这时,内乘就不是独立的运算了,它是外乘之后做缩并的结果.

4. 张量的微分运算

若一个 n 阶张量在某一空间域 V 和某一时间域 $[t_0, t_e]$ 上有定义,则称这一张量函数为该时空域中的张量场,记为

$$\underline{\pmb{T}}(\pmb{r}, t) = \{T_{ij\cdots p}(\pmb{r}, t)\}, \quad \pmb{r} \in V, t_0 \leqslant t \leqslant t_e$$

其中,$ij\cdots p$ 共有 n 个指标,它在坐标变换中服从

$$T'_{kl\cdots q}(\pmb{r}, t) = a_{ik}a_{jl}\cdots a_{pq}T_{ij\cdots p}(\pmb{r}, t)$$

其中,$kl\cdots q$ 共有 n 个指标.

(1) 对时间的偏导数

设 a_{ik} 与时间无关,则对上式两边求任意 m 次偏导,得到

$$\frac{\partial^m}{\partial t^m}\left[T'_{kl\cdots q}(\pmb{r}, t)\right] = \alpha_{ik}a_{jl}\cdots a_{pq}\frac{\partial^m}{\partial t^m}\left[T_{ij\cdots p}(\pmb{r}, t)\right] \tag{B25}$$

按张量的定义可知,该偏导数仍然是 n 阶张量.

(2) 对坐标的偏导数

类似地,对等式两边求对坐标的偏导,这时应注意变换前后的坐标之间有关系 $X_i = \alpha_{ij}X'_j$,因此,等式左边是复合函数求偏导数,故得

$$\frac{\partial}{\partial x'_g}\left[T'_{kl\cdots q}(\pmb{r}, t)\right] = \alpha_{ik}\alpha_{jl}\cdots\alpha_{pq}\frac{\partial}{\partial x'_g}\left[T_{ij\cdots p}(\pmb{r}, t)\right]$$

$$= \alpha_{ik}\alpha_{jl}\cdots\alpha_{pq}\alpha_{gh}\frac{\partial}{\partial x_h}\left[T_{ij\cdots p}(\pmb{r}, t)\right], \quad \alpha_{gh} = \frac{\partial x_h}{\partial x'_g} \tag{B26}$$

根据张量的定义立即可知,该偏导数是比原来的张量高一阶的张量,且是三项偏导数之和(注意,等式右边一项中指标 $h = 1, 2, 3$ 再求和).

附录 C　矢量、微分算符、场论概要

采用直角坐标(e_1, e_2, e_3)；哈米尔顿算子$\nabla = \dfrac{\partial}{\partial x_i} e_i$.

令φ为数量；$u = u_1 e_1 + u_2 e_2 + u_3 e_3$；$F = F_1 e_1 + F_2 e_2 + F e_3$，$S = S_1 e_1 + S_2 e_2 + S e_3$ 为矢量.

1. 矢量点乘和矢量叉乘

（1）矢量点乘定义

$$F \cdot S = FS\cos(F, S)$$

其中，(F, S)为F, S两矢量的夹角.

所以

$$e_i \cdot e_j = \delta_{ij} = \begin{cases} 1, & i = j \\ 0, & i \neq j \end{cases} \tag{C1}$$

（2）矢量叉乘定义

$$\begin{aligned} F \times S &= \begin{vmatrix} e_1 & e_2 & e_3 \\ F_1 & F_2 & F_3 \\ S_1 & S_2 & S_3 \end{vmatrix} \\ &= (F_2 S_3 - F_3 S_2) e_1 + (F_3 S_1 - F_1 S_3) e_2 + (F_1 S_2 - F_2 S_1) e_3 \\ &= \varepsilon_{ijk} F_j S_k e_i \end{aligned}$$

所以

$$\begin{cases} e_1 \times e_2 = e_3, & e_2 \times e_3 = e_1, & e_3 \times e_1 = e_2 \\ e_2 \times e_1 = -e_3, & e_3 \times e_2 = -e_1, & e_1 \times e_3 = -e_2 \end{cases} \tag{C2}$$

2. 矢性微分算符

矢性微分算符$\nabla = \dfrac{\partial}{\partial x_i} e_i$，它既是一个微分运算符号，又是一个矢量.

$$梯度：\mathbf{grad}\varphi = \nabla\varphi = \left(\frac{\partial\varphi}{\partial x_i}\right)e_i \tag{C3}$$

$$散度：\mathrm{div}u = \nabla \cdot u = \frac{\partial u_i}{\partial x_i} \tag{C4}$$

$$旋度：\mathrm{curl}u = \nabla \times u = \varepsilon_{ijk}\left(\frac{\partial}{\partial x_j}\right)u_k e_i \tag{C5}$$

3. 拉普拉斯算符

拉普拉斯算符或调和量(它既可以与标量运算,也可以与矢量运算):

$$\nabla^2 = \Delta = \nabla \cdot \nabla = \frac{\partial^2}{\partial x_1^2} + \frac{\partial^2}{\partial x_2^2} + \frac{\partial^2}{\partial x_3^2} \tag{C6}$$

4. 常用公式

$$\nabla \times (\nabla \varphi) = 0 \tag{C7}$$

$$\nabla \cdot (\nabla \times u) = 0 \tag{C8}$$

$$\nabla \times \nabla \times u = \nabla(\nabla \cdot u) - \nabla^2 u \tag{C9}$$

5. 场论概要

(1) 定义

无旋矢量场(简称"无旋场"):矢量场旋度 $\nabla \times u_P \equiv 0$,则称该矢量场 u_P 为无旋场.

无源矢量场(简称"无源场"):矢量场散度 $\nabla \cdot u_S \equiv 0$,则称该矢量场 u_S 为无源场.

(2) 常用定理

定理1:在单连通区域中,任意一个二阶偏导数连续的标量函数,它的梯度场一定是无旋场.反之,任意一个偏导数连续的无旋场,都可表示成某一个标量函数的梯度.

定理2:在单连通区域中,任意一个偏导数连续的无源场,都可表示成某一个矢量函数的旋度.这个矢量函数称为无源场的矢量势.反之,任意一个二阶偏导数连续的矢量函数,它的旋度场一定是无源场.

定理3:如果 ψ 是无源场 u_S 的一个矢量势,则 u_S 的全体矢量势为 $\psi + \nabla \varphi$,其中 φ 是任意一个有二阶连续偏导数的标量函数.

定理4:在有界的空间区域 V 中,任意一个有二阶连续偏导数的矢量场 u,一定可以表示成一个无旋场与一个无源场之和(也称矢量场分解定理或 Stocks 分解定理).

6. 矢量场的分解及其在用分离变量法解偏微分方程中的应用

(1) 偏微分方程的可分离性

分离变量法是求解偏微分方程的重要方法.方程是否能用分离变量法求解,与方程的类型(结构)和采用的坐标系有关.偏微分方程在四维空间中的可分离性是指:将变量分离的形式解代入方程后,能得到只与两个所谓分离常数有关的三个常微分方程.而常微分方程已有定式解法,所以这类偏微分方程就求出了解.

基础的地震学理论是以简单的线性弹性力学为基础的.这个近似很成功,它表现在理论结果与实际观测很一致.由于是线性问题,若要使问题简化,可以应用叠加原理.但是,这个偏微分方程在经典物理学范围中,除磁流体力学方程外,是最复杂、最难解的.

$$\{\rho(\partial^2/\partial t^2) - [(\lambda + 2\mu)\nabla(\nabla\bullet) - \mu\,\nabla\times\nabla\times]\}\boldsymbol{u} = \rho\boldsymbol{F} \qquad (\text{C}10)$$

当外力 $\boldsymbol{F}=0$ 时,称为自由波动方程(齐次):

$$\{\rho(\partial^2/\partial t^2) - [(\lambda + 2\mu)\nabla(\nabla\bullet) - \mu\,\nabla\times\nabla\times]\}\boldsymbol{u} = 0 \qquad (\text{C}11)$$

下面介绍利用矢量场分解把弹性体运动方程化为一标、一矢的亥姆霍兹方程. 在直角、圆柱、抛物圆柱、球、圆锥、椭圆柱、椭球、抛物体、长椭圆旋转、扁椭圆旋转、抛物线旋转等十一种坐标系中能对标量亥姆霍兹方程进行分离;矢量亥姆霍兹方程能在直角、圆柱、抛物圆柱、球、圆锥、椭圆柱六种坐标系中的进行分离.

(2) Stocks 分解用于解直角坐标下的弹性体运动方程

① 问题. 弹性体运动方程太复杂,直接求解很难,采用迂回的方法(分解、变换 $\longleftrightarrow$ 反变换、叠加). 利用矢量场的分解,把这个复杂的方程变换成已有定式解的标量常微分方程;再对常微分方程的解做反变换和叠加,求出原方程的解.

② 任意矢量场的分解. 根据 Stocks 分解,任意矢量场 $\boldsymbol{u}(\boldsymbol{r},t)$ 总可以分解为满足 $\nabla\times\boldsymbol{u}_\mathrm{P}=0$ 的无旋矢量场 $\boldsymbol{u}_\mathrm{P}$ 和满足 $\nabla\bullet\boldsymbol{u}_\mathrm{S}=0$ 的无散矢量场 $\boldsymbol{u}_\mathrm{S}$,即有 $\boldsymbol{u}=\boldsymbol{u}_\mathrm{P}+\boldsymbol{u}_\mathrm{S}$. 根据场论知识,无旋场总可以用一个标量势的梯度表示,那 $\boldsymbol{u}_\mathrm{P}=\nabla\varphi$,无散场总可以用一个散度为零的矢量势的旋度表示,那 $\boldsymbol{u}_\mathrm{S}=\nabla\times\boldsymbol{\psi}$,$\nabla\bullet\boldsymbol{\psi}=0$(也称为亥姆霍兹变换). $\boldsymbol{u}$ 只需三个独立分量的线性组合来表示,而 φ 和 $\boldsymbol{\psi}$ 有四个分量了,因此需要补充一个条件方程 $\nabla\bullet\boldsymbol{\psi}=0$. 因此有

$$\boldsymbol{u} = \boldsymbol{u}_\mathrm{P} + \boldsymbol{u}_\mathrm{S} = \nabla\varphi + \nabla\times\boldsymbol{\psi}, \quad \nabla\bullet\boldsymbol{\psi} = 0 \qquad (\text{C}12)$$

③ 直角坐标下弹性体运动方程的分解. 将(C12)代入(C11)得到

$$\rho(\partial^2\varphi/\partial t^2) - (\lambda + 2\mu)\nabla^2\varphi + \rho(\partial^2\boldsymbol{\psi}/\partial t^2) - \mu\,\nabla^2\boldsymbol{\psi} = 0, \quad \nabla\bullet\boldsymbol{\psi} = 0$$

与此等价的方程组为

$$\begin{cases} (\partial^2\varphi/\partial t^2) - \alpha^2\,\nabla^2\varphi = C, \quad (\partial^2\psi_i/\partial t^2) - \beta^2\,\nabla^2\psi_i = -C, \quad C\text{ 为任意常数} \\ \nabla\bullet\boldsymbol{\psi} = 0, \quad \alpha^2 = (\lambda + 2\mu)/\rho, \quad \beta^2 = \mu/\rho \end{cases}$$

特别当 $C=0$ 时,得到方程组

$$\begin{cases} (\partial^2\varphi/\partial t^2) - \alpha^2\,\nabla^2\varphi = 0, \quad (\partial^2\psi_i/\partial t^2) - \beta^2\,\nabla^2\psi_i = 0 \\ \nabla\bullet\boldsymbol{\psi} = 0, \quad \alpha^2 = (\lambda + 2\mu)/\rho, \quad \beta^2 = \mu/\rho \end{cases} \qquad (\text{C}13)$$

标准的波动方程(C13)虽然是 $C=0$ 的方程组,但是它与方程(C11)完全等价,没有漏解,具有解的完备性.

④ 标准的波动方程的通解. 方程组(C13)中的偏微分方程就是标准的波动方程. 一维齐次波动方程是偏微分方程中少有的、可按部就班做积分求出通解的方程之一,其解即著名的 D'Alembert 解(即波动函数). 仿照一维波动方程的通解容易得到三维情况下的通解,利用点法式平面方程 $\boldsymbol{n}\bullet\boldsymbol{r}=C$ 表示相位面函数,$\boldsymbol{n}$ 为平面的单位法向量,通解为

$$f(\boldsymbol{r},t) = F_1(t - \boldsymbol{n}\bullet\boldsymbol{r}/V) + F_2(t + \boldsymbol{n}\bullet\boldsymbol{r}/V) \qquad (\text{C}14)$$

$F_{1,2}$ 为任意函数,具体形式由问题的初、边条件决定. 不管是什么函数,只要宗量为 $(t\pm\boldsymbol{n}\bullet\boldsymbol{r}/V)$,该函数总是平面波,只是不同的函数有不同的波形.

容易验证,只要 n 为单位矢量,满足弥散条件 $n_i n_j \delta_{ij} = n_1^2 + n_2^2 + n_3^2 = 1$,将式 (C14)代入(C13)则等式两边相等,式(C14)确实是式(C13)的解.

⑤ 把任意函数的通解改写为简谐平面波叠加的形式.根据傅里叶叠加原理,把物理上实在的平面波动,以数学形式表示成覆盖整个频率范围的简谐平面波的积分.复数傅里叶变换公式为

$$f(t - n_j x_j / V) = \frac{1}{2} \int_{-\infty}^{\infty} F(\omega) \exp[i\omega(t - n_j x_j / V)] d\omega$$

$$F(\omega) = \frac{1}{\pi} \int_{-\infty}^{\infty} f(t - n_j x_j / V) \exp[i\omega(t - n_j x_j / V)] dt$$

实际物理问题不考虑 $-\omega$.利用函数的共轭关系有

$$F(\omega) \exp[i\omega(t - n_j x_j / V)]$$

的复共轭为

$$\overline{F(\omega) \exp[i\omega(t - n_j x_j / V)]} = F(-\omega) \exp[-i\omega(t - n_j x_j / V)]$$

$$\frac{1}{2} \int_{-\infty}^{0} F(-\omega) \exp[-i\omega(t - n_j x_j / V)] d\omega = \frac{1}{2} \int_{0}^{\infty} F(\omega) \exp[i\omega(t - n_j x_j / V)]$$

将它代入前式,得到频率范围为 0→∞ 的公式:

$$f(t - n_j x_j / V) = \int_{0}^{\infty} F(\omega) \exp[i\omega(t - n_j x_j / V)] d\omega \tag{C15}$$

(3) Hanson 向量分解用于球坐标下求解弹性体运动方程

① 球坐标下的波动方程.不失一般性,只考虑单色波,其形式解为

$$u(r, t, \omega) = u(r, \omega) \exp i\omega t \tag{C16}$$

代入运动方程,得到亥姆霍兹方程:

$$\nabla^2 u(r, \omega) + k^2 u(r, \omega) = 0, \quad k = \omega / c \tag{C17}$$

② 问题.球坐标下,因为坐标基矢 $(e_r, e_\theta, e_\varphi)$ 全是随空间变化的"流动基矢",如按坐标基矢 $(e_r, e_\theta, e_\varphi)$ 分解,则与求空间偏导的拉普拉斯算符作用后,分量方程十分繁复,得不到三个可用分离变量法求解的常微分方程.

$$\nabla^2 \psi_r + \left(k_\beta^2 - \frac{2}{r^2} \right) \psi_r - \frac{2}{r^2 \sin\theta} \frac{\partial(\psi_\theta \sin\theta)}{\partial\theta} - \frac{2}{r^2 \sin\theta} \frac{\partial \psi_\varphi}{\partial\varphi} = 0$$

$$\nabla^2 \psi_\theta + \left(k_\beta^2 - \frac{1}{r^2 \sin^2\theta} \right) \psi_\theta + \frac{2\partial\psi_r}{r^2 \partial\theta} - \frac{2\cos\theta}{r^2 \sin^2\theta} \frac{\partial \psi_\varphi}{\partial\varphi} = 0$$

$$\nabla^2 \psi_\varphi + \left(k_\beta^2 - \frac{1}{r^2 \sin^2\theta} \right) \psi_\varphi + \frac{2}{r^2 \sin\theta} \frac{\partial \psi_r}{\partial\varphi} + \frac{2\cos\theta}{r^2 \sin^2\theta} \frac{\partial \psi_\theta}{\partial\varphi} = 0$$

这是三个未知标量函数 $\psi_r, \psi_\theta, \psi_\varphi$ 联立的二阶偏微分方程组不好求解.硬按球坐标基矢分解行不通,设法找出一种分解方法(一个矢量总可以用三个线性无关基矢合成),用它代入方程得到能分解成三个、每个只含一个未知函数的标量方程,并且要求方程是变量可分离的那种,以便利用已有定式解的分离变量法求解.

⑤ Hanson 向量分解.

a. 依然先做 Stocks 分解:

$$u = u_P + u_S, \quad \nabla \times u_P = 0, \quad \nabla \cdot u_S = 0$$

求解标量势的波动方程

$$\nabla^2 \varphi(r, \omega) + k_\alpha^2 \varphi(r, \omega) = 0, \quad k_\alpha = \omega / \alpha$$

得到 φ. 选 u_P 为欲求矢量场 u 的一个线性无关解.

　　b. 剩下的问题化为 u_S 的分解. 利用 SH, SV 在球面边界上的分解. 先选 SH：按其定义要求

$$\begin{cases} u_{SH} \perp r e_r \\ \nabla \cdot u_{SH} = 0 \end{cases}$$

容易猜出如下形式满足要求：

$$u_{SH} = - r e_r \times \nabla \psi = \nabla \times (\psi r e_r)$$

　　可以证明, 上述 u_{SH} 代入运动方程, 化为

$$(\nabla^2 + k_\beta^2)\psi = 0$$

亥姆霍兹方程有定式解. 因此, 如此选出的 ψ 满足要求.

　　c. 最后一个线性无关解的选取. 希望选 SV 型的, 与 u_P, u_{SH} 构成正交基矢组, 即要求

$$\begin{cases} u_{SV} \perp u_{SH} \\ \nabla \cdot u_{SV} = 0 \end{cases}$$

容易猜出, $u_{SV} = \nabla \times \nabla \times (\chi r e_r)$.

　　可以证明, 代入运动方程化为

$$(\nabla^2 + k_\beta^2)\chi = 0$$

　　d. Hanson 向量分解得出的三个线性无关矢量构成运动方程的形式解, 即

$$u = A u_P + B u_{SH} + C u_{SV}$$
$$= A \nabla \varphi + B \nabla \times (\psi r e_r) + C \nabla \times \nabla \times (\psi r e_r)$$

　　代入运动方程后, 可得到等价于原方程的、三个互不耦合的二阶偏微分方程, 其中两个方程相同.

附录 D　正弦大于 1 时所对应的复数角度

(1) 已知: $\sin i_P = 3/0.8435 > 1$, $\sin r_S = 1/0.8435 > 1$.

(2) 假设: $i_P = i'_P + i i''_P$, $r_S = r'_S + i r''_S$.

(3) 求解 i_P 和 r_S.

引用三角函数公式和三角函数与双曲函数关系的公式:

$$\sin(i'_P + i i''_P) = \sin i'_P \cos i i''_P + \cos i'_P \sin i i''_P \tag{D1}$$

$$\sin(r'_S + i r''_S) = \sin r'_S \cos i r''_S + \cos r'_S \sin i r''_S \tag{D2}$$

$$\cos i i''_P = \mathrm{ch}\, i''_P \tag{D3}$$

$$\sin i i''_P = -i\,\mathrm{sh}\, i''_P \tag{D4}$$

将式(D3)和式(D4)代入式(D1)、式(D2),消去含复数角度的三角函数,得

$$\sin(i'_P + i i''_P) = \sin i'_P \mathrm{ch}\, i''_P + \cos i'_P (-i\,\mathrm{sh}\, i''_P) = \frac{3}{0.8435}$$

$$\sin(r'_S + i r''_S) = \sin r'_S \mathrm{ch}\, r''_S + \cos r'_S (-i\,\mathrm{sh}\, r''_S) = \frac{1}{0.8435}$$

两个复数相等,即实部与实部、虚部与虚部分别相等,即

$$\sin i'_P \mathrm{ch}\, i''_P = \frac{3}{0.8435}, \quad -\cos i'_P \mathrm{sh}\, i''_P = 0$$

$$\sin r'_S \mathrm{ch}\, r''_S = \frac{1}{0.8435}, \quad -\cos r'_S \mathrm{sh}\, r''_S = 0$$

由于 i''_P 和 r''_S 不是特定的 0 值,所以要求

$$\cos i'_P = \cos r'_S = 0$$

即

$$i'_P = r'_S = \frac{\pi}{2}, \quad \sin i'_P = \sin r'_S = 1$$

$$i''_P = \mathrm{arcch}(3/0.8435), \quad r''_S = \mathrm{arcch}(1/0.8435)$$

最后,得到

$$i_P = i'_P + i i''_P = \frac{\pi}{2} + i\,\mathrm{arcch}(3/0.8435)$$

$$r_S = r'_S + i r''_S = \frac{\pi}{2} + i\,\mathrm{arcch}(1/0.8435)$$

思考与练习

第 1 章

1.1 地震学主要研究些什么问题?

1.2 地震学与地质学是什么关系?

1.3 地震学研究的一般思路是什么?

1.4 为什么说地震学是地球物理学中最重要的研究领域?

1.5 "海啸地震"要满足哪些基本要求或有什么主要特点?

1.6 海啸产生的原因是什么? 智利地震诱发的海啸需要多长时间到达日本关东—中国台湾一线? 为什么智利地震在夏威夷—日本方向造成的破坏最大?

1.7 利用地震学的原理与方法可以解决一些什么问题? 请简述相应的思路.

1.8 爆炸源与天然地震源发出的地震波在特征上有什么不同? 如何识别核爆?

第 2 章

2.1 描述天然地震的三要素分别指的是什么? 是如何确定的?

2.2 地震的宏观调查主要包括哪些内容? 通常是如何进行的?

2.3 地震宏观调查中烈度一般如何确定? 试对其可能达到的精度进行分析.

2.4 影响地震烈度的因素有哪些? 地形与烈度有什么关系?

2.5 有人说地震烈度是一个"模糊"的概念,为什么? 它"模糊"在什么地方? 你是怎么理解的?

2.6 地震烈度表中有"参考物理指标"一栏,请分析其作用与意义.

2.7 宏观震中与微观震中是什么关系? 请利用你对汶川地震的了解加以说明.

2.8 地震烈度最高为Ⅻ度,有没有更高的烈度? 目前记录到的震级最大为里氏9.5级左右,有没有可能发生更高震级的地震? 各说明原因.

2.9 震级的概念是如何引入的? 后来又有怎样的发展?

2.10 什么是里氏震级? 定义时有哪些假设,它有什么弱点?

2.11 为什么同样一个地震,不同组织或机构给出的震级数据会不一致? 你更愿意"相信"谁的?

2.12 为什么要引入矩震级? 矩震级一般是如何确定的?

2.13 地震矩与断层面上的哪些因素有关? 写出其间的关系式.

2.14 通过地震宏观调查是不是可以得到震源深度? 如果不能,请说明原因;如果可以,请给出基本思路和做法.

2.15 利用地震宏观调查也可以确定一般需要仪器才能测得的参数,如震级、震源深度、震中位置.这是如何实现的?

2.16 2010 年和 2011 年发生在新西兰的两次地震造成的人员伤亡差别比较大,试分析其原因.

第 3 章

3.1 地震台记录到的地震波都是在一定的频率范围内,为什么? 这个范围大概是什么?

3.2 地球介质的"各向异性"指的是什么? 形成"各向异性"的机理大概有哪些? 为什么我们一般又可以把地球介质看成是各向同性的?

3.3 一无限大弹性体,体积模量为 k,剪切模量为 μ,密度为 ρ,请写出在其中传播的弹性纵波和横波的速度公式.

3.4 描述体波在弹性介质中传播的波动方程是如何变成分别描述纵波和横波的两个方程的? 请写出具体过程.

3.5 平面 P 波或 SV 波入射到自由表面时,其视入射角与真入射角一般情况下是不相等的,为什么? 在什么情况下两者才相等?

3.6 有一入射 S 波的振幅为 A,与界面成 $45°$ 角传播且偏振角为 $30°$,请分别写出该 S 波相对于这一界面分解的 SV 波和 SH 波的振幅值.

3.7 试导出均匀各向同性弹性半空间中一列平面 P 波向自由界面垂直入射时的反射系数.

3.8 一列振幅为 1 的 SH 波入射到自由界面,试求出反射波振幅与入射角的关系.

3.9 已知在均匀弹性无限空间中,纵波的标量势在直角坐标系 (xyz) 中的表示式为

$$\varphi = A e^{-i\omega\left(t-\frac{x}{\alpha}\right)}$$

求纵波的位移场 u_P,并指出它的传播方向、传播速度、振动频率、相位和振幅.

3.10 某地震台记录到一个正东南方向发生的地震,其 S 波初动位移在垂直方向向上为 $20\ \mu m$,东西方向为向东 $40\ \mu m$,南北方向为向南 $20\ \mu m$,试求 SV 波的视入射角 $\overline{i}_S$.

3.11 请求出 SH 波自低速介质向高速介质临界入射时的反射系数和折射系数.这时满足能量守恒吗? 请做解释.

3.12 设弹性空间是由接触的两个半无限弹性介质组成的,平界面两侧介质的密度和纵波速度分别为 $\rho_1, \rho_2, \alpha_1, \alpha_2$.有一平面纵波从 ρ_1 介质中向界面垂直入

射.试求折射波位移振幅与入射波位移振幅的比值.

3.13 在利用地震波研究地球内部结构时会用到"波阻抗"的概念.什么是波阻抗?

3.14 什么是偏振交换?什么情况下会出现偏振交换?

3.15 什么是横波分裂?为什么会产生横波分裂?

3.16 在描述地震波各向异性时经常会用到两个参数 A_P 和 A_S,它们分别是如何定义的?请给出详细说明.

3.17 研究地球内部不同区域的地震波各向异性通常有哪些方法?如何解释观测到的各向异性?

3.18 在讨论各向异性介质中的波传播时会提到 qP 波、qS 波等.请分别解释一下什么是 qP 波和 qS 波.

3.19 地震台阵技术可以改善观测效果.在布设地震台阵时对各子台之间的距离有什么要求?为什么?

3.20 如果对地震波列中所有的频率成分 Q 值是一个有限大小的常量,是不是对所有的频率成分来讲衰减效果都一样?为什么?

第 4 章

4.1 什么是面波?面波有什么主要性质?

4.2 什么是勒夫波?什么是瑞利面波?请描述利用面波频散研究地下结构的基本思路.

4.3 假设地球具有球对称性,当台站正北方向发生地震时,在南北、东西和上下各分向地震仪上分别能记录到 P,SV,SH,LR(瑞利面波),LQ(勒夫波)振动中的哪几项?

4.4 请证明均匀各向同性弹性半空间中的瑞利面波周期方程为

$$\left(2 - \frac{c^2}{\beta^2}\right)^2 = 4\sqrt{1 - \frac{c^2}{\alpha^2}} \cdot \sqrt{1 - \frac{c^2}{\beta^2}}$$

其中,c,α,β 分别表示瑞利面波、P 波和 S 波的速度.

4.5 在讨论面波时我们说是分层构造引起了面波的频散.但是,无论是均匀弹性半空间还是其上的平行分层,都是无频散的,为什么有了分层构造就会引起面波的频散?

4.6 除了可以利用天然地震或人工地震产生的地震波研究地下结构外,也可以用地震仪记录到的背景噪声进行这方面的研究.试阐述其基本原理和做法.

第 5 章

5.1 什么是地球的自由振荡?如何描述地球的自由振荡?

5.2 地球自由振荡可以分为哪几类?请分析每一类的特点.

5.3 什么是地球自由振荡的极型场？什么是环型场？

5.4 为什么地球自由振荡中有些分量通过重力仪可以观测到、有些观测不到？

5.5 描述地球自由振荡的有关公式中的 θ 是相对于地球的极确定的吗？为什么？

5.6 在描述地球自由振荡时，$_nS_l^m$ 和 $_nT_l^m$ 中的 n,l,m 分别表示什么？请用图示的方式加以说明.

5.7 地球的自由振荡和行波之间是什么关系？

5.8 用最基本的普通物理方法估算出地球自由振荡的频率.

第6章

6.1 研究地震波传播时有波动理论和射线理论.波动理论是如何过渡到射线理论的？条件是什么？射线理论中进行了哪些简化？

6.2 画出双层地壳模型，震源在上层地壳中时，从震源到台站的主要纵波近震震相的射线及走时曲线，并标出相应的震相符号，写出走时方程.

6.3 什么是首波？为什么会出现首波？试给出解释说明.

6.4 如果地下的高速间断面不是水平、平坦的，而是有起伏的，请描述这时首波的传播.

6.5 在地震反演理论中有一基础性的方程即程函方程（Eikonal Equation），试说出 $(\nabla \tau)^2 = \dfrac{1}{c^2}$ 的物理意义.

6.6 利用三个以上地震台站的地震波到时数据可以很快地确定震中位置.请问：利用单一地震台站的地震波数据可以确定震中位置吗？如果你认为不能，请说明原因；如果你认为能，请给出具体方法.

6.7 为什么说地球存在"壳"？莫霍洛维奇发现地壳的地震学证据是什么？

第7章

7.1 试证明当地下具有 $v = a + bz$ 的速度结构时地震射线是圆弧，请给出圆弧半径与 b 和射线参数 p 的关系.

7.2 球对称地球模型的地震学证据是什么？

7.3 求证球对称介质中的斯内尔定律.

7.4 导出球对称介质中射线参数与走时曲线的关系式（Benndorf 定律），并说明其实用意义.

7.5 用射线图和走时曲线表示地球内低速层、高速间断面的影响，并说明低速层和高速间断面的速度特征.

7.6 震中距为 $68°$ 和 $153°$ 处分别接收到表面源发出的、射线参数相同的 PcP

和 PKP 震相,它们的走时分别为 $11'30''$ 和 $20'10''$.请问这时接收到同样射线参数的 PKKP 震相的震中距和走时分别是多少?

7.7 球对称模型下 P-SV 震相可以完全与 SH 震相分开.但是看附图 1,虽然很弱,在横向上仍经常能看到 P 震相.试分析原因.

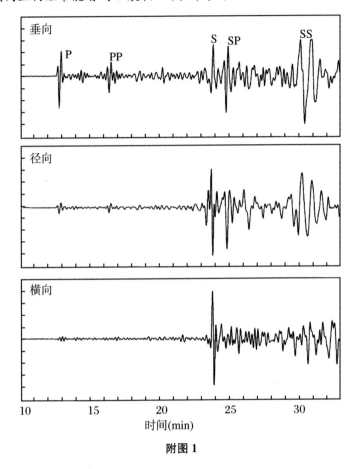

附图 1

7.8 请写出至少八个(变化尽可能多)远震震相,绘出对应的射线路径图,并简述其物理意义.另外请绘出 $P'660P'$,ScSp 这两个震相对应的射线路径图.

7.9 设地球为均匀各向同性的弹性球体,其半径为 R,P 波速度为 V_P.请写出表面源的 PP 和 P 震相走时差 t_{PP-P} 的公式.

7.10 有两组数据:第一组满足 PcP 和 PKP 的走时曲线;第二组满足 ScS 和 SKS 的走时曲线,在利用"剥壳法"求整个外核速度分布时,可以利用的数据是哪一组? 为什么?

7.11 以下震相可能存在吗? 如果存在,请画出一条该震相的射线:

① PcPPKP,SKSKP,PPPKP,PKPcP.

② pPKP,sPcP,pKP.

③ 同一台站记录到的同一表面源发出的 PcS 和 ScP.

7.12 660 km 间断面是如何发现的?

7.13 由走时曲线求地球内部地震波速度分布时一般都要求是"表面源""速度连续分布".当不满足这两点时通常采用什么办法处理? 请通过示意图加以说明.

7.14 通常地球模型分为哪几层? 每层的大致深度和厚度为多少?

7.15 地震波各向异性越来越受到研究者们的关注,为什么? 试分析地震波各向异性可能的成因.

7.16 地震学还研究地球内部结构.请介绍几种常用方法及其基本原理(教材中已有的除外).

7.17 为什么说地球的外核是液态的,内核是固态的?

7.18 为什么要引入"棋盘测试"? 简述其大概原理及意义.

第 8 章

8.1 地震的基本参数有哪些?

8.2 试简述 P 波初动解的基本原理与处理流程以及对结果的解释.

8.3 什么是反方位角? 什么是震源球? 其大小与什么有关?

附图 2

8.4 已知附图 2 所示的震源机制解为下半球面投影,沿左下右上方向的弧线与发震断层对应,请大概描述一下该发震断层的基本形态.

8.5 在研究震源机制解时,P 轴和 T 轴各指的是什么?

8.6 请画出下列地震断层(附图 3)所对应的断层面解的乌尔夫网投影图.

附图 3

8.7 比较几个震相的振幅,一般是 P 波小于 S 波,面波相对较大.试分析原因.如果考虑 P_n 震相,其振幅比直达 P 波大还是小?

8.8 一个点源是不是可以产生球对称的 S 波辐射? 什么情况下爆炸源能产生 S 波辐射?

8.9 请描述利用 S 波偏振推断发震断层基本形态的理论依据及思路.

8.10 什么是有限移动源? 它对辐射出的地震波场有什么影响?

8.11 什么是超剪切破裂? 它对辐射出的地震波场有什么影响?

8.12 在反演震源过程时有一种"*F-k* 方法",其中的"*F*"和"*k*"分别指什么?

8.13 请描述倪四道等得出印尼地震断层破裂方向的基本研究思路.

8.14 如何解释地震局测定的震中与大家感觉到的震中有时不一致?

8.15 为什么一般社会民众有时可能对公布的震中位置有不同看法?请通过你对汶川地震的了解加以说明.

第9章

9.1 通常提到的全球地震带是指_____、_____和_____,其中最宽的地震带是_____,最长的地震带是_____,而深震几乎全部发生在_____.

9.2 目前常用的测量震源深度的方法有哪些?其精度如何?

9.3 震源深度是描述天然地震的重要参数之一.请问它是从哪算起的?是大地水准面、参考椭球面、重力均衡面还是震源上方的地球表面?请解释说明.

9.4 有人认为构造的震源深度不会超过 70 km,为什么?震源深度大于 70 km 的地震可能的成因是什么?

9.5 请根据已有的地震成因假说解释地震活动的规律性.尚有哪些地震活动现象无法解释?

9.6 有关孕震机理的研究主要分成哪几类?每一类中有哪些基本模型?

9.7 描述地震活动规律性的唯象理论中有弹簧-滑块模型,它是如何解释地震活动规律性的?

9.8 什么是慢地震?你是如何理解慢地震的?

9.9 天然地震中,相比之下是浅震的余震多还是深震的余震多?为什么?

第10章

10.1 波速比是利用地震波反演地球内部结构的参数之一,有些人还利用波速比的变化预测地震.波速比指的是什么?有人说波速比实际上反映了介质的泊松比.是这样吗?如果你认为不是,请说明原因;如果你认为是,请导出两者之间的关系.

10.2 在地震预测预报时最常用到的前兆现象中有电导率和波速比异常,对这两种异常的一般理论解释是什么?

10.3 什么是地震的危险性评价?有什么定量的指标?

10.4 传统上认为周期为 1 s 左右的地震波对建筑物的破坏最大,是这样吗?

10.5 试分析唐山地震发生时的"青龙奇迹".

10.6 试谈谈你对地震预测、预报、预防工作的理解.

10.7 请分析地震预警的意义及其实用价值.

参 考 文 献

[1] 陈运泰.数字地震学[M].北京:地震出版社,2000.

[2] 冯德益.地震波理论与应用[M].北京:地震出版社,1988.

[3] 傅承义,陈运泰,祁贵仲.地球物理学基础[M].北京:科学出版社,1985.

[4] 傅淑芳,刘宝城,地震学教程[M].北京:地震出版社,1991.

[5] 傅淑芳,刘宝城,李文艺.地震学教程[M].北京:地震出版社,1980.

[6] 傅淑芳,朱仁益.高等地震学[M].北京:地震出版社,1997.

[7] 郭增建,秦保燕.震源物理[M].北京:地震出版社,1979.

[8] 滕吉文.固体地球物理学概论[M].北京:地震出版社,2003.

[9] 徐果明,周蕙兰.地震学原理[M].北京:科学出版社,1982.

[10] 徐世芳,李博.地震学辞典[M].北京:地震出版社,2000.

[11] 徐仲达.地震波理论[M].上海:同济大学出版社,1997.

[12] 曾融生.固体地球物理学导论[M].北京:科学出版社,1984.

[13] 张少泉.地球物理学概论[M].北京:地震出版社,1987.

[14] 中国科学院地球物理研究所.地震学基础[M].北京:科学出版社,1976.

[15] 周蕙兰.地球内部物理[M].北京:地震出版社,1990.

[16] 安艺敬一,理查兹 P G.定量地震学:理论和方法[M].北京:地震出版社,1986.

[17] Bolt M. 地震学引论[M].许立达,译.北京:地震出版社,1978.

[18] Bolt B A. 地震九讲[M].马杏垣,等译.北京:地震出版社,2000.

[19] Bullen K E,Bolt B A. 地震学引论[M].朱传镇,李钦祖,译.北京:科学出版社,1988.

[20] Garland G D. 地球物理学引论:地幔、地核和地壳[M].陈颙,等译. 北京:地震出版社,1987.

[21] Stacey F D. 地球物理学[M].中国科学技术大学地球物理教研室,译.北京:地震出版社,1981.

[22] Aki K, Richards P G. Quantitative Seismology: Theory and Methods[M].San Francisco: W. H. Freeman and Company,1980.

[23] Aki K, Richards P G. Quantitative Seismology[M]. Sausalito: University Science Books, 2002.

[24] Dahlen F A, Tromp J. Theoretical Global Seismology[M]. Princeton: Princeton University Press,1998.

[25] Davison C. A Manual of Seismology[M]. Cambridge:Cambridge University Press, 2014.

[26] Fowler C M R. The Solid Earth: An Introduction to Global Geophysics[M]. Cambridge:Cambridge University Press, 2004.

[27] Gadallah M R, Fisher R L. A Comprehensive Guide to Seismic Theory and Application [M]. Oklahoma: Pennwell Corp. ,2004.

[28] Lay T, Wallace T C. Modern Global Seismology[M]. Sandiego: Academic Press,1995.

[29] Lowrie W. Fundamentals of Geophysics[M]. Cambridge: Cambridge University Press,1997.

[30] Ohnaka M. The Physics of Rock Failure and Earthquakes[M]. Cambridge:Cambridge University Press,2013.

[31] Shearer P. Introduction to Seismology[M]. Cambridge:Cambridge University Press,2014.

[32] Stein S, Wysession M. Introduction to Seismology, Earthquakes, and Earth Structure [M]. Malden: Blackwell Pub. ,2002.

[33] Vallina A U. Principles of Seismology[M]. Cambridge:Cambridge University Press,2000.